普通物理實驗

林立弘　編著

全華圖書股份有限公司

推薦序

　　很榮幸有機會可以爲林立弘教授撰寫序文。林教授於本系任職多年，除教授本系課程之外，更負責支援全校普通物理實驗課程的統籌與規劃，顯見其於普通物理實驗教學之經驗相當豐富。

　　本教材林教授參考國內各大專院校普通物理實驗教學的情況，並針對本校現有及未來即將添購之教學設備做規劃。書中以深入淺出的方式介紹基礎物理理論，並配合操作影片中詳盡的描述實驗步驟，來強化教學效果；因此，非常適合大學一年級同學自行預習，並藉由實際的操作來熟悉相關的基礎物理理論。

　　本人非常感謝林教授多年來的協助，使學校在普通物理實驗的硬體及軟體設施更加完善；本書的完成，亦代表著本校的普通物理實驗教學已到達一定的水準。未來，更希望本書能成爲台灣的大學生在普通物理實驗學習上重要參考資訊。

嘉義大學應用物理系系主任

陳思翰

序 言

　　台灣的大一物理實驗教育，歷年來由許多學校及教師致力於教材的中文化，目前已有許多版本，如宇全儀器公司的物理實驗手冊及清華大學物理系所編著之普通物理實驗課本等更由多所大學引用為教材。嘉義大學應用物理系在創系之初，亦參考各知名之普通物理學實驗講義來教導學生，但因新購置之儀器型式包含國外之 Pasco，及國內之宇全等各廠製品，與過去的儀器不盡相同；另外對象學生系所的範圍、學生的學習狀況、普通物理實驗課程與其他課程之間的區分與銜接，都在課程規劃之考慮範圍。因此在今創系第四年，著手編輯合乎本校狀況的教材，以期在教學中及實驗進行時，能夠更順利，使學生得到良好的學習效果。

　　本書的範圍配合大一的普通物理教學，內容以及順序參考余健治等：普通物理，Halliday *et al.*：*Fundamentals of Physics* 7ed，Alonso and Finn：*Fundamental University Physics* 2ed 等著名的普通物理教課書，範疇分為力學、熱學、電磁學、電路學及光學。 電磁學的部份統一使用 Système International d'Unités (即 SI 或 MKSA)中的單位，其他各部也儘量使用 SI 單位或輔助單位。有關實驗的設計，則廣為參考國內外各種實驗書籍，包括台灣大學、清華大學、成功大學、東海大學之普通物理實驗課本，宇全儀器公司：物理實驗說明，水野善右ヱ門及三木久夫：基礎物理学実験，平田森三：大学実習基礎物理学実驗，以及 David H. Loyd：*Physics Laboratory Manual*。

　　本文中部份專有名詞加註英文，使學生有機會接觸英文中的專有名詞。除了「安培計」、「伏特計」、「歐姆計」等由人名結合而成的慣用儀器名稱外，人名以及由人名衍生的單位名稱在本文中儘量以拉丁字母表示，以避免因漢字選取上引起的混亂或分歧。

　　本書最後附有實驗時可用之數據表格，若實驗未變更設計，可以直接利用。以教師的立場，當然也歡迎學生自行設計合乎使用之表格。

　　本書並附上學生實作情形的影音光碟，期使從未接觸過實驗儀器的學生能在進入實驗室之前即能形成具體的印象，也能避免從前的學生所遭遇的問題及失誤，並於實驗開始後能在最短的時間內完成各實驗項目。

在有限之人力及時間中，匆忙完成編輯，文中難免有說明不詳盡或語意不通順之處，祈望採用本書之教師學生及各方惠予指正，於再版時加以修正。更歡迎有關適合於大一物理實驗教學有關項目的意見，在檢討後可補充於新版中，擴增本書的教學內容。

最後感謝本系吳永吉、鄭秋平兩位老師在實驗教學經驗的傳承，以及其他老師的配合。

林立弘

於嘉義大學應用物理學系

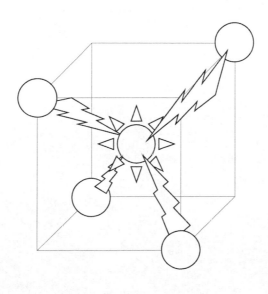

編輯部序

　　「系統編輯」是我們的編輯方針，我們所提供給您的，絕不只是一本書，而是關於這門學問的所有知識，它們由淺入深，循序漸進。

　　內容深入淺出描述理論及詳盡的實驗步驟，並以最新實驗儀器型式編寫，包含國外Pasco、國內宇全等各廠製品，其內文範圍配合大一普通物理教學課程，並附有實驗數據表格及教學觀摩光碟加強學習效果。適合大學、科大、技術學院理工科系一年級普通物理教學課程使用。

　　若您有任何問題，歡迎來函連繫，我們將竭誠為您服務。

目　錄

CONTENTS

目 錄

CONTENTS

普通物理實驗

目 錄

CONTENTS

ix

附 件 **1**

普通物理實驗室一般規定

普通物理實驗指引

普通物理實驗室一般規定

1. 實驗室內遵守各項安全規定，並遵從任課老師、助教及管理員的指示，注意實驗安全，並愛惜實驗器材。在實驗室內喧鬧嬉戲、破壞器材者，除通知各系外，損壞的器材照價賠償。

2. 為防止觸電或外傷，上課時應衣著整齊，勿穿拖鞋或涼鞋。實驗大樓內一律禁煙。實驗室內禁止飲食。

3. 須準時到實驗室進行實驗。請假須事前報告任課老師，另外安排實驗時間。實驗進行中未向任課老師報告，不得自行離開實驗室及實驗大樓。遲到、早退或無故缺席者，按曠課處理，並扣實驗成績。曠課過多者依校規處理。

4. 實驗室提供內有 Windows 及 Excel 的 PC，但因臺數有限，同學應儘量準備工程用計算機，並依需要準備白報紙、筆記簿、方格紙、半對數紙及全對數紙。

5. 實驗前向儀器保管室領取器材並簽名，並迅速檢查儀器的狀況，有問題立即通知任課老師、助教或管理員。實驗結束後繳回器材簽名，並回報器材耗損狀況。

6. 實驗前應充分預習，並在進入實驗室時接受測驗或繳交預習報告。實驗結束時實驗記錄簿及實驗數據分析交由任課老師或助教審核簽名，再行離開。

7. 電子儀器使用完畢後，應將輸出歸零，再按照輸出儀器、輸入儀器的順序關閉電源。但為避免接觸不良，整理接線時勿用力綑綁，平放於盒內或桌面上即可。

8. 實驗結束後將紙屑等垃圾帶離實驗室。

9. 實驗結束後撰寫實驗報告，於下次上課時繳交。撰寫時可以互相討論，但切勿抄襲。完整的實驗報告包括實驗代號、實驗名稱、實驗日期、班別、報告撰寫人及組員的姓名學號、目的、原理、步驟摘要、實驗原始數據、分析結果及圖表、討論、心得與建議；有關實驗報告的詳細要求，依任課老師指示。

普通物理實驗指引

教學實驗的目的

完整的實驗過程，包括立定問題的主題與目的、決定解決問題的計畫、設立因果關係的假說、查閱文獻、預想實驗的結果、實驗的進行、再現實驗與對照實驗的進行、假說的檢證、規律的整理、規律的檢討。但是教學實驗因為時間有限，並不一定以發現新發則為目的，通常只包括以下 2 點：

1. 對於已經由科學界所認定的規律，進行觀察與檢證。

2. 熟悉實驗的方法，包括儀器的操作、結果的分析、問題的討論與報告的撰寫。

實驗前應作預習，讀熟實驗步驟，最好自行整理出摘要或流程圖，確認實驗中應該讀取的數據。上課前回答預習問題，每人繳交一份「預習報告」(一律手寫)。

實驗記錄

實驗時為了記錄原始數據、一些詳細的事項或數據計算，請各組準備一本線裝或膠裝的筆記本作為實驗記錄簿，勿寫在活頁紙或零亂的紙張上。數據記錄請詳加註明單位。實驗紀錄上的原始數據及計算，若覺得有錯誤要更改時，勿用橡皮擦、修正液或將該頁撕下，只要在該文字上以單線劃掉，以便仍有需要時查看。

有些數據雖然未能再現某個理論，主觀上常被認定為"失敗的"結果，但仍有許多參考的價值，包括下述 3 點，所以應全部保留。

1. 作為理論修正的依據：例如作力學實驗時，單純的理論中通常並不考慮各種摩擦力、阻力等，可以依據所得的數據將理論修正，使其更加完備。

2. 作為實驗方法改進的依據：檢討實驗步驟中，如何避免步驟中的人為誤差，如何改進實驗系統以減少系統誤差，都對以後的實驗有莫大的幫助。

3. 單純的誤解或計算錯誤：若數據正確無誤，只因計算或判斷上的一時錯誤而將數據廢棄，將沒有機會重新檢討該數據。

測量結束後應於實驗室內作完初步的數據分析與圖表繪製，請任課老師或助教簽名，籍以確認實驗的正確性，判斷是否要立即重作實驗。

實驗報告

寫實驗報告是表達學習及研究心得及個人見解的一種訓練，將為將來研究工作必須具備的能力。完整的實驗報告可使別的同學依這份報告就以同樣的方法重覆實驗，並在誤差範圍內得到相同的結果。

實驗完成後在下次實驗前繳交完整的「實驗報告」，書寫或列印用紙在 A4 規格左右，勿太大或太小，最好只寫正面，上下左右及每列適當保留空白，以便批改。作圖時若用到 A3 的紙張，須釘入報告中對摺。實驗記錄簿中若有重要的參考資料，可影印附於報告最後。欲以 MS Word， Acrobat PDF 等計算機檔案繳交「實驗報告」者，請與任課老師討論。

實驗報告的封面或第一面上應加註實驗代號及名稱、系級班別、組別、第一撰寫者的姓名學號、其他組員的姓名學號、實驗日期。「實驗報告」本文包括 1.目的、2.原理 (至少將重要的公式及定律名稱等摘要出來)、3.使用儀器、4.步驟概要 (至少將大標題標出，最好也能夠有實驗流程)、5.數據與分析、6.結果討論、7.心得建議、8.課本問題、9.參考資料。

➤ 數據與分析：原始數據 (未經過任何計算的測定值， 包括 "失敗的" 實驗) 應詳記於前述實驗記錄簿內，以使計算值的出處能夠查出。由原始數據中選定 "成功的" 實驗數據，其分析整理寫在分析表格內，可以自行設計或利用課本所附的格式。重覆計算可利用 Excel 等電子試算表，但至少寫明其中一例的詳細計算過程，包括單位變換的情形，籍以避免在 Excel 中鍵入錯誤計算式的情形。數據的分析圖形應繪於方格紙上，勿任意用直尺繪製不精確的座標圖形。教師簽名過的數據或分析，可一併附上。

➤ 結果討論：將觀察到的現象、計算及分析後的結果與理論比較，**至少要評價正確度、誤差的大小，否則報告不予評分**。仔細討論有關的物理現象及影響實驗結果的各種因素。如理論是否周延？是否須要加以修正？實驗儀器及實驗方法是否適合？是否有外在的干擾因素？等可能的相關相目。

➢ 心得建議：如在物理觀念及實驗技術上所得的收穫，或依討論提出實驗應如何改進方法的建議。若提出優秀的改良方法，實驗成績加分並適度表揚。

➢ 課本問題：對於課本上問題的回答請標題號。問題的答案經常沒有絕對的 "標準答案"， 除了寫「是」、「不是」以外、須說明理由、自己的想法與見解。

實驗記錄的例子

2004. 1. 2.	實驗日期或頁數
天氣晴 室內 18.5°C 55%	實驗時的天氣、溫度、濕度等
10. 凝固點下降	實驗編號及名稱

共同實驗者　　尤佳和，安書坦

〔準備〕

1. 原理　　　　　　　　　　　　　　寫下預習事項與其出處

　　凝固點下降與其應用

　　凝固點下降的解釋－台灣科學大辭典編輯委員會編<<科學大辭典>> (2000), p123

　　在純粹的液體中溶入第二種物質，一般來說凝固點會變低，稱爲凝固點下降或冰點下降。

⋯⋯中略⋯⋯

冰點法—<<理化大辭典>> (2001), p321　　　寫下數據計算時須要用到的公認數值及其出處

　　測定凝固點的下降及溶質分子量的方法。非揮發性溶質所成的溶液，其凝固點要比純溶劑低。在稀薄溶液中，冰點下降的程度 ΔT 與溶質的分子量 M 成反比，而有 $M = \Delta T_m a / \Delta T$ 的關係。其中 ΔT_m 爲溶劑的特徵常數，a 爲 1 kg 溶劑中溶質的質量(單位 g)。

⋯⋯中略⋯⋯

《相科學手冊》, p123 表 4-56 ΔT_m

溶劑	凝固點 (°C)	ΔT_m (K)
水	0	1.858
氨	−77.7	0.98
硫酸	10.36	6.21
醋酸	16.635	3.9
酚	40	7.1
苯	5.455	5.065

2. **實驗裝置與材料**　　　　　　　　　　　　　寫下實驗裝置或材料

簡易保溫裝置，用保麗龍杯與海棉架設

−20～50°C 溫度計(精度 0.2°C)

5 ml **滴管：**

　試管(15×150 mm) 4 根，(18×165 mm) 1 根，有秒針的手錶

材料：

氯化鈉 0.5 g，稱到小數下 3 位

　$HOCH_2CH_2OH$ 2 g，分成 0.9、0.6、0.3 g 裝於試管內，稱到小數下 2 位。

蒸餾水：

　普通食鹽約 100 g，碎冰約 300g，混合為−15°C 的狀態。

3. **實驗步驟**　　　　　　　　　　　　　　　　實驗流程

3.1 溶液的備製

　將 $HOCH_2CH_2OH$

······中略······

3.2 冷卻曲線的測定

　　將溶液(1)

……中略……

4. 結果的分析

　　準備方格紙，縱軸為溫度，每 cm 當作 1°C，範圍 5～−15°C，橫軸為時間，每 cm 當作 60 秒，範圍 2 分鐘。

預定要繪製的圖，其橫軸及縱軸名稱，刻度，單位
預定要繪製的表的格式，單位

5. 數據計算

　　由圖上讀出凝固點，算出凝固點的下降

數據分析的流程及數學式

……中略……

〔實驗〕
1. 測定機器

簡易保溫裝置，如右圖

電子天秤(PC220)

尤同學的手錶

實驗中實際使用的裝置及型號

碎冰鹽　保麗龍杯

2. 材料

HOCH$_2$CH$_2$OH (1 級純度)

　　溶液(1) 0.92 g，溶液(2) 0.58 g，溶液(3) 0.30 g，溶液(4) 0.487 g

氯化鈉(1 級純度)

純水(即溶液(5))

實驗裝置或材料的狀況

3. **測定與觀察**

本人：溫度測定與攪伴

尤同學：時間測定

安同學：圖表的製作

每 ~~15~~ 秒測定 1 次，到溶液溫度下降至 5°C 為止。

改成 20 秒(15 秒太快了，溫度沒有太大的變化)

將 5 次測定值繪於同一張方格紙上。

溶液(1)測定失敗，未能繪出連續曲線。

重新配溶液(1-2) 0.92 g，實驗重作。

其他的溶液皆得到參考書中的曲線，純水沒有過冷現象。

4. **測得數據的處理**

由圖 10-2 讀出凝固點下降 ΔT ，再用 $\Delta T_m = \dfrac{\Delta T \cdot M \cdot W}{1000w}$ ， M 是化學式量，$HOCH_2CH_2OH$ 為 62.1，氯化鈉為 58.45，W 是溶劑的質量，w 是溶質的質量。

溶液	凝固點(°C)	ΔT (K)	ΔT_m (K)
(1-2)	-5.9	6.1	2.06
(2)	-3.7	3.9	1.96
(3)	-1.6	1.8	1.67
(4)	-4.7	4.9	

······中略······

5. **實驗經驗與心得**

過冷卻過程在圖上的面積大小似乎與濃度有關係

實驗的觀察，個人的考證及創意等

訂正用線槓掉，不用擦
記得要將失敗的經過一併記錄，加註失敗原因

數據計算，結果分析

計算中注意到的心得

6. **與安同學、尤同學的討論**

　　　　溶液(1)測定結果曲線不連續的原因：不熟練，導致混合不均勻？

　　　　助教的意見：是否試管外凝結水氣，放出氣化熱？

7. **考證、結論**

8. **參考書籍**

9. **實驗報告繳交日期**：2005 年 5 月 5 日

與共同實驗者、助教或指導老師的討論

考證與結論

寫結報時所用的參考書籍等

實驗報告的例子

(封面)

普通物理實驗

實驗 9
力矩、力平衡的測定

班級：生物機電 1 乙
組別：第十組
學號：0914411
姓名：林尚秋
組員：莊貽揚、鄭涵容
實驗日期：2002. 11. 18.

(本文)

實驗 9　力矩、力平衡的測定

一、目的：(a)觀察在同一平面上，數個共點力成平衡的現象。

(b)觀察剛體在數力作用下成平衡狀態的條件。

二、原理

(1) 力的合成與分解：當一個物體同時受到數個外力的作用時，合力為這幾個力的向量和。

求合力的方法可分為"幾何法"和"分析法"兩種：

(A) 幾合法：

………中略……

三、儀器：靜力實驗組

四、步驟

(1)力的合成：

………中略……

五、數據與分析

(一)力的合成(1)

	砝碼(左)	砝碼(右)	掛鉤(左，右)	拉力計	角度 θ_1	角度 θ_2	角度 θ_3
測量 1	20.0 gw	20.0 gw	50.0 gw	0.0700 kgw	100.0°	130.0°	130.0°
測量 2							

……　　中略　　……

$\theta_3 = \theta_2$

$F_x : 70.0\cos\theta_3 = 70.0\cos\theta_2$

$F_y : 70.0\sin\theta_3 + 70.0\sin\theta_2 = 90.0$　gw

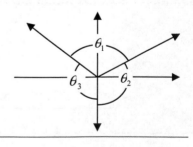

實驗測量值= 70.0 gw

　　誤差= 20.0 gw，百分誤差= 20.0/70.0 = 29%

………中略……

六、結果與討論

　　(1)力平衡：由以上的實驗結果，我們大致可以看出當掛鉤所掛的砝碼重量愈重，所測量出來誤差也會隨著變大，分析誤差來源可能是因為拉力計，因多次使用，導致其內部的機構感應力道時已呈現一種彈性疲乏的狀態。

　　　　此外，因為角度的量取並不是如此的精準，所以在計算拉力時，角度會引起結果的誤差。所以，我們應該在操作實驗時，更加小心仔細地量角度，拉力計之起始值也應該儘量別太大。

　　(2)力矩平衡：由以上 6 個計算可得知誤差頗大，且似乎沒有規律！！

　　　　猜想可能的因素是因為桿子是斜的，但是懸掛砝碼的鉤並非垂直桿子的，因此應該量測每一個鉤盤與桿子間所夾的角度才能精確的得出正確值。

七、心得與建議

　　本次實驗，因步驟頗繁多，且必須很細心的照做，否則會有很大的誤差，其中量取角度的方法仍然必須加以討論，找出一個最符合實際角度的測量方法以減少誤差。還有因為本實驗開始前因預習時所設計的表格不完整，使得我們少測量角度，故有些問題時在不知該如何回答，只好假設我們是有角度的，再加以揣測問題的解答。除了以後實驗預習時自己多加留意之外，建議老師能在要求學生操作實驗前，先為學生加強實驗重要細節的介紹，也提醒學生在操作上的注意事項。

八、問題

　　(1)　實驗主要誤差為何？如何改進，請說明。

　　　　答：根據結果，我們可發現拉力計所測得的實驗值都小於理論值，所以可以推測拉力計所得的數值，可能只是待測力的分力，改進的方法是將拉力計與待測力的方向平行且重合。

　　　　a.　角度的量測上太過粗略，誤差必然是存在的，所以我們應該討論研究出一種可準確量測角度的方法。

b. 掛鉤與桿子並非垂直的,因此必須測量其之間的夾角,才能精確地得到理論值。

c. 以下是本組討論出可以準確的量取角度的方法:
取一張大的方格紙,將方格紙靠近靜力平行的靜力組,以方格來準確量得點與點,將在兩點連線,以量角器量出角度。

第 **1** 部

數據處理

講解 1.1　實驗數據的處理

一、實驗數據與誤差

一般在物理及科學各領域上所用的數字，可以分為 3 類：

1. 正確數字：如人數，個數等自然數，在正確計數的情形下，沒有誤差產生。

2. 說明數字：純數學上的一些描述，如「正方形的邊長為 5 cm」，則面積為 25 cm²，沒有誤差產生。又如 3/10，$\sqrt{2}$，2/7，π，e，1 in ≡ 2.5400000 cm 等數學上定義的量，都是沒有誤差的量；若以小數表示則有無限多位有效位數，可分別表示為 0.30000⋯，2.71828⋯，0.28571⋯，3.14159⋯，2.71828⋯，2.54000⋯cm 等。

3. 測量數字：凡是使用測量工具所量度的數字皆受到度量單位及方法的影響，都有誤差。有效位數(significant digits)是指將數值以十進位或二進位表示時，狹義來說是指不含誤差或不受誤差影響的位數；但在記錄實驗數據時通常將估計值的位數也包括進去。例如用精度 10 μm 之螺旋測微器測量 1 英寸之金屬管，估計值可達 1 μm，測定值 25400 μm，共有 5 位有效位數。為了標示有效位數的範圍，習慣上皆用小數或科學記數法，並且常用 a±b 的形式來記述誤差範圍。例如測量最小單位為 10 g，測得數值為 3500 g，應記錄為 3.50×10^3 g，如此可以明顯看出有 3 位有效位數。

另外在記錄數據時，應標明單位。完整的測量值格式寫為(平均值)±(平均值的標準差)[單位]，或是(平均值)±(100%×平均值的標準差÷平均值)[單位]，記錄所有在精度內的正確位數及估計值。數字與單位間有時可加上空白，便於區分單位及變數符號。

二、誤差的分類

一般來說，誤差(error)是指第 i 次測定值 x_i 減去真值 x_{true} 所得的差異。

1. 系統誤差(systematic errors)

   (1) **理論誤差**：因理論不完備所引起的誤差。對於使用的模型不夠周延，因此實驗時有無法完全控制的變因，如溫度的變化，空氣的阻力或擾動等。若使用的模型太過簡略，以致忽略這些因素，會導致結果與模型的不一致。

   (2) **儀器誤差**：測量儀器校準不良所引起的誤差。有時通過校正之後可以部份消除。儀器誤差區間或準確度可以嚴格區分為測量值的精度及正確度(precision /accuracy)兩個部份，精度可用偏差來說明，正確度可用偏離值的大小來定義。使用刻度精細的量尺、微量天秤、微電流計等，可以測出高精度的值，獲得多位有效數字，及更小範圍的數據分佈；但是要測出準確的值(平均值很接近真值或理想值)，還要將實驗儀器作歸零或校正的動作，以期消去系統誤差。系統誤差的存在會使測定值經常有向過大或過小方向偏移的情形。

2. 人為誤差(personal errors)：由測定者的疏忽所引起的誤差，包括操作錯誤、判讀錯誤、抄錄或鍵入數字時的錯誤等。因個人的習慣，會造成判讀上的不一致，所以實驗者應儘量熟悉正確操作方法。由不同的組員來分別執行測定，也可以得到更客觀的測量值。

3. 隨機誤差(random errors，accidental errors)：隨機性產生的誤差。由於實驗中有熱力學等微小的擾動，無法完全控制，或者有一些物理系統在量子理論上本身就有測不準原理的限制，無論如何修改實驗方法，測量數據都會有統計上的分布，屬於系統的固有特性。

　　再來就是對同類型的不同個體作測量時，因個體差異而導致結果不同，如同一環境下生長的生物體或工廠生產的產品；雖然牽涉的變因比起一般物理學所探討的對象要來得多，同樣可用統計分析的方法處理。常態分佈之隨機誤差的分散程度可利用偏差的方均根(root-mean-square)，即標準偏差(standard deviation)來表示。常態分佈(normal distribution)可用 $f(x-\bar{x}) = \exp[-(x-\bar{x})^2/2\sigma^2]/(\sigma\sqrt{2\pi})$ 表示。誤差的總和：將隨機誤差及系統誤差等值合併，可利用直接相加或方均根來計算。

三、有效位數的取捨

有效位數是指十進位或二進位等表示法中，不受誤差影響的位數。在測量中有時也將估計值列入；並且在取平均值時，10 個數據的平均值在十進位的有效位數上會多取一位，100 個數據會在十進位的平均值多取二位，以此類推。

在作進位的動作以刪去過多的位數時，一般採用規格化的四捨五入，例如 1.000~1.499 的數字捨去至整數成為 1.，1.501～1.999 的數字進位至整數成為 2.，但小數以下的位數恰為 0.500 時則視被保留的最後一位能否形成偶數決定應否進位，如 1.500 進位為 2.，但 2.500 則捨去為 2.。

1. 相加或相減後的正確度：比照所有相加或相減的量之中，正確度最差的一個。

    (1) 加法：例如有三個相異的物理量，測量時因為方法不同，其測量值分別為 10.0000000 mm ± 0.5 nm，20.0000 mm ± 0.5 μm，及 30.0 mm ±0.5 mm，(此處± 之後表示不確定值的邊界，並非標準偏差)

10.000000? mm	±0.0000005 mm,	(nm 以下不能確定)
20.000???? mm	±0.0005 mm,	(μm 以下不能確定)
+)30.??????? mm	±0.5 mm,	(mm 以下不能確定)
60.?????? mm	±0.5 mm.	(mm 以下不能確定)

   相加之後只能記為 60.0 mm ± 0.5 mm，精度只剩下 1 mm，以外的數字皆沒有保留的意義。在計算時應注意取捨，不用把計算機上所有的位數抄在結果上。例如 753.1 + 37.08 + 0.697 + 56.3 = 847.177，應四捨五入為 847.2。

    (2) 減法：減法與加法的方法類似，但特別要注意的是兩個非常相近的數值相減時可能會失去大部份的有效位數，應儘量避免。例如有兩個相異的物理量，其測量值分別為 10001.±0.5 g 及 10000.±0.5 g，相減後為 1.±1 g，有效數字幾乎完全喪失，可能的誤差接近 100%。此時必須改進測量的方法及精度。

2. 相乘或相除後的有效位數：比照所有相乘或相除的量之中，有效位數最少的一個。因 $ac^{\pm 1}(1\pm b/a)(1\pm d/c)^{\pm 1} \approx ac^{\pm 1}(1\pm b/a)(1\pm d/c) \approx ac^{\pm 1}\left[1\pm(b/a+d/c)\right]$。

(1) 乘法：$(a \pm b)(c \pm d) = ac(1 \pm 100\%b/a)(1 \pm 100\%d/c) \approx ac[1 \pm 100\%(b/a + d/c)]$。

誤差比照 b/a 與 d/c 中較大者。例如 $1.0000 \times 10^2 \text{kg} \pm 0.005\%$ 乘以 $1.00 \times 10^3 \text{m} \pm 0.5\%$，

$1.0000 \times 10^2 \text{ kg}$　$\pm 0.005\%$		(有效位數 5 位)
$\times)1.00 \times 10^3 \text{ m}$　$\pm 0.5\%$		(有效位數 3 位)

$1.00 \times 10^5 \text{ kg-m}$　$\pm 0.5\%$　誤差 $0.005 \times 10^5 \text{ kg-m}$　(有效位數 3 位)

　　相乘之後最多保留前 3 位為有效數字，後面其餘的數字均沒有保留的意義。又如 $327.23 \times 36.73 = 12019.158$，應四捨五入為 12020。(有效 4 位數字)

(2) 除法：因 $1/(1-x) \approx 1+x$，$(a \pm b)/(c \pm d) = \frac{a}{c}(1 \pm 100\%b/a)/(1 \pm 100\%d/c)$

$\approx \frac{a}{c}(1 \pm 100\%b/a)(1 \pm 100\%d/c) \approx \frac{a}{c}[1 \pm 100\%(b/a + d/c)]$，誤差比照 b/a 與 d/c 中較大者。例如 $1.1000 \times 10^2 \text{kg} \pm 0.005\%$ 除以 $1.00 \times 10^3 \text{m} \pm 0.5\%$，

$1.1000 \times 10^2 \text{ kg}$　$\pm 0.005\%$		(有效位數 5 位)
$\div)1.00 \times 10^3 \text{ m}$　$\pm 0.5\%$		(有效位數 3 位)

$1.10 \times 10^{-1} \text{ kg/m}$　$\pm 0.5\%$　誤差 $0.005 \times 10^{-1} \text{ kg/m}$　(有效位數 3 位)

　　相除之後除了最多保留 3 位為有效數字，後面的數字均無意義。數據作乘算及除算時應適當反映精度，不必將計算機上所有的位數抄起來。例如 $327.23 \div 36.73 = 89.90906$，應四捨五入為 8.909。(有效 4 位數字)

(3) 根號的有效位數：因 $\sqrt{1+100\%x} \approx 1+100\%x/2$，開根號之後有效位數與原來相同。如 $\sqrt{10000. \pm 0.5} = 100.00 \pm 0.005$ (有效 4 位數字)

(4) 三角函數的有效位數：有關三角函數的計算，由於普物實驗室大部份的實驗中角度測量很難精確至 0.5°，因此計算時最多只能取小數下兩位，如 $\sin(30.° \pm 0.5°) = 0.50 \pm 0.005$，$\sin(45.° \pm 0.5°) = 0.71 \pm 0.005$；而 tan 函數在超過 tan 60° 以後，±0.5° 的測量誤差造成的計算值誤差增大；比較 tan 79.5° = 5.40 與 tan 80.5° = 5.98，可知超過 tan 80° 以後就沒有確定的位數，應避免使用。

四、統計數據時常用的計算方式，以及利用 Excel 的計算方法

1. 四則運算：工程用計算機中先乘除後加減。加減乘除在 Excel 中分別以+ - * /來表示。

2. 乘冪：2^3 在 Excel 中以 2^3 來表示。在 CASIO 計算機中按[2][x^y][3]。

3. 平方根：$\sqrt{2}$ 在 Excel 中以=SQRT(2)來計算。在 CASIO 計算機中按[2][$\sqrt{\ }$]。

4. 標準差模式：CASIO 計算機中，通常按[mode][3]可選擇該模式，並出現 SD。

5. 線性擬合模式：CASIO 計算機中，通常按[mode][2]可選擇該模式，並出現 LR。

6. 數據輸入：CASIO 計算機中，在 SD 模式下先按[shift][KAC]清除記憶後，依序按數據再按[DATA]，可將數據 x_i 依序輸入。途中可用[C]或[shift][DEL]更正按錯的數據。

    在 LR 模式下先按[shift][KAC]清除記憶後，依序按 x 數據、再按[x_D，y_D]、再按 y 數據、再按[DATA]，可將數據(x_i, y_i) 依序輸入。

7. 科學記數法：以十進位為例，0.0032500 可寫為 3.2500×10^{-3}；在 Excel 中以 3.2500E-3 來表示；在 CASIO 計算機中按[3][.][2][5][EXP][+/-][3]。

8. 總和：$\displaystyle\sum_{i=1}^{N} x_i = x_1 + x_2 + ... + x_N$。在 CASIO 計算機的 SD 模式中為[Kout][$\sum x$]；

    在 Excel 中的內建函數為 =SUM(開始格：結束格)

    例如在 B5 中鍵入=SUM(A5：A15)，可以計算從 A5 到 A15 的和。

    若範圍有複數個，可以用=SUM(範圍 1，範圍 2，…)

9. 平均值，算術平均數(mean value)：當實驗數據足夠多時，其算術平均數可以代表實驗的結果。$\bar{x} = \dfrac{x_1 + x_2 + ... x_N}{N} = \dfrac{1}{N}\displaystyle\sum_{i=1}^{N} x_i$。

    在 CASIO 計算機的 SD 模式中為[shift][$\bar{x}$]；在 Excel 中的內建函數為=AVERAGE(開始格：結束格)

10. 母平均：系統測定值之母集團的平均值。測定的次數較多時，通常實驗平均值$\bar{x}$會較接近母平均值$\bar{X}$；但未必會接近真值 x_{true}。母平均減去偏離值可得真值。

11. 偏差(deviation)：某一數據與平均值的差距 $d_i = x_i - \bar{x}$。偏差有正有負，整組數據偏差值的和為零。

12. 平均偏差(mean of deviation)：偏差值的絕對值的平均，可用以顯示儀器的精度。

$$D = \frac{|x_1 - \overline{x}| + |x_2 - \overline{x}| + ... + |x_N - \overline{x}|}{N} = \frac{1}{N}\sum_{i=1}^{N}|x_i - \overline{x}| = \frac{1}{N}\sum_{i=1}^{N}|d_i|$$

Excel 函數為 =AVEDEV(開始格：結束格)

以百分誤差的形式表示則為 $\frac{D}{\overline{x}} \times 100\%$。

13. 標準偏差(standard deviation)：偏差值的方均根(root-mean-sqare)。詳細可分為取樣標準偏差及群數標準偏差。以常態分佈(normal distribution)的數據來說，參數 σ 決定了數據分佈的寬度。常態分佈中 $\sigma = \lim_{N \to \infty}\sqrt{\frac{1}{N}\sum_{i=1}^{N}(x_i - \overline{x})^2} = \lim_{N \to \infty}\sqrt{\frac{1}{N}\sum_{i=1}^{N}d_i^2}$，但實驗測量時次數相當有限，為了推測在測量無限多次時的數據分佈，常用平均值的標準差或可信邊界來描述。

14. 取樣標準偏差：$\sigma = \sqrt{\frac{1}{n-1}\sum_{i=1}^{n}(x_i - \overline{x})^2} = \sqrt{\frac{1}{n-1}\sum_{i=1}^{n}d_i^2} = \sqrt{\frac{n\sum_{i=1}^{n}x_i^2 - \left(\sum_{i=1}^{n}x_i\right)^2}{(n-1)n}}$。實驗時所用的標準偏差。在 CASIO 計算機的 SD 模式中為[shift][$x\sigma n-1$]；在 Excel 中的內建函數為=STDEV(開始格：結束格)。

15. 群數標準偏差：數學理論中 $\sigma_{x,N} = \sqrt{\frac{1}{N}\sum_{i=1}^{N}(x_i - \overline{x})^2}$，但實驗時數據只有有限多個，一般處理時不採用群數標準偏差。

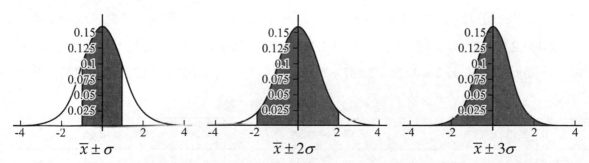

圖 1.1-1 數值在 $\overline{x} \pm \sigma$ 之內的機率(可信度)為 68%，$\overline{x} \pm 2\sigma$ 之內的機率為 95.5%，$\overline{x} \pm 3\sigma$ 之內的機率超過 99%。在特殊情況下，有時也利用 $\overline{x} \pm (0.67449)\sigma$ 表示 50%的可信邊界

16. 可信邊界：有時我們不用 $\bar{x} \pm \sigma$ 的 68%的機率邊界，而以其他的機率值來定義邊界，$x \pm \sigma k(p, N-1)$，p 為可信度。對於有限個測量值，k 的數值如下表 1.1-1。

表 1.1-1 可信邊界的換算值 k

N-1	1	2	3	4	5	6	7	8	9	10
p=50%	1.00	0.82	0.76	0.74	0.73	0.72	0.72	0.71	0.70	0.70
p=90%	6.31	2.92	2.35	2.13	2.02	1.94	1.90	1.86	1.83	1.81

17. 平均值的標準差(mean of standard deviation 又稱 standard error)：用來說明平均值可能的誤差範圍。若以分為 N 組的 n 個數據，可以得到平均值的分佈，而由平均值的分佈得到的標準差值，稱為平均值的標準差 $\sigma_{\bar{x}}$。平均值的標準差與標準差的關係為 $\sigma_{\bar{x}} = \dfrac{\sigma}{\sqrt{n}} = \sqrt{\dfrac{1}{n(n-1)}\sum_i (x_i - \bar{x})^2}$。通常實驗數據以 $\bar{x} \pm \sigma_{\bar{x}}$ [單位]來表示物理量 x 的測量值。在 CASIO 計算機的 SD 模式中為[shift][$x\sigma\,n-1$][÷][Kout][n][$\sqrt{\ }$]；在 Excel 中為=STDEV(開始格：結束格)/SQRT(COUNT(開始格：結束格))

18. 變異係數(coefficient of variance)： $C = \dfrac{\sigma}{\bar{x}} \times 100\%$ 。有關除去可疑數據的詳細方法，參照 Chauvenet 的建議，正常的實驗中變異係數不可大於 5%；通常可以將使變異係數超過 5%的數據捨棄。

　　舉一個可疑數據刪除的例子。測量某一時間間隔所得的數據為 2.32，2.46，2.48，2.49，2.54，2.58，2.60，2.63，2.65，2.92(s)，計算其平均值為 2.567 s，標準差為 0.158 s，變異係數為 $\sigma / \bar{x} = 0.158 \div 2.567 = 6.14\%$ 大於 5%。利用偏差值檢討有問題的數據，

表 1.1-2 時間的數據(單位秒)

x	2.32	2.46	2.48	2.49	2.54	2.58	2.60	2.63	2.65	2.92
偏差d	-0.25	-0.11	-0.09	-0.08	-0.03	0.01	0.03	0.06	0.08	0.35

刪去離平均最遠的 2.92 s，可得新的平均值 2.528 s，標準差 0.103 s，變異係數減為 4.07%。若再將另一離平均最遠的數據 2.32 s 刪去，可得新的平均值 2.554 s，標準差 0.072 s，變異係數 2.8%。

在使變異係數小於 5%後，判斷剩下的數據應否全部保留時可再參考下表 1.1-3。計算不同次數的偏差臨界值 $\sigma_c = t\sigma$，將超出 $\bar{x} \pm \sigma_c$ 範圍的數據予以刪除。

表 1.1-3 換算偏差臨界值時的加權值 t

測量次數	2	3	4	5	6	7	8	9	10	11	>11
t	1.15	1.38	1.53	1.64	1.73	1.80	1.86	1.91	1.96	2.00	2.00

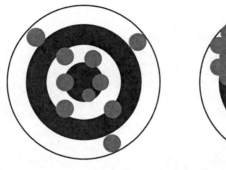

圖 1.1-2 隨機誤差與系統誤差的示意圖。左方的偏離較小，偏差較大；右方的偏離較大，偏差較小。

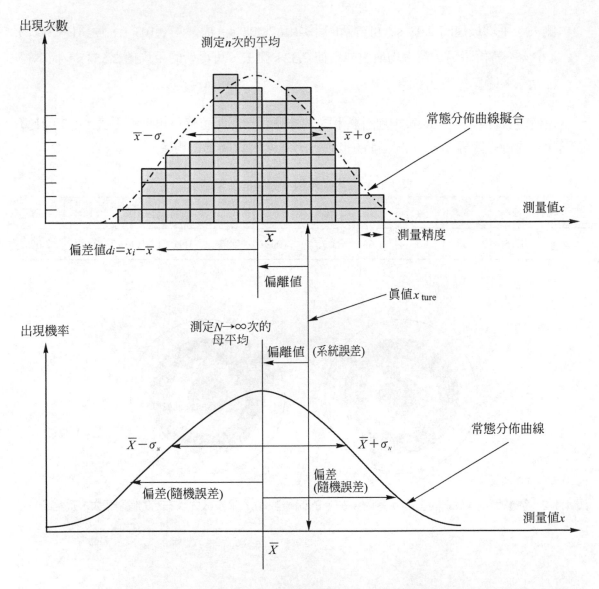

圖 1.1-3 各種誤差關係示意圖。上方為有限次實驗的結果，下方為無限次的結果(母集團)所對應的常態分布

◇	A	B	C	D
1		X	偏差	在 Excel 中的指令
2	trial 1	3.1	-0.21	=B2-B14
3	trial 2	3.2	-0.11	=B3-B14
4	trial 3	3.5	0.19	=B4-B14
5	trial 4	3.2	-0.11	=B5-B14
6	trial 5	3.3	-0.01	=B6-B14
7	trial 6	3.4	0.09	=B7-B14
8	trial 7	3.3	-0.01	=B8-B14
9	trial 8	3.2	-0.11	=B9-B14
10	trial 9	3.5	0.19	=B10-B14
11	trial 10	3.4	0.09	=B11-B14
12				
13	總和	33.1		=SUM(B2:B11)
14	平均	3.31		=AVERAGE(B2:B11)
15	平均偏差	0.11		=AVEDEV(B2:B11)
16	標準偏差	0.14		=STDEV(B2:B11)
17	平均標準差	0.04		=B16/SQRT(10)
18				

圖 1.1-4　用 Excel 作計算的例子

　　圖 1.1-4 是用 Excel 作計算的例子。首先在 B2～B11 的儲存格中輸入原始數據。在 Excel 的指令中，以 B2：B11 代表 B2～B11 所有的格子。對於四則運算，先在空白的格中鍵入 =數學式，計算結果將自動顯示於格子中。如在 C2 格中鍵入=B2-B14，將自動算出 B2 減去 B14 的值，並顯示在 C2 格內。注意 Excel 中的乘號為「*」，除號為「/」，次方為「^」，與一般書寫習慣不同。而-2.3E-4 則是-2.3×10^{-4} 的意思。二次根號則寫為函數的型式 =SQRT(數學式)。下例中數據分析鍵入於 B13～B17 的格子中，如=SUM(B2：B11)是指 B2～B11 的總和，=AVERAGE(B2：B11)是指 B2～B11 的平均，=AVEDEV(B2：B11)是平均偏差，=STDEV(B2：B11)是標準偏差，=STDEV(B2：B11)/SQRT(10)是將 10 個數據的標準偏差換算成平均標準差。

　　若不使用 PC，工程用計算機中也有總和、平均值、標準差、平方和等功能。

五、標準差的傳播公式

　　當測量的物理量作運算時，演算結果亦伴隨有誤差。誤差邊界的寬度最簡便的計算法是利用代數和，例如$(a \pm b)+(c \pm d)=(a+c) \pm (b+d)$，但是這種方法並不能精確表示計算結果的統計性誤差。標準偏差的誤差傳播(propergation of errors)有一套特別的演算方式。由於標準偏差或平均標準差均以方均根求得，故在誤差傳播時也常見到方均根的形式。對於互不相關的數個物理量的測定值 x_{1j}，x_{2j}，…，x_{nj}，而言，導出量 $y = f(x_1, x_2, ..., x_n)$ 的標準差
或可平均值的標準差可用 $\sigma_y = \sqrt{\sum_{i=1}^{n} (\partial f / \partial x_i)^2 \sigma_{x_i}^2}$ 來計算。

以下列舉常用的數條公式，詳細說明請查閱水野善右卫門/三木久夫：基礎物理学実
験(培風館)，或是其他的數學書籍。

1. 加減法：對於互不相關的 2 個物理量測定值 x，y 計算 $x \pm y$ 時，平均值為 $\overline{x \pm y} = \bar{x} \pm \bar{y}$，
    因為 $\sigma_x^2 = \lim_{n \to \infty} \frac{1}{n} \sum \Delta_x^2$，$\sigma_y^2 = \lim_{n \to \infty} \frac{1}{n} \sum \Delta_y^2$，$\sigma_{x+y}^2 = \lim_{n \to \infty} \frac{1}{n} \sum \Delta_{x+y}^2$，$\lim_{n \to \infty} \frac{1}{n} \sum \Delta_x \Delta_y = 0$，而
    $\sum \Delta_{x+y}^2 = \sum (\Delta_x + \Delta_y)^2 = \sum \Delta_x^2 + 2 \sum \Delta_x \Delta_y + \sum \Delta_y^2$，故相加後的標準差為
    $\sigma_{x+y} = \sqrt{\sigma_x^2 + \sigma_y^2}$。同理可得 $\sigma_{x-y} = \sqrt{\sigma_x^2 + \sigma_y^2} = \sigma_{x+y}$。
    例：$(2.34 \pm 0.03)\text{m} + (2.43 \pm 0.02)\text{m} = 4.77 \pm \sqrt{(0.02)^2 + (0.03)^2} \text{ m} = 4.77 \pm 0.04 \text{ m}$，

    $(2.34 \pm 0.03)\text{m} + (2.43 \pm 0.00)\text{m} = 4.77 \pm 0.03 \text{ m}$ 等。

2. 連加法：由互不相關的 3 個物理量之實驗數據 x，y，z 計算 $ax + by + cz$ 時(a，b，c 為
    理論中的常數，無誤差)，平均值為 $\overline{ax + by + cz} = a\bar{x} + b\bar{y} + c\bar{z}$，標準差為

    $$\sigma_{ax+by+cz} = \sqrt{a^2 \sigma_x^2 + b^2 \sigma_y^2 + c^2 \sigma_z^2}。$$

3. 乘法：對於互不相關的 2 個物理量之實驗數據 x，y 計算 xy 時，其變異係數為
    $\frac{\sigma_{xy}}{xy} = \sqrt{\frac{\sigma_x^2}{\bar{x}^2} + \frac{\sigma_y^2}{\bar{y}^2}}$，換為標準差時 $\sigma_{xy} = \overline{xy} \sqrt{\frac{\sigma_x^2}{\bar{x}^2} + \frac{\sigma_y^2}{\bar{y}^2}}$。正常的實驗數據標準差遠小於
    平均值，可以用 $\overline{xy} = \bar{x} \cdot \bar{y}$ 來簡化計算。

    對於(數學上的倍數)乘以(測量值)，只要將測量值的標準差乘上倍數，即為結果的標
    準差。如 $2 \times (3.45 \pm 0.06) = 6.90 \pm 0.12$，結果將標準差放大為 2 倍。

4. 除法：對於互不相關的 2 個物理量之實驗數據 x，y 計算 x/y 時，其變異係數為
    $\frac{\sigma_{x/y}}{x/y} = \sqrt{\frac{\sigma_x^2}{\bar{x}^2} + \frac{\sigma_y^2}{\bar{y}^2}}$，換為標準差時 $\sigma_{x/y} = \overline{x/y} \sqrt{\frac{\sigma_x^2}{\bar{x}^2} + \frac{\sigma_y^2}{\bar{y}^2}}$。正常的實驗數據標準差遠小
    於平均值，可以用 $\overline{x/y} = \bar{x} / \bar{y}$ 來簡化計算。

5. 連乘法及乘冪：對於互不相關的 3 個物理量之實驗數據 x，y，z 計算 $Ax^p y^q z^r$ 時，(A，p，q，r 為理論中的常數，無誤差)其變異係數的平方爲

$$\frac{\sigma^2_{Ax^p y^q z^r}}{(Ax^p y^q z^r)^2} = p^2 \frac{\sigma_x^2}{\overline{x}^2} + q^2 \frac{\sigma_y^2}{\overline{y}^2} + r^2 \frac{\sigma_z^2}{\overline{z}^2}$$ ，也就是說，

$$\sigma_{Ax^p y^q z^r} = \overline{Ax^p y^q z^r} \sqrt{p^2 \frac{\sigma_x^2}{\overline{x}^2} + q^2 \frac{\sigma_y^2}{\overline{y}^2} + r^2 \frac{\sigma_z^2}{\overline{z}^2}}$$ 。次方愈高的變數，對計算結果的標準差

影響也愈大，應力求數據的準確度。

六、最小方差擬合

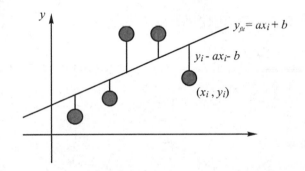

　　處理實驗數據(x_i, y_i)時，若想精確求出描述直線關係最佳的直線，並且 x_i 的誤差較小而 y_i 的誤差較大時，除了用目測的方法外，常會利用 y 座標上的最小方差擬合法(linear least squares fit)。所謂最小方差擬合，就是調整直線的斜率 a 與截距 b，以期得到

$\chi^2 = \sum_i (y_i - ax_i - b_i)^2$ 爲最小值的狀況。而此 χ^2 事實上就是每個數據點與擬合後的直線間 y

方向距離的平方和。以此多變數統計中的 chi 函數(在英語中讀作[ㄎㄞ]，源自希臘字母 χ [ㄏㄧ])，可以導出最小方差擬合的公式。將兩個變數的數據 (x_i, y_i) 以直線方程式 $y_{fit} = ax + b$ 來擬合，則最適的 a，b 值必須滿足 $\frac{\partial \chi^2}{\partial a} = 0$ 及 $\frac{\partial \chi^2}{\partial b} = 0$。在較新版本的 Excel 中有內建的函數來處理。

1. 斜率(gradient)：$a = \dfrac{N\sum\limits_{i=1}^{N} x_i y_i - \sum\limits_{i=1}^{N} x_i \sum\limits_{i=1}^{N} y_i}{N\sum\limits_{i=1}^{N} x_i^{\,2} - \left(\sum\limits_{i=1}^{N} x_i\right)^2}$。在 CASIO 計算機的 LR 模式下按[shift][B]；

    在 Excel 中的內建函數為

    =SLOPE(因變數開始格：因變數結束格，自變數開始格：自變數結束格)

2. 截距(intercept)：$b = \dfrac{\sum\limits_{i=1}^{N} x_i^2 \sum\limits_{i=1}^{N} y_i - \sum\limits_{i=1}^{N} x_i \sum\limits_{i=1}^{N} x_i y_i}{N\sum\limits_{i=1}^{N} x_i^2 - \left(\sum\limits_{i=1}^{N} x_i\right)^2}$。在 CASIO 計算機的 LR 模式下按[shift][A]；

    在 Excel 中的內建函數為

    =INTERCEPT(因變數開始格：因變數結束格，自變數開始格：自變數結束格)

3. 相關係數：評價數據擬合於直線程度的直線相關性

    $r = \dfrac{N\sum\limits_{i=1}^{N} x_i y_i - \sum\limits_{i=1}^{N} x_i \sum\limits_{i=1}^{N} y_i}{\sqrt{\left[N\sum\limits_{i=1}^{N} x_i^2 - \left(\sum\limits_{i=1}^{N} x_i\right)^2\right]\left[N\sum\limits_{i=1}^{N} y_i^2 - \left(\sum\limits_{i=1}^{N} y_i\right)^2\right]}}$。在 CASIO 計算機的 LR 模式下按[shift][r]；

    在 Excel 中的內建函數為

    =CORREL(因變數開始格：因變數結束格，自變數開始格：自變數結束格)

    (1) 縱座標的預測：若要利用擬合結果來推出對應某個 x 的 y 值，除了由前面的結果計算 $y_{fit}=ax+b$，也可以用 Excel 中的

    =TREND(因變數數據的範圍，自變數數據的範圍，新的橫座標)

    (2) 縱座標預測值的標準差：傳回擬合出來 y_i 值的標準差 σ_i

    =STEYX(因變數數據的範圍，自變數數據的範圍)

    由於傳回的函數值有複數個，操作手續較繁複，可以參照 Excel 中的說明。

有時兩個變量的理論關係不為直線，而是 $f(y)=a{\cdot}g(x)+b$ 的形式，也可以利用上述的幾個公式。例如有兩個量之間的關係為 $y_{fit}=ax^2+b$，可以從 (x_i, y_i) 的數據計算出 $(X_i, Y_i) = (x_i^2, y_i)$ 來，再用 (X_i, Y_i) 的數據代入公式。以下是利用 Excel 來作操作的例子。

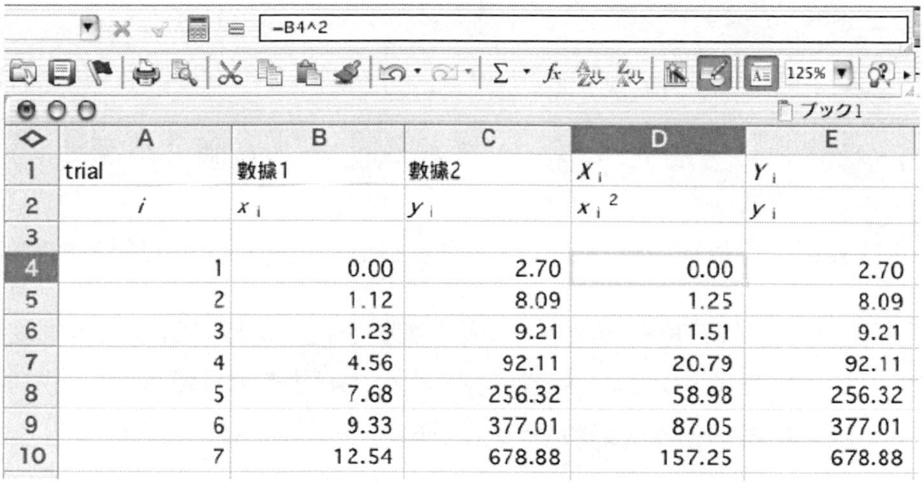

=B4^2

ブック1

	A	B	C	D	E
1	trial	數據1	數據2	X_i	Y_i
2	i	x_i	y_i	x_i^2	y_i
3					
4	1	0.00	2.70	0.00	2.70
5	2	1.12	8.09	1.25	8.09
6	3	1.23	9.21	1.51	9.21
7	4	4.56	92.11	20.79	92.11
8	5	7.68	256.32	58.98	256.32
9	6	9.33	377.01	87.05	377.01
10	7	12.54	678.88	157.25	678.88

圖 1.1-5 待擬合的實驗數據

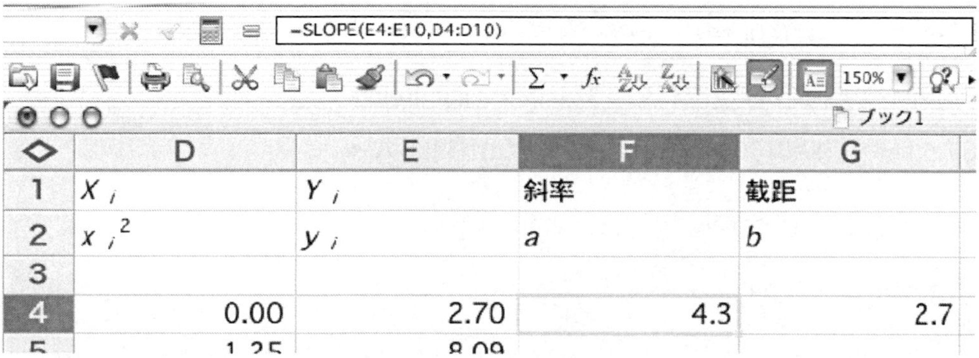

=SLOPE(E4:E10,D4:D10)

ブック1

	D	E	F	G
1	X_i	Y_i	斜率	截距
2	x_i^2	y_i	a	b
3				
4	0.00	2.70	4.3	2.7
5	1.25	8.09		

圖 1.1-6 利用 Excel 作數據的線性擬合

先在 B，C 兩欄中分別填入原始數據。在 D 欄中第一列有數據的 D4 儲存格中鍵入 =B4^2，並且複製到 D 欄其他的格中，完成 $X_i = x_i^2$ 的計算。由於 $Y_i = y_i$，將 C 欄的數據複製在 E 欄中即可。接著在兩個空的儲存格中分別鍵入=SLOPE(E4：E10,D4：D10)及 =INTERCEPT(E4,E10,D4：D10)所得的結果為 a=4.3，b=2.7，所以擬合的結果為 $y_{fit} = ax^2 + b = 4.3x^2 + 2.7$。

另外，擬合的函數 $y = a^{(1)}x^{(1)} + a^{(2)}x^{(2)} + ... + a^{(n)}x^{(n)} + b$ 中自變數有複數個時，利用

$$\chi^2 = \sum_i (y_i - a^{(1)}x_i^{(1)} - a^{(2)}x_i^{(2)} - a^{(3)}x_i^{(3)}... - b)^2$$ ，最適的 $a^{(j)}$，b 值必須滿足 $\dfrac{\partial \chi^2}{\partial a^{(j)}} = 0$ 及

$\dfrac{\partial \chi^2}{\partial b} = 0$。在 Excel 中可以利用=LINEST(因變數數據的範圍，所有的自變數數據的範圍)

因為該函數傳回的儲存格有複數個，操作手續較繁複，可以參照 Excel 中的說明。此法可以利用來擬合多項式，如 $y = b + a^{(1)}x + a^{(2)}x^2 + ... + a^{(n)}x^n$，只要將原來的數據計算成 $x_i, x_i^2..., x_i^n$，再將各項視為獨立的變數 $x_i^{(1)} = x_i, x_i^{(2)} = x_i^2..., x_i^{(n)} = x_i^n$，即可擬合出各項係數。

七、問題

1. 將 5.8349 作規格化四捨五入至小數點以下第二位。

2. 下列各測量數據各有幾位有效位數(significant digits)？
    (a)37.60 m，(b)0.0130 kg，(c)13000 s，(d)1.3400 A。

3. 計算下列各式，並注意有效位數的取捨問題。

    (a) 37.60 $m^2 \times$ 1.23 kg，

    (b) 8.975 m ÷ 6.7 s，

    (c) 3.765 m + 1.2 m + 37.21 m

    (d) 120.0 cm $\times \cos 20°$

4. 以下為音速測量的數據(m/s)。已知 20°C 時空氣中的聲速為 343.5 m/s。計算以下各列數據的平均值(mean)、標準差(standard deviation)、平均標準差(mean of standard deviation 又稱 standard error)，並比較三列數據間精度(accuracy)、準確度(precision)及系統誤差(system error)的情形。

    (1) 志明 357.4，339.6，346.2，349.2

    (2) 春嬌 322.6，324.7，323.5，326.9

    (3) 阿貴 340.6，347.6，342.6，345.8

5. 統計上的偏差值是基於人為誤差(personal errors)、系統誤差(systematic errors)、或是隨機誤差(random errors)何者而來？

6. 符合正則分布(normal distribution)的系統中，測量得到的值落在 $\bar{x} \pm \sigma$ 範圍內的機率有多大？測量得到的值落在 $\bar{x} \pm 2\sigma$ 範圍內的機率有多大？

7. 我們為了增加平均值的有效數字一位數，應重覆實驗幾次？

8. 有同學說實驗測量愈多次數據愈準，是真的嗎？

八、參考資料

1. 有關常態分佈曲線的由來，可以由二項分佈開始。若事件 A 發生 1 次的機率為 p，則在 n 次之中事件 A 發生 x 次的機率為 $W_x^B = \dfrac{n!}{x!(n-x)!} p^x (1-p)^{n-x}$，即(Bernoulli 的)二項分佈。當 n 非常大，而 p 非常小，而且 $np = \mu$ 為有限值時，機率極限值為 $W_x^p = \dfrac{\mu^x}{x!} e^{-\mu}$，即 Poisson 分布。當 n 與 x 皆非常大，機率的分佈有如連續函數，且在 $x = \mu$ 處有極大值。將此一極限的對數以 $x = \mu$ 為中心作多項式展開，且將 $(x-\mu)^3$ 等 3 次方以上的微小量略去，再設 $\sigma^2 = (1-p)pn$，即可得到 $W(x) = \dfrac{1}{\sigma\sqrt{2\pi}} e^{-\frac{(x-\mu)^2}{2\sigma^2}}$ 的常態分佈。將導證時所用的計算對應於實驗，即「遵守同一分佈規則，且前後為互相獨立的事件發生許多次時，次數接近無限大，則分佈趨近於常態分佈」。

2. E.Kreyszig：Advanced Engineering Mathematics。

3. Z.Mizuno(水野善右ヱ門)，H.Miki(三木久夫)：Kiso Butsurigaku Jikken(基礎物理学実験)

4. 吳秀錦，黃勝良：清華大學普通物理實驗課本。

5. Boas：Mathematical Methods in the Physical Sciences.

講解 1.2　作圖的方法

　　流程圖有助於讀者理解實驗或數據分析的步驟，數據圖形則可以使人對於實驗及分析的結果一目了然。

一、圖形繪製的原則

　　呈現數據用的圖形必須繪製在線性方格紙、半對數紙、全對數紙上，或是用計算機程式繪製，不可任意用直尺繪製不準確的圖形。縱軸與橫軸分別選擇適當的座標範圍以利觀察現象，不一定要從 0 開始。利用線性方格紙時，取方格刻度為測量值的 0.1，0.2，0.5，1，2，5，10 倍等，較易作圖；避免利用 3，7，9 等倍數。數據可以依需要標為科學記號，或將 $10''$ 加在座標軸的單位上，如 10^3 m，或是利用 SI 單位的接頭字，如 km。

　　圖形的編號及標題寫在圖的下方。使用整張的線性方格紙時，可以不要使用方格紙的邊框，應將橫軸及縱軸繪於內部的線上。書寫各軸的名稱時，應與各軸平行，橫軸由左而右，縱軸由下而上。名稱之後加上單位，格式如 "名稱/單位"，"名稱(單位)" 等。軸上適當標上刻度的數字，以利圖形的閱讀。

　　數據點標上之後，通常會加上說明用的直線或曲線。在科學研究中，為了觀察細微的變化，作圖時也經常將所有的數據點以直線連起來；但是在普通物理實驗中，通常是要驗證簡單的關係，並且要討論數據誤差的問題，所以不要將數據以直線連起來，應該取一條平滑曲線通過數據點的附近。

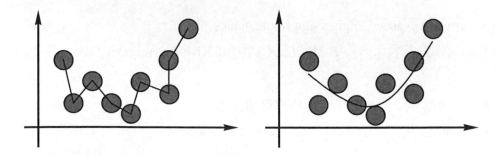

圖 1.2-1 兩種連接數據點的方法。左方為直接以直線連接為折線圖；右方以平滑曲線通過數據之間。普通物理實驗中應練習繪製右方的圖形

　　為了比較有關連的數據，可將其繪製於同一個圖上。但區別不同組的數據時，可以在數據點上加不同的符號，如○(open circle)，●(close circle)，△，▲，◇，◆，□，■，▽，▼等；通過數據的曲線也可用實線(solid line)＿，節線(dashed line)....，點節線(dash-dotted line)..，點線(dotted line)……等，在圖旁邊說明不同符號所代表的意義或數據。實驗報告上依需要可利用不同顏色的線或符號，但因批改的關係，請不要用正紅色。

　　若某一數據點經測量多次，有確定的平均值及標準差時，可以 符號標在(x,y)上，則線的上端代表$(x,y+\sigma_y)$，下端代表$(x,y-\sigma_y)$。

二、線性關係與線性方格紙

　　若兩個物理量在理論上為線性相關，則可寫作 $y=ax+b$；若將數據點描在線性方格紙上，將會得到分佈在直線附近的數據點，並藉此讀出係數 a，b。如 Hooke 定律實驗中，得到以下的數據。由圖中可以讀出，截距 b 為 4.5，斜率 a 為$\Delta y/\Delta x$=(14.2-4.4)/(2.0-0.0)=4.9。

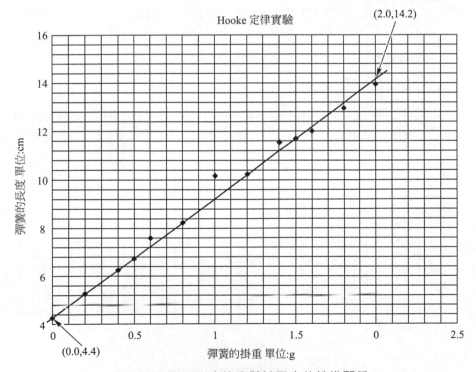

圖 1.2-2　Hooke 定律實驗結果中的線性關係

三、指數關係與半對數圖形

當兩個物理量之間的關係為指數關係 $y=ce^{kx}$ 時，為了容易驗證，常使用半對數紙作圖。原因是將 y 座標取對數後，可得 $\log_{10}y = \log_{10}c + kx\log_{10}e = \log_{10}c + 0.4343kx$ 的直線關係；只是作圖時要留意 y 座標刻度，主要刻度由下往上為…0.01，0.1，1,10,100…；次要刻度由下往上為…0.2，0.3，0.4，0.5，0.6，0.7，0.8，0.9；2，3，4，5，6，7，8，9；20，30，40，50，60，70，80，90；無法標出 0 或負數。$x=0$ 時的 y 座標讀數為 c，指數 $k=(\log_{10}y_2-\log_{10}y_1)/(x_2-x_1)$。利用直尺量斜率時，**$k = \ln 10 \times$ (y_2 到 y_1 在紙上的距離) ÷ ($y = 10$ 到 $y = 1$ 在紙上的距離) ÷ ($x_2 - x_1$)**，其中 $\ln 10=\log_e 10= 2.302585$。

以下為阻尼振盪中振動幅度隨時間衰減的情形。以目測加上一條直線，可以讀出衰減係數。$x=0$ 時 $y=60$，$x=10$ 時 $y=9.5$，倍減為 9.5/60=16%，因此每振盪一次振幅減少為原來的 $0.16^{1/10}=0.83$，直線的方程式為 $y=60\times10^{1-0.83x}=60e^{-(0.83\ln 10)x}=60e^{-(0.83\times2.3)x}=60e^{-19x}$。

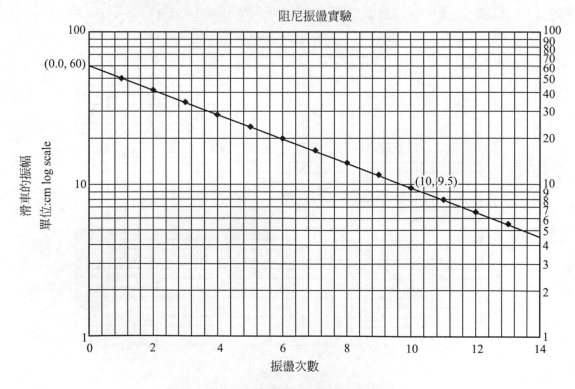

圖 1.2-3 阻尼振盪實驗結果中的指數關係

　　半對數紙也常用於表示數量級變動量大的數值，如股票的長期走勢就常用半對數圖形。

　　如果沒有半對數紙時，可以先算出縱軸 $\log_{10}y$，再對橫軸 x 作圖。

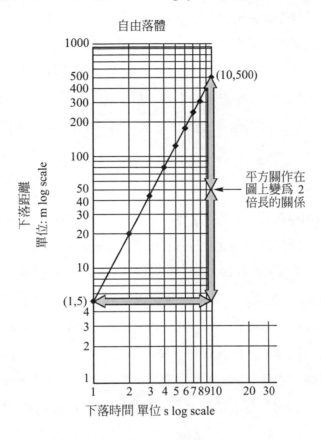

圖 1.2-4　自由落體實驗結果中的乘冪關係

四、乘冪關係與全對數圖形

　　當兩個物理量之間的關係為乘冪關係 $y = ax^b$ 時，為了容易驗證，常使用全對數紙作圖。原因是將 x，y 座標取對數後，可得 $\log_{10} y = \log_{10} a + b\log_{10} x$ 的直線關係；只是作圖時要留意 x，y 座標刻度，主要刻度皆為…0.01，0.1，1，10，100…；次要刻度皆為…0.2，0.3，0.4，0.5，0.6，0.7，0.8，0.9；2，3，4，5，6，7，8，9；20，30，40，50，60，70，80，90…無法標出 0 或負數。$x=1$ 時的 y 座標讀數為 a，任取兩點則可以算出指數

$b = \dfrac{\log_{10} y_2 - \log_{10} y_1}{\log_{10} x_2 - \log_{10} x_1}$ 。以 Excel 印製的圖形，因為縱軸與橫軸並未維持等比例的關係，**b**

=(x=10 到 **x=1** 在紙上的距離**)×(y$_2$** 到 **y$_1$** 在紙上的距離**)÷(y=10** 到 **y=1** 在紙上的距離**)÷(x$_2$** 到 **x$_1$** 在紙上的距離**)**。若作圖於全對數紙上，利用直尺在分別量出 y_2 到 y_1 的距離及 x_2 到 x_1 的距離，相除之後所得的斜率即為 b =(y$_2$ 到 y$_1$ 在紙上的距離)÷(x$_2$ 到 x$_1$ 在紙上的距離)。圖 1.2-4 中橫座標從 1 變成 10 時，縱座標從 5 增至 500，即橫座標增為 10 倍時縱座標增為 10^2 倍，縱座標的倍增是橫座標倍增的平方。當 x 代入 1 時 y 為 5，得係數 $a = 5$。

　　如果沒有全對數紙時，可以先算出橫軸 $\log_{10}x$ 及縱軸 $\log_{10}y$ 後再作圖。

五、計算機程式的應用

　　現在有許多市販的應用軟體及電子試算表可以用來作圖，包括很常用的 Excel 或是 AppleWorks，以及免費使用的 OpenOffice，Calc 等。Excel 雖然不是科學專用的試算表，但是具有 *x-y* 數據製圖功能，並且有大量的內建數學函數，利於數據處理；利用 Microsoft 公司所加入的 Visual Basic for Application，也可以寫程式來協助計算。

　　以下為 Excel 作圖的一個例子。95，97，98，2000，2001，xp，vx，2004 等不同的版本可能有一些小差異，但基本操作程序都很類似。

　　將說明文字及數據分別鍵入 A，B 兩個欄中，將數據的部分用 mouse "按下拖曳" 選取，或用鍵盤 "shift+方向鍵" 選取整個 *x* 及 *y* 數據後，用 mouse 點一下 menu 上的 "圖表精靈" 按扭，如圖 1.2-5 左按下圖表精靈後，會有一個跳出來的視窗，適當回答其中的問題後即可得到圖形。為了要畫 *x-y* 的相關圖形，我們在圖形種類中選擇 "散布圖"。之後檢查數據的範圍及方向是否無誤。

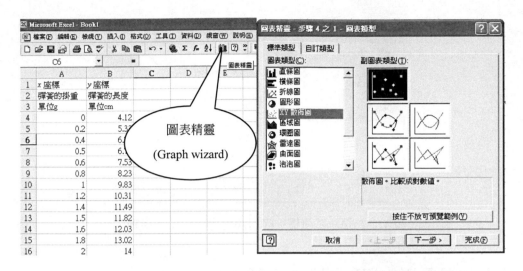

圖 1.2-5　圖表精靈的啟動。實驗數據上線要用手繪，因此選不劃線的散布圖

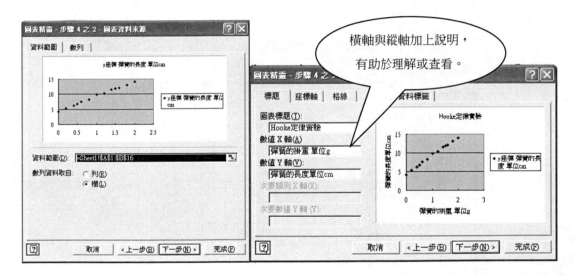

圖 1.2-6　資料範圍的確認(左)，以及標題的鍵入(右)

　　在圖形標題中填入適當的說明，以利日後查閱。如圖標題為「Hooke 定律」，x 座標標題為「彈簧所掛質量(g)」，y 座標標題為「彈簧的長度(cm)」。若有需要，可以令 x，y 軸分別畫上主要格線及次要格線，利於讀取數據。按完成後即初步完成圖形，如圖 1.2-8 所示。為了將圖形調整成想要的樣式，可以先用 mouse 敲敲想要修改的部分，如符號的種類，大小，形狀，或是背景的顏色等。最後敲敲座標軸的部分，適當修改 x，y 軸的範圍，選取需要的部分，以表現圖形的特徵。以目測的方式加上直線後，完成的圖形例子如圖 1.2-10。

普通物理實驗

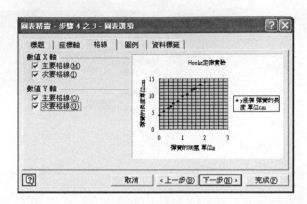

圖 1.2-7 格線的選擇。自行決定是否要加上格線

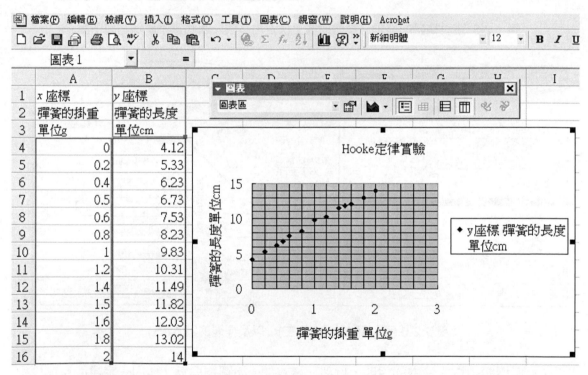

圖 1.2-8 圖形的初步完成

　　由於 Excel 中內建有最小方差擬合的程式，可以用來算出擬合後的斜率及截距。在空格 C2 中鍵入=SLOPE(y 的範圍，x 的範圍)，即可得到斜率。較新版本的 Excel 中可以用 "貼上函數" 來協助尋找想要用的函數。本例中的範圍可寫為=SLOPE(B5：B17，A5：A17)另選一空格 D2，在其中鍵入=INTERCEPT(y 的範圍，x 的範圍)，即可得到截距。因為力

常數是(重力加速度$[m/s^2]$)÷(C2 值$[cm/g]$)÷10 [cm/g 換成 m/kg]，最後再另選空格 E2 鍵入 =9.8/C2/10，即可換算出 SI 單位力常數的實驗值。

圖 1.2-9　手動選取圖形的顯示範圍，可以將想要注目的範圍放大

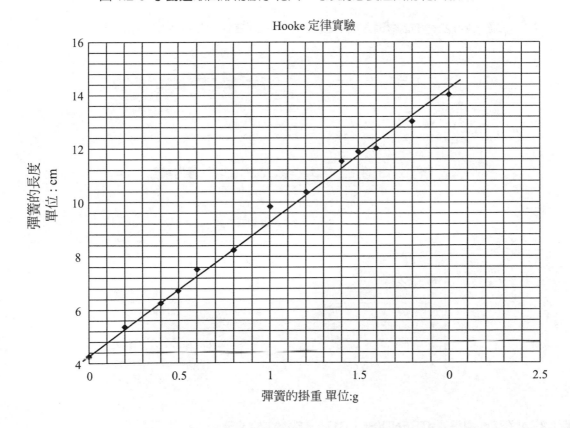

圖 1.2-10　將 Hooke 定律實驗數據以 Excel 所繪製完成的圖形

C2 =SLOPE(B5:B17,A5:A17)

	A	B	C
1	x座標	y座標	斜率 (cm/g)
2	彈簧的掛重	彈簧的長度	4.909591837

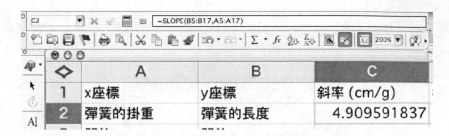

圖 1.2-11 在 C2 中鍵入=SLOPE(B5：B17，A5：A17)以計算斜率

D2 =INTERCEPT(B5:B17,A5:A17)

	A	B	C	D
1	x座標	y座標	斜率 (cm/g)	截距 (cm)
2	彈簧的掛重	彈簧的長度	4.909591837	4.372715856

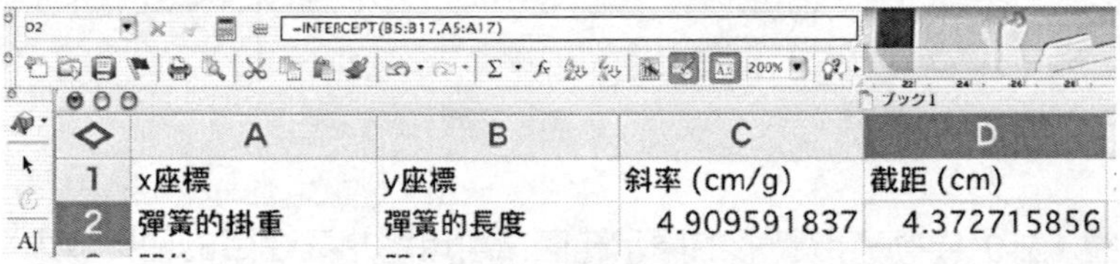

圖 1.2-12 在 D2 中鍵入=INTERCEPT(B5：B17，A5：A17)以計算截距

E2 =9.8/C2/10

	A	B	C	D	E
1	x座標	y座標	斜率 (cm/g)	截距 (cm)	力常數 (N/m)
2	彈簧的掛重	彈簧的長度	4.909591837	4.372715856	0.199609261

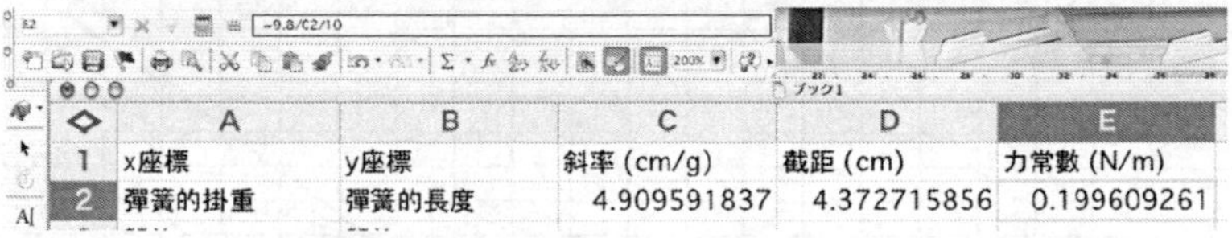

圖 1.2-13 在 E2 中鍵入=9.8/C2/10 以計算力常數

D6 =TREND(B5:B17,A5:A17,C6)

	A	B	C	D
1	x座標	y座標	擬合x座標	擬合後的y
2	彈簧的掛重	彈簧的長度	擬合的掛重	擬合後的長度
3	單位g	單位cm	單位g	單位cm
4				
5	0.00	4.12	0.00	4.372715856
6	0.20	5.33	2.30	15.66477708

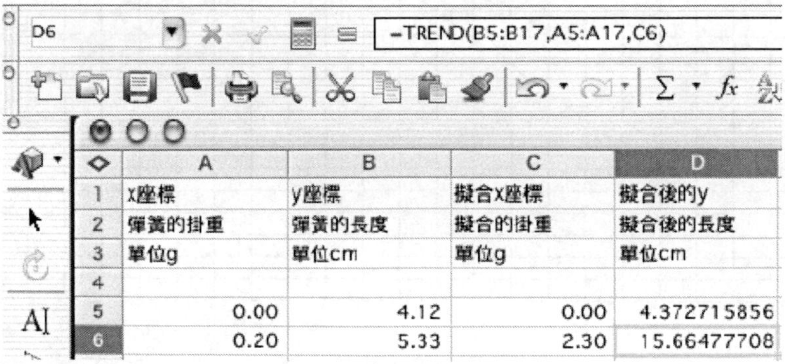

圖 1.2-14 在 D5 中鍵入=TREND(B5：B17，A5：A17，C5)

在 D6 中鍵入=TREND(B5：B17，A5：A17，C6)以計算擬合後的 y 值

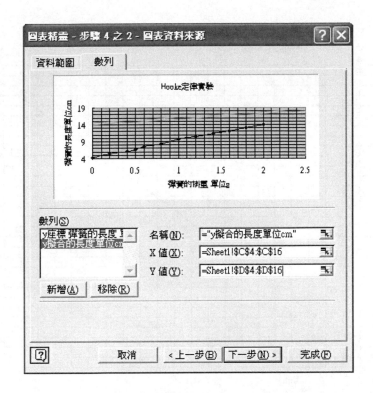

圖 1.2-15　利用圖表精靈追加一條擬合直線

　　有了斜率與截距後,我們可以在剛才的圖上改標經過擬合的直線;但是我們也可以利用 Excel 函數中的函數來畫線。先在 C 列中鍵入想要擬合的兩個新的 x 座標,再在 D 列分別鍵入=TREND(y 的範圍,x 的範圍,新的 x 座標)來計算擬合的 y 值。這樣就得到擬合後的兩個點了。為了把點加到圖上,用 mouse 選圖後按一下圖表精靈,不改變圖的樣式,只需在"數列"中按"追加",鍵入或選取名稱,並選取擬合的 x 及擬合的 y 資料所在的位置,前進至最後一個步驟按完成。

　　按下完成後圖上只有新出現兩個點;在點上或是圖例上敲敲符號後,更改符號的樣式,消去符號,新加入連接線,就可以完成圖 1.2-16 的圖形。

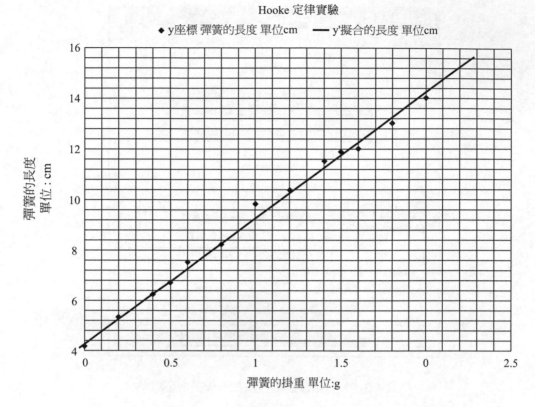

圖 1.2-16 將 Hooke 定律實驗數據以 Excel 所繪製完成的圖形

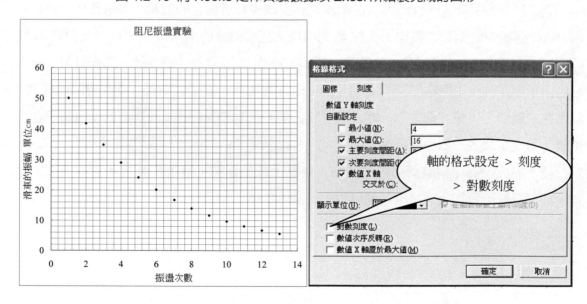

圖 1.2-17 用 mouse 敲敲軸的部份，將線性圖形更改為對數圖形

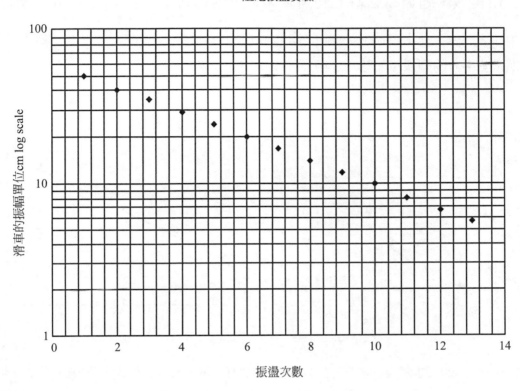

圖 1.2-18　用 Excel 繪製的半對數圖

六、用 Excel 繪半對數圖

作半對數圖時，先將普通的圖形畫出，得到如圖 1.2-17 的實驗數據的曲線圖形，用 mouse 敲敲 y 軸的部分，在刻度選項中選取對數刻度，即可得圖 1.2-18 的圖形。

七、用 Excel 繪全對數圖

作全對數圖形時再敲敲 x 軸，將 x 軸也設成對數刻度即可。以下為幾個全對數圖應用的例子：

1. 自由落體，通過原點時的初速為 0，下落距離 $x = g\dfrac{t^2}{2}$，兩邊取對數後為 $\log_{10} x = \log_{10} g - \log_{10} 2 + 2\log_{10} t$，因此圖上 t 向右移動 1 大格時，x 向上移動 2 大格，顯示其平方的關係，如圖 1.2-4 及圖 1.2-19。

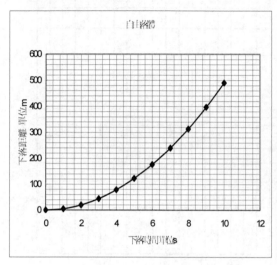
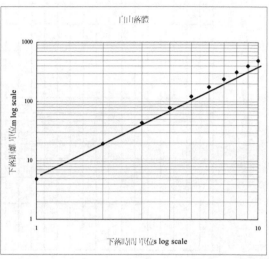

圖 1.2-19 用 Excel 繪製的全對數圖。左圖呈現一拋物線，取對數後在右圖呈現一直線。右圖中橫座標從 1 變成 10 時，縱座標從 5 倍增至 500，即橫座標增為 10 倍時縱座標增為 100 倍，縱座標的倍增是橫座標倍增的平方

2. 無限長均勻電荷的周圍，電荷受力大小與距離的關係為 $F = \dfrac{\lambda}{2\pi\varepsilon_0 r}q$，取對數後得 $\log_{10} F = \log_{10}(\dfrac{\lambda q}{2\pi\varepsilon_0}) - \log_{10} r$，因此圖上的 r 向右移 1 大格時，F 向下移動 1 大格，顯示其平方的關係。由下面右圖中可讀出橫座標由 1 倍增至 10 時，縱座標由 7 倍減至 0.7，恰好是反比的關係。

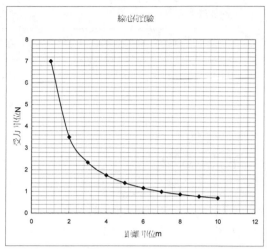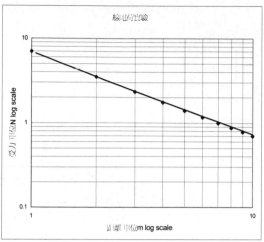

圖 1.2-20 用 Excel 繪製的全對數圖。左圖呈現一雙曲線，取對數後在右圖呈現一直線。右圖中橫座標從 1 變成 10 時，縱座標從 7 倍減至 0.7，即橫座標增為 10 倍時縱座標減為 0.1 倍，縱座標與橫座標成反比

包括指數與冪乘等，對於任意的已知函數關係 $f(y) = a \cdot g(x) + b$，都可以由實驗數據先算出 $f(y)$ 及 $g(x)$，而後再由目測或最小方差擬合來算出 a, b。例如初速為 0 的自由落體 $h = h_0 - g\dfrac{t^2}{2}$，經連續照相測得$(t_i，h_i)$後，可以經由擬合$(t_i^2/2，h_i)$數據後統計出 g 的數值。上面阻尼振盪的例中，$x(n) = x_0 e^{-\alpha n} = x_0 10^{-(0.434294)\alpha n}$，即 $\log_{10} x = \log_{10} x_0 - (0.434294)\alpha n$，所以擬合$(n_i，\ln x_i)$數據後可以統計出 α。

八、問題

1.　全對數與半對數的圖上，是否能標出原點？為甚麼？

2.　參考課本後面的附錄，將以下的數據描繪在半對數紙中。

X	-10.0	-9.5	-8.5	-7.0	-5.0	-2.5	0.5	4.0	8.0	10.0
Y	10.0	11.2	14.1	20.0	31.6	56.2	112.	251.	631.	1000.

3. 參考課本後面的附錄,將以下的數據描繪在全對數紙中。

X	10.0	11.2	14.1	20.0	31.6	56.2	112.	251.	631.	1000.
Y	0.010	0.011	0.014	0.020	0.032	0.056	0.112	0.251	0.631	1.000

4. 讀取以下各圖中的方程式係數 a,b。

(1) $y = ax + b$

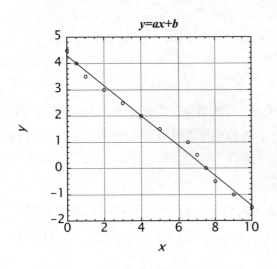

(2) $y = ax^2 + b$

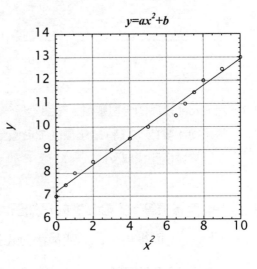

(3) $y = bx^a$

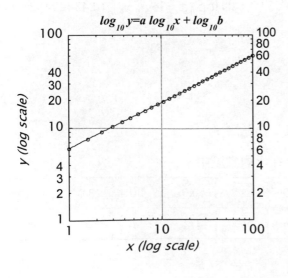

(4) $y = b \times 10^{ax} = b\ e^{ax\ln 10} = b\ e^{2 \cdot 3026\, ax}$

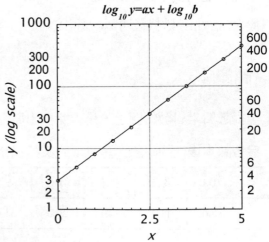

基本測量

實驗 2.1　基本度量衡

預習習題

1.　讀取以下游標尺上的數據。

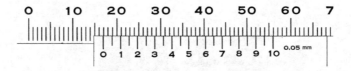

2.　若游標尺的鉗口閉合時仍有讀數如下。則其零點校正值(zero error)為何？

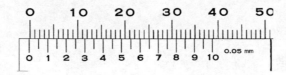

3.　讀取各圖中螺旋測微儀上的刻度。須注意(1)<(2)<(3)。

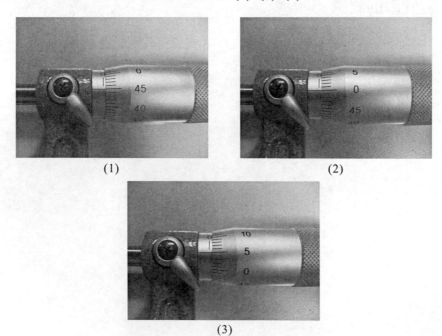

(1)　　　　　　　　　　(2)

(3)

一、目的

　　了解游標尺(vernier calliper)、螺旋測微器(micrometer)、球徑計(spherometer)的構造原理與使用方法，並熟悉基本的數據分析方法。

二、原理

　　物理量測定及統計的原理請參看講解 1.1，儀器原理請參看儀器 01～04。

三、儀器

　　公制游標尺、英制游標尺、螺旋測微器、旋盤球徑計、套筒球徑計、待測物(長方體、圓筒、平板玻璃、錶玻璃等)、天秤。

四、步驟

- **圓筒的尺寸**

   1.　取游標尺，先觀察游尺與主尺的零點誤差，並加以記錄，由各組中每位同學輪流測量。

   2.　將圓筒橫向置於 PQ 間，旋轉 L 使之固定，而從主尺及游尺得圓筒的外徑讀數，分別就公制單位(小數取至 mm 下 2 位)及英制單位(以 $\frac{1}{128}$ in 為單位)記錄於表中，反覆測量量筒不同處的外徑 3～10 次，再求其平均值及標準差，測量達 10 次者。平均值可增加一位有效數字(四捨五入取至 mm 下 3 位)，標準差亦四捨五入至相同的位數。

   3.　將游標尺的 P'Q'張於圓筒的內側，量得其內徑，分別取公制及英制兩種讀數，量取不同處的內徑 3～10 次平均之。

   4.　圓筒外徑、內徑既已量出，則可求得圓筒的厚度。

   5.　將游標尺的 S'片伸張於圓筒內，可量得圓筒的深度，再取不同處的深度 3～10 次平均之。

6. 將圓筒縱向置於 PQ 間,反覆測量量筒不同處的高 3～10 次,再求其平均值。

7. 圓筒高度及深度既已量出,可求出圓筒底部的厚度。

- **以螺旋測微器測頭髮的直徑**

1. 螺旋測微器的精度至 0.01 mm,作測量時自行加上一位估計值,記錄至 μm。

2. 取螺旋測微器,讀取零點誤差,並加以記錄。

3. 輪流量取組員頭髮或紙張等的直徑或厚度,重覆 3～4 次並取平均值。

- **錶玻璃的曲率半徑**

1. 球徑計的升降腳精度與螺旋測微器相同。作測量時自行加上一位估計值。記錄至 μm。

2. 測量球徑計的固定足 ABC 兩兩之間的距離 10～12 次,並求其平均值,平均值的最低位數較測定值多取一位。

3. 取套筒式球徑計置於平面玻璃板上,轉動把手 H,使升降足 D 足尖與 A、B、C 三足尖同樣的接觸玻璃板上(利用足尖與其像的接觸法),再觀察固定尺 S 與套筒 T 的零點是否相合。如否,則記其值 h_0 為零點校正。

4. 旋轉 T 使 D 足尖與 ABC 平面有一距離。再將 A、B、C 三足尖放在錶玻璃的凸球面上。轉動 H 使 D 足尖與球面恰好接觸,記錄此時的刻度,再減去零點校正 h_0 即得高度 h 值,移動球徑計,取不同處 h 值 10 次,得其平均值,並多取有效位數一位,代入曲率半徑公式即可計算得凸面的曲率半徑 R。

- **長方體的密度**

1. 取游標尺,先觀察游尺與主尺的零點誤差,並加以記錄。

2. 從不同的方向測長方體的兩個面間的距離 l,得長度的 10 個數據。

3. 測量長方體的寬度 w 及高度 h 各 10 次。

4. 取天秤將物體稱重,精確至 0.01 g。

5. 已得長方體的尺寸及質量,算出長方體的體積及密度。

6. 利用誤差傳播分別算出體積及密度的平均標準差。

五、問題

1. 實驗中所用的游標尺上的公制刻度及英制刻度，何者的精度較高？

2. 球徑計升降腳高度 h 的最小精度是多少？

3. 如果說，使用砝碼的等臂天秤是測物體的質量，而電子稱是測物體的重量；那麼本實驗中所用的不等臂天秤是屬於何種？

4. 測量曲率半徑時。升降腳高度 h 的誤差 0.05mm，與固定腳間距離 a 的誤差 0.05mm。何者影響曲率半徑 R 的誤差較多？

儀器 01：游標尺(vernier calipers)

　　游標尺的構造(儀圖 1-1)包含主尺 R 及游尺 S。有些游標尺上有兩種刻度，分別為公制單位的公釐(mm)及英制單位的英寸(in)。

　　游尺 S 與主尺 R 上的刻度不同，一般是以主尺的 $n-1$ 個刻度加以 n 等分刻於游尺上，以便將讀取精度提升至主尺上最小精度的 $1/n$。有時也可以見到游尺上的刻度比主尺大的情形，就是將主尺的 $n+1$ 個刻度加以 n 等分刻於游尺上，其精度相同。

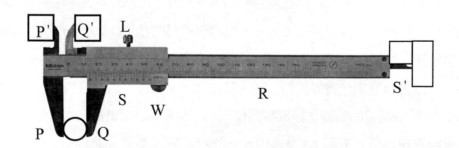

儀圖 1.1 游標尺 R：主尺，S：游尺(vernier)，P',Q'：內側用測定面，P,Q：外側用測定面，S'：測深度用鋼片(depth bar)，L：固定游尺的旋鈕，W：方便游尺移動的輪

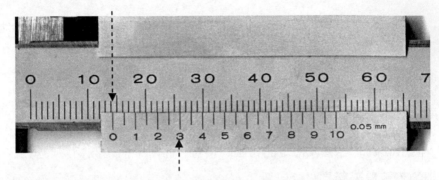

儀圖 1.2 公制游標尺的讀法。將游尺上 0 所對到之主尺刻度 14 mm，再加上主尺與副尺刻度互相
　　　　對齊之副尺讀數 3.0 乘上 0.1mm，即為讀數 14.30 mm。(精度 0.05mm)

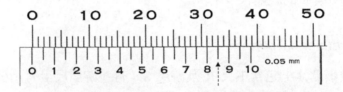

儀圖 1.3 負的零點誤差。仔細觀察游尺上 0 所對到之主尺刻度略小於 0，以–1 mm 計算，再加上
　　　　副尺刻度 0.85 mm，即為零點校正 –0.15 mm，每次讀取毛值後都要加上 0.15 mm。

　　實驗用的 Mitutoyo 公制游標尺將 39 mm 分成 10 個大刻度(20 個小刻度)，游尺刻度
10 落在主尺 39 mm 上，即游尺 1 大刻度為 3.9 mm，與主尺刻度 4 mm 相差 0.1 mm，1 小
刻度(1/2 個大刻度)與 2 mm 相差 0.05 mm，此即游標尺的精度(1/20)mm = 0.05 mm。測定
的方法參照儀圖 1.2。

　　游標尺刀口若因磨損老舊等問題，使得刀口閉合時仍有不為零的讀數，稱為零點誤差
(zero error)。有零點誤差的儀器須讀取零點校正，之後所有的淨值都要以讀數減該校正值。
零點誤差可能有正或負，儀圖 1.3 為游標尺上負的零點誤差。

　　實驗用的游標尺將英制單位刻於上方，如下儀圖 1.4。讀數據的方法與公制類似，但
其單位為英寸(1 in. ≡ 25.400000 mm)，且英制習慣用 $m/2^n$ 的分數來表示。主尺以二分法刻
劃，最細分至 $\frac{1}{16}$ in，而游尺分為 8 格，分別代表 $\frac{0}{128}$ ~ $\frac{7}{128}$ in，所以最高的精度為 $\frac{1}{128}$ in(≈ 0.20
mm)。讀取數據時，同樣將主尺及游尺上所代表的刻度相加即可。

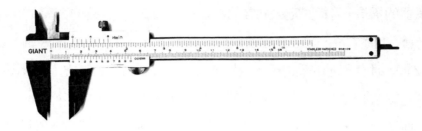

儀圖 1.4 含英制的游標尺，英寸的單位刻於上方

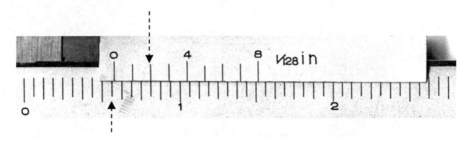

儀圖 1.5 英制游標尺的讀法。將游尺上 0 所對到之主尺刻度 $\frac{9}{16}$ in，再加上主尺與副尺刻度互相對齊之副尺讀數 2 乘上 $\frac{1}{128}$ in，即為讀數 $\frac{74}{128}$ in (精度 $\frac{1}{128}$ in)

儀器 02：螺旋測微器(micrometer calipers)

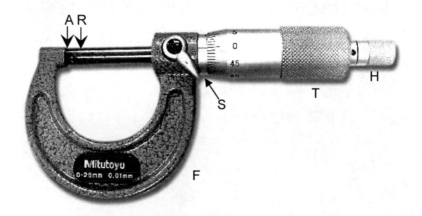

儀圖 2.1 螺旋測微器

　　螺旋測微器的構造，包括固定鐵砧 A、桿尺 S、支架 F、可旋轉的套筒 T、活動鐵砧 R，如儀圖 2.1。旋轉套筒 T 時，鐵砧 R 會前進或後退。套筒後方的 H 中的齒輪，在被測物輕夾於 A 與 R 之間，且有一定的壓力時，慢慢轉動 H 會有「喀答」聲響。一般聽到兩聲「喀答」聲後即可固定 S 上的小扳手，固定套筒，並讀取數據。因為 S 上下交錯的每一刻度間距為 0.5 mm，而 T 上一圈分 50 刻度，每轉一圈 T 在 S 上前進一個刻度，所以 T 轉一刻度，R 移動 0.01 mm。視需要可加一位估計值，所以有效數字可記錄至 1 μm。

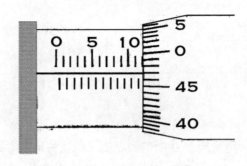

儀圖 2.2 靠近滿刻度但實際上未滿的刻度。雖然桿尺 S 上 12.0 mm 的刻度已經快露出來，但是套筒 T 的刻度尚在 0.47 mm 處，差了 0.03 mm，所以讀數為 11.97 mm；切勿讀成 12.47mm

　　Mitutoyo 螺旋測微器設計了一種讀取估計值的方法，可以使估計值更接近準確值。由於套筒刻度的寬度本身對應於 2 μm，可利用於估計 1 μm 程度的測定值。

　　有的螺旋測微器在桿尺 S 上加了副刻度，利用游標尺的類似原理，可以正確測到 1 μm 的精度。

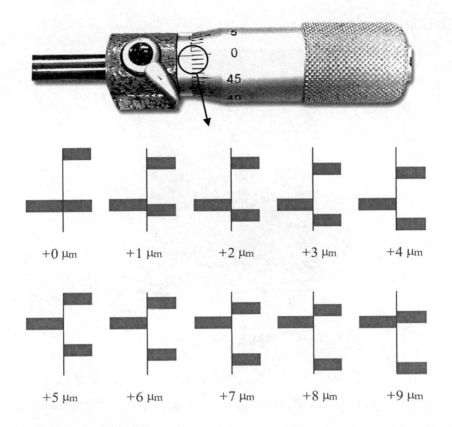

儀圖 2.3　Mitutoyo 螺旋測微器的估計值讀取方法，依序由+0 μm～+9 μm。每個小圖中左側是桿尺
　　　　 S 上的基線，右側是套筒 T 上的某 2 個刻度

儀器 03：球徑計(spherometer)

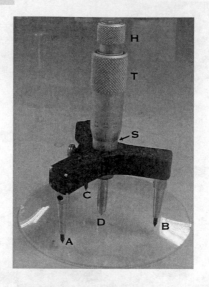

儀圖 3.1 球徑計

　　如圖 3-1 所示，套筒式球徑計上附螺旋測微器 H，S，T，由 H 調整高度，由 S，T 來讀取高度，要注意套筒下的升降腳 D 只能升到水平面以上，不可勉強將升降腳向下伸長至水平面以下過多，否則會損壞球徑計。三臂架下的固定腳 A、B、C 可依需要分別固定於三臂下方對應的孔中，形成三種大小不同的正三角形。

　　球徑計係利用四點決定一球面的原理設計而成的，如儀圖 3-2。設球面曲率半徑為 R，球徑計的四足尖 A、B、C、D 均與球面接觸，另 D 點在 ABC 三點所構成的平面上的投影為 E，且設 DE 距離為 h。則由圖知：

$$\triangle ADE \sim \triangle FAE$$
$$\overline{DE} : \overline{AE} = \overline{AE} : \overline{EF}$$

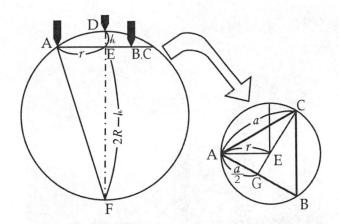

儀圖 3.2　球徑計與曲率半徑。左方為側視圖，BC 兩點重疊；右方為將 ABC 圓水平切下後的俯視圖

$$h : r = r : (2R - h)$$

$$h(2R - h) = r^2$$

$$\therefore R = \frac{h}{2} + \frac{r^2}{2h}$$

又由正三角形 ABC 中得

$$\overline{AE}^2 = \overline{EG}^2 + \overline{AG}^2$$

$$r^2 = (\frac{r}{2})^2 + (\frac{a}{2})^2$$

$$\therefore r^2 = \frac{a^2}{3}$$

由此
$$R = \frac{h}{2} + \frac{a^2}{6h}$$

式中 a、h 均可量出，即可求得球面之曲率半徑。

儀器 04：天秤(balance)

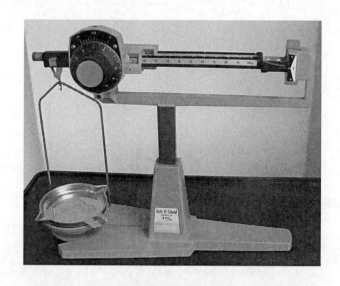

儀圖 4.1　實驗室中的不等臂天秤

儀圖 4.2　旋盤讀數 2.0 g，副刻度 0.04 g，合計 2.04 g

　　實驗室中的簡易天平除了有騎碼之外，也利用副刻度的方法提高測量精度。使用時先利用左端的螺絲作歸零的動作，使天秤的右端指在 0 的位置；若無法完全歸零，則轉動旋盤使其平衡，並讀取零點校正。測量時若物體超過 10 g，則滑動右方的兩個騎碼，最大可至 300 g；而後再以旋盤作微調，讀取數值精度至 0.01 g。

實驗 2.2　圓周率的測量

一、目的

由機率的原理，用實驗方法測出圓周率的值。

二、原理

在平面上劃許多平行線，利用投下針與平行線相交的機率 P 求出圓周率 π，稱為「Buffon 的針的問題」。

設平行線間的距離為 $2a$，針的長度為 $2l$。以平行線的方向為 x 方向，設針落下後有 2 條平行線間的範圍包含針 y 座標較大的一部份或全部，2 平行線的 y 座標分別設為 0 與 $2a$，設針與座標為 0 的線相交的機率為 P。因落下的針中央位置 y 會平均出現在 $0 \le y_c \le a$ 之間，而且落下的針與線所成的角度會平均出現在 $0 \le \theta_d \le \pi$ 之間，故針與直線相交的條件為

$$y_c \le l \sin \theta_d \quad\text{..(2.2-1)}$$

由於針的中心會平均出現在 $0 \le y_c \le a$ 之間，因此出現在 $y \le y_c \le y + \mathrm{d}y$ 的機率為 $\mathrm{d}y / a$。由於針的角度會平均出現在 $0 \le \theta_d \le \pi$ 之間，因此出現在 $\theta \le \theta_d \le \theta + \mathrm{d}\theta$ 的機率為 $\mathrm{d}\theta / \pi$，計算相交的機率 P，得

$$P = \int_0^\pi \int_0^{l \sin \theta} \frac{\mathrm{d}y}{a} \frac{\mathrm{d}\theta}{\pi} = \frac{2l}{a\pi} \quad\text{..............................(2.2-2)}$$

最後得到圓周率的算式為

$$\pi = \frac{2l}{aP} \quad\text{...(2.2-3)}$$

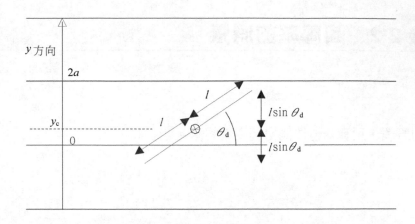

圖 2.2-1 針與平行線間的關係。圖中所示為針與線相交的例子

三、儀器

印有平行線的活頁紙、牙籤。

四、步驟

1. 量取紙上平行線間的距離；可量取全部距離再除以間隔數。

2. 將牙籤或細針成鉛直，由任意的高度及水平位置開始投下。

3. 若落下後的針在有平行線的範圍內，判讀是否與任一平行線相交；否則爲無效的結果。

4. 重覆步驟 2.～3.至有效次數達 10 次，並計算 P 爲(相交的次數)除以(有效次數)。

5. 由(2.2-3)式求出圓周率，並評估其誤差。

6. 重覆步驟 2.～5.但將重覆的次數改爲 20 次、30 次、…100 次不等，觀察重覆次數與結果的關係。

普通物理實驗

第 **3** 部

滑軌上的力學

實驗 3.1　Newton 第二運動定律

預習習題

1.　施於滑軌上的滑車 m_2 上的四個力中，哪兩個對加速度有貢獻？哪兩個對加速度沒有貢獻？

2.　施於砝碼 m_1 上的，有哪兩個力？

3.　配合 Pasco 光電閘及光電計時器用的標桿中，何者可用來測通過某定點時的速率？何者可用來測通過某定點時的加速度？

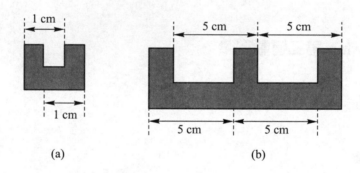

(a)　　　　　　　　　　　　　　　(b)

4.　由自己或同學的質量，計算其體重為多少 newtons？合多少 dynes？

5.　讀取下列圖形方程式中的係數 a, b。

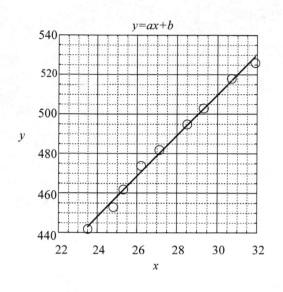 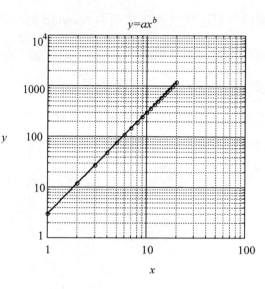

一、目的

　　觀測在空氣軌上滑車受力的運動，驗證 Newton 第二運動定律中，各變數的正比或反比的關係。

二、原理

　　Newton 第二運動定律謂物體之加速度和其所受外力的大小成正比，和物體的質量成反比。以方程式表示為：

$$\vec{\mathbf{F}} = \sum_i \vec{\mathbf{F}}_i = M\vec{\mathbf{a}} \quad\text{..(3.1-1)}$$

式中 $\sum_i \vec{\mathbf{F}}_i$ 為物體所受外力的向量和，M 為受力系統的總質量，$\vec{\mathbf{a}}$ 為質心加速度。該式稱為 Newton 運動方程式(Newton's equation of motion)。

本實驗利用下列兩種方法證明 Newton 第二運動定律：

1. 固定物體的總質量 $M=m_1+m_2$，改變施力的大小，觀察加速度與施力的關係。

2. 固定施力的大小 m_1g，改變受力物體的質量，觀察加速度與質量的關係。

本實驗之基本設計如圖 3-1。質量 m_1 的掛鉤以細線垂直掛於滑軌(air track)旁的滑輪上，同時受到重力 m_1g 以及線的張力 T 作用，向下的合力為 $m_1g - T$，依 Newton 運動方程式知加速度與受力的關係為

$$m_1g - T = m_1a \qquad \text{...(3.1-2)}$$

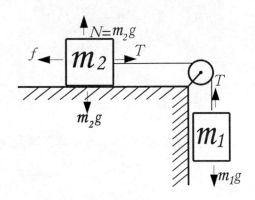

圖 3.1-1 實驗基本概念圖

滑軌上的滑車也受到重力的影響因此有一向下的力 m_2g；但是因為空氣滑軌噴出空氣阻擋滑車的下墜，滑車在接觸滑軌前即被向上的力 $N = m_2g$ 所托住，因此垂直方向的力恰好抵消。滑車以細線與掛鉤連接，因此受到向右的張力 T，並且向右方移動。在移動時受到空氣的阻力 f，依 Newton 運動方程式得

$$T - f = m_2a \qquad \text{...(3.1-3)}$$

因為線兩端的張力 T 相等，將(2)，(3)兩式合併消去 T，得

$$m_1g = (m_1 + m_2)a + f \qquad \text{...(3.1-4)}$$

一般來說空氣軌上的空氣阻力相較之下可以省略，所以加速度的理論值為

$$a_{\text{th}} = \frac{m_1 g}{m_1 + m_2} = \frac{m_1 g}{M} \quad\text{...(3.1-5)}$$

對於移動中的物體，我們用光電閘及光電計時器來捕捉有關運動現象的資訊。爲了求得加速度，可以測量 (1) 時距、(2) 速率的平方差、或(3) (4)用 Pasco Smart Timer 所提供的功能直接測量平均加速度或加速度。

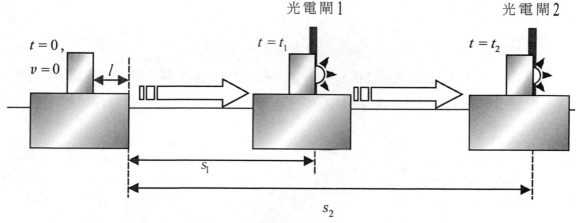

圖 3.1-2　時距的測定

(1)　時距(time of flight)：2 道光電閘、一重標桿及光電計時器

在測定自由落體時，我們也利用時距的方法。在滑車軌上，由於不便直接讀取滑車的位置，需在滑車正中間加一標桿，使光電閘偵測到滑車的通過。至於滑車位置讀取的問題，在滑車軌上有刻度尺，可以測得滑車前緣至兩道光電閘分別的距離 s_1，s_2；再以滑車前緣與標桿邊緣的距離 l 作修正即可。

由位移與時間的關係 $x = at^2/2$ 可知，若滑車由靜止點移至光電閘 1 需時 $t = t_1$，則由位移與時間的關係得 $l + s_1 = at_1^2/2$，即

$$t_1 = \sqrt{\frac{2(l+s_1)}{a}} \quad\text{..(3.1-6)}$$

同理，當 $t = t_2$，可得 $l + s_2 = at_2^2/2$，即

$$t_2 = \sqrt{\frac{2(l+s_2)}{a}} \quad\text{..(3.1-7)}$$

所以時距爲 $\Delta t = t_2 - t_1 = \sqrt{\dfrac{2}{a}}\left(\sqrt{l+s_2} - \sqrt{l+s_1}\right)$ ....(3.1-8)

可求得加速度爲 $a_{ex1} = \dfrac{2\left(\sqrt{l+s_2} - \sqrt{l+s_1}\right)^2}{\left(\Delta t\right)^2}$ ....(3.1-9)

(2) 速率的平方差：2 道光電閘、二重標桿及 Smart Timer

利用 1 cm 的二重標桿，Smart Timer 由截面通過時間自動換算成速率。若取 2 道光電閘，置於相距 s 處可分別測得通過不同 2 處時各自的平均速率。由機械能守恆的關係

可得 $mas = \dfrac{mv_2^2}{2} - \dfrac{mv_1^2}{2}$ ....(3.1-10)

$2as = v_2^2 - v_1^2$ ....(3.1-11)

所以加速度爲 $a_{ex2} = \dfrac{v_2^2 - v_1^2}{2s}$ ....(3.1-12)

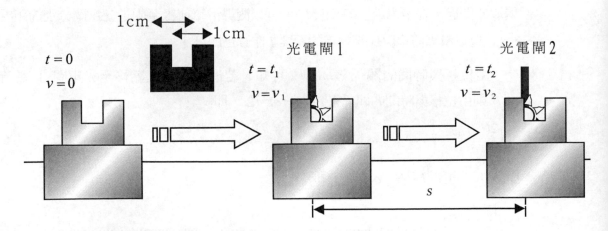

圖 3.1-3 速率平方差的測定。上方的小圖為所需二重標桿的尺寸

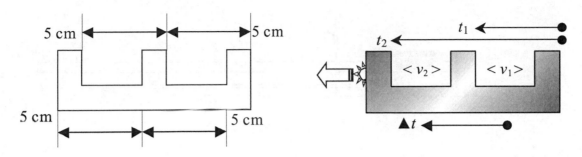

圖 3.1-4　三重標桿，向左的白色箭頭顯示光電閘的相對運動

(3)　以二重標桿直接讀取平均加速度：利用 1 cm 的二重標桿，以及兩道光電閘，可以分別測出行經兩道光電閘時的速率，以及經過兩道光柵間的時距。利用 $a_{ex3} = \Delta v / \Delta t$ 的關係，Smart Timer 由截面通過時間自動換算出加速度。計算的詳細原理請參考儀器說明 06。

(4)　以三重標桿直接讀取加速度：利用 5 cm 的三重標桿，Smart Timer 由截面通過時間自動換算為加速度。設第 1 道遮蔽至第 2 道遮蔽的通過時間為 t_1，第 1 道遮蔽至第 3 道遮蔽的通過時間為 t_2，第 1 道遮蔽至第 2 道遮蔽通過時的平均速率為 $v_1 = 5$ cm/t_1，第 2 道遮蔽至第 3 道遮蔽通過時的平均速率為 $v_2 = 5$ cm/t_2，則加速度約為

$$a_{ex4} = \frac{\Delta v}{\Delta t} = \frac{v_2 - v_1}{t_2 / 2} \quad\text{..(3.1-13)}$$

其中兩個平均速率間的時距為　$\Delta t = \dfrac{t_1}{2} + \dfrac{t_2 - t_1}{2} = \dfrac{t_2}{2}$ 。

三、儀器

　　氣墊軌道、送風機、滑車、光電閘 2 道、宇全或 Pasco 光電計時器、一重標桿、1cm 二重標桿(配合 Pasco)、5cm 三重標桿(配合 Pasco)、砝碼若干、掛鉤、滑車緩衝器、棉線、量尺。

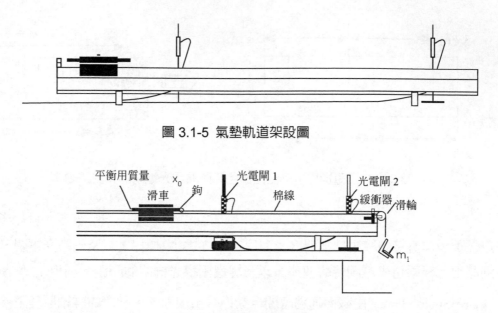

圖 3.1-5 氣墊軌道架設圖

圖 3.1-6 實驗裝置圖

四、步驟

1. 圓架設氣墊滑軌如圖 3.1-5。調整軌道的支架使軌道儘可能保持水平。打開送風機，送風進入滑軌。

   注意送風開後再放置滑車於氣墊軌上，送風關閉前先將所有的滑車移開氣墊軌。實驗時勿傷及氣墊軌表面的平滑。

2. 校正滑軌水平：滑車放置在軌道上，若軌道維持水平，滑車往兩側都不會有任何加速度。估計軌道的傾斜程度對實驗的影響，可以參考斜面運動實驗的原理。

3. 打開送風機，置滑車於氣墊軌道上，滑車一端以棉線連接至氣墊軌架設滑輪及掛鉤處，並在該端裝上滑車緩衝器，如圖 3.1-6 所示。

   注意棉線不要太長，須使掛鉤在任何時候都不會碰到地面，以免撞壞掛鉤。

4. 將光電計時器接上電源，將光電閘 1 及光電閘 2 的耳機線分別插入 channel 1 及 channel 2 的輸入孔中。

注意：滑車上加裝砝碼，需使兩側的重量均衡，以免重的一側接觸滑軌，導致結果不準確，以及滑軌受損。

5.　依原理*(1)(2)(3)(4)*四種方法中任選 1 至 2 種來測定加速度。注意方法*(1)*可用宇全光電計時器或 Smart Timer 來進行，但*(2)(3)(4)*只能用 Smart Timer。

(一)固定受力物體的總質量 M

6.　放置 1 g 或 5 g 的砝碼數個至滑車兩側，使滑車質量增加約 20 g，儘量使兩側的重量平衡。測量並記錄掛鉤含砝碼的質量 m_1 及滑車含砝碼的質量 m_2。

7.　依原理*(1)(2)(3)(4)*中的任一種方法測定對應的加速度。

　(1)　測量時距(宇全或 Pasco)

　　①　將滑車由滑軌取下，裝上一重標桿後再放回滑軌。

　　②　將 Smart Timer 開機，選取「Time：Two Gates」功能。若使用宇全光電計時器，選取功能 6。

　　③　依次測量並紀錄滑車的起始點 x_0、光電閘 1 的位置 x_1、及光電閘 2 的位置 x_2，以及標桿至滑車前緣的距離 l。

　　④　按[3]鍵開始後，固定滑車在 x_0，然後釋放它。記錄通過第一與第二個光電閘間的時距Δt。以(9)式計算所對應的加速度 a_{ex1}。

　(2)　測量速率的平方差(Pasco)

　　①　將滑車由滑軌取下，滑車上的標桿換為測速率用的 1cm 二重標桿後再放回滑軌。

　　②　將 Smart Timer 開機後依序在 Smart Timer 按[1][1][2][2]，選取「Speed：Collision」功能。

　　③　分別調節 2 道光電閘的高度，使滑車通過時每個光電閘都能被遮蔽 2 次，以便正確測量速率。此時每通過 1 次，每個光電閘上的紅燈都會閃動 2 次。

　　④　依次記錄滑車的起始點 x_0、光電閘 1 的位置 x_1、及光電閘 2 的位置 x_2。

⑤ 按[3]鍵開始後，固定滑車在 x_o，然後釋放它。由於「Speed：Collision」不會自動停止，測量結束須按[3]。記錄通過第一個光電閘時的速率 v_1。再按[2]顯示第二個光電閘時的速率 v_2，並加以記錄。以(12)算出加速度 a_{ex2}。

(3) 以二重標桿直接讀取平均加速度(Pasco)

① 將滑車由滑軌取下，滑車上的標桿換為測速率用的 1cm 二重標桿後再放回滑軌。

② 將 Smart Timer 開機後依序在 Smart Timer 按[1][1][1][2][2][2][2]，選取「Accel：Two Gates」功能。

③ 分別調節兩道光電閘的高度，使滑車通過時每個光電閘都能被遮蔽兩次，以便正確測量速率。此時每通過 1 次，每個光電閘上的紅燈都會閃動 2 次。

④ 依次測量並紀錄滑車的起始點 x_o、光電閘 1 的位置 x_1、及光電閘 2 的位置 x_2。

⑤ 按[3]鍵開始後，固定滑車在 x_o，然後釋放它。記錄所測得的加速度 a_{ex3}。

(4) 以三重標桿直接讀取加速度(Pasco)

① 將滑車由滑軌取下，滑車上的標桿換為測加速度用的 5cm 三重標桿後再放回滑軌。

② 從滑軌旁移走 1 道光電閘，只留另外 1 道用來偵測滑車。

③ 將 Smart Timer 開機，依序在 Smart Timer 按[1][1][1][2]，選取「Accel：One Gate」功能。

④ 分別調節光電閘的高度，使滑車通過時每個光電閘都能被遮蔽 3 次，以便正確測量速率。此時每通過 1 次，每個光電閘上的紅燈都會閃動 3 次。

⑤ 按[3]鍵開始後，固定滑車在 x_o，然後釋放它。記錄所測得的加速度 a_{ex4}。更動起點位置、光電閘位置等條件，重覆步驟 7 共 5 次。

8. 利用 $g = 978$ gal(嘉義)、979 gal(台北)計算掛鉤和砝碼施予滑車的力 m_1g。由(5)算出加速度理論值 a_{th}。gal = cm-s^{-2}

9.　從滑車上逐次移走部份砝碼至掛鉤，放置約 0～20 g 的砝碼在掛鉤上。此步驟為改變 m 及 m_2，但仍維持 M 固定。測量並記錄掛鉤含砝碼新的質量 m_1。重覆步驟 8～12，共測定 6 種不同的(m_1，m_2)值所對應的加速度 a_{ex}。

(二)固定施力的大小 m_1g

11.　在掛鉤上放置約 0～10 g 的砝碼，測量並記錄掛鉤含砝碼質量 m_1。

12.　在滑車上放置約 30～50 g 的砝碼，測量並記錄質量 m_2。

13.　執行步驟 7 中(1)(2)(3)(4)的任一種方法

14.　依序移去滑車上的砝碼，重覆步驟 7，得到 6 種不同的 m_2 值所對應的加速度 a_{ex}，並與理論值 a_{th} 比較。

五、分析

1.　假設 $a \propto F^p M^q$，籍由以下的分析確定 p，q 的值。

2.　將(一)的數據繪在全對數紙上，以 F 為橫軸，a 為縱軸，由圖形判讀 p 的值。

3.　將(二)的數據繪在全對數紙上，以 M 為橫軸，a 為縱軸，由圖形判讀 q 的值。

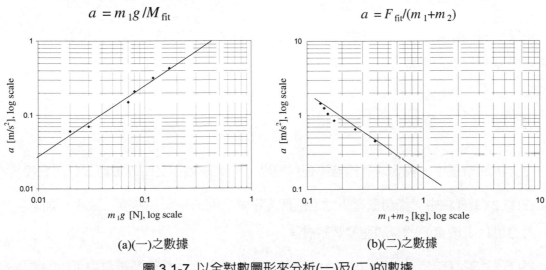

$$a = m_1g/M_{fit}$$
$$a = F_{fit}/(m_1+m_2)$$

(a)(一)之數據　　　　(b)(二)之數據

圖 3.1-7 以全對數圖形來分析(一)及(二)的數據

4. 將甲的數據繪在線性方格紙上，以 F 為橫軸，a 為縱軸，對於每個 F 值描出數據的平均值及標準差。以目測劃出符合數據的一條直線，並推算出係數 M_{fit} 及 a'；也可用最小方差擬和法推算出精確的係數。驗證是否 $M_{fit} = m_1 + m_2$。

5. 將乙的數據繪在線性方格紙上，以 M 為橫軸，a 為縱軸。對於每個 M 值描出數據的平均值及標準差。以目測劃出符合數據的一條直線，並推算出係數 F_{fit} 及 a'；也可用最小方差擬和法推算出精確的係數。驗證是否 $F_{fit} = m_1g$。

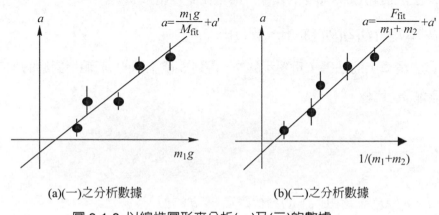

(a)(一)之分析數據　　　　　　(b)(二)之分析數據

圖 3.1-8 以線性圖形來分析(一)及(二)的數據。

6. 由 1～ 5 歸納出 Newton 運動方程式 $F = Ma$。

六、結果討論

討論分析的結果，是否由步驟甲的結果得到 $a \propto F$，由步驟乙的結果得到 $a \propto m^{-1}$？若是，繼續討論是否由線性擬合的結果得到 Newton 第二運動定律 $F = ma$？

七、問題

1. 在分析的結果中，擬合的直線若不通過原點，則與縱軸相交時的截距 a' 有何意義？

2. 在(1)(2)(3)實驗中，僅測量滑車通過兩個光電閘之間的平均加速度，此平均加速度是否也可代表滑車的瞬時加速度？請討論。

3. 與同學比較實驗結果，(1)(2)(3)(4)等實驗方法的結果何者較佳？試討論可能的原因。

儀器 05：宇全公司光電控制計數計時器

注意：按軟按鈕請用手指按，勿用筆尖、銳物或指甲戳，以免破損。

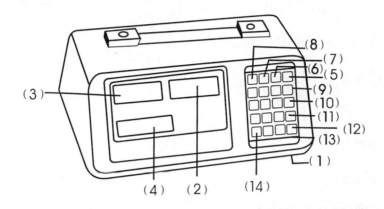

儀圖 5-1 宇全光電計時器

1.　電源開關：在底部，開機即顯示 UE-CHN 8512，即可運作使用。開機時按[1]，可以重設(reset)計時器，藉以排除障礙。

2.　時間顯示部份：範圍為 0.00000～99999.99999 秒。

3.　光電閘校準指示：當光電閘校準時即有▼指示標識。

4. 功能顯示部份：指示設定功能運作狀況。

5. [功能]鍵：設定多種功能(functions)。

6. [時基設定]鍵：連續按鍵時作循環設定，指示精度為 100～0.01 ms。

7. [次數設定]鍵：功能運作過程中，設定次數用。

8. [時間設定]鍵：功能運作過程中設定時間用。

9. [時距]鍵：於功能 5，按此鍵可求取單位運作(半週期)的時間。

10. [啓動]鍵：啓動計時。

11. [停止]鍵：停止計時。

12. [歸零]鍵：計時歸零時用。

13. [清除]鍵：清除設定錯誤更改用鍵。

14. 數字鍵([0]～[9]及[.])：用來輸入數字資料。

▶ **功 能 1**　手動控制計時

計時自 0～99999.99999 秒。

操作：[功能][1][歸零][啓動][停止]

▶ **功 能 2**　時間設定計時

計時到達設定值時，自動停止計時，並發出聲響。

操作：[功能][2][時間設定] "數字鍵" [歸零][啓動]

▶ **功 能 3**　初速不為 0 的測量

6 段時距計算功能，測量從通過第 1 個光電閘後開始，通過第 4 個光電閘後結束。只有 2 個光電閘時，通過開始的光電閘後時間重新歸 0，通過結束的光電閘後時間測量停止，並顯示通過 2 個光電閘之間所需時間。注意電磁鐵通電的時間不要太長。按下[歸零]後若不作測定請按下[啟動]。

操作：[功能][3][歸零]－電磁鐵產生磁場－[啟動]－測量完畢

d=_-_

[1][2]：d=1-2(由第 1 個光電閘到第 2 個光電閘的時間。以下類推)

[1][3]：d=1-3

　　　：

　　　：

[3][4]：d=3-4

▶ **功 能 4**　初速為 0 的測量

10 段時距計算功能　測量從按下[啟動]後開始，通過第 4 個光電閘後結束。只有 1 個光電閘時，通過光電閘後時間測量停止，並顯示從開始到通過光電閘之間所需時間。注意電磁鐵通電的時間不要太長。按下[歸零]後若不作測定請按下[啟動]。

操作：[功能][4][歸零]－電磁鐵產生磁場－[啟動]－測量完畢

d=_-_

[5][1]：d=0-1(由開始運動到第 1 個光電閘的時間。以下類推)

[5][2]：d=0-2

　　　：

　　　：

[3][4]：d=3-4

▶ **功 能 5** 計次計時功能

用於測複擺及單擺的半週期，通過第 1 個光電閘時測量開始，當計次達到次數設定時，自動停止。

操作：[功能][5][次數設定] "數字鍵" [歸零][啓動]－測量完畢－[時距]

得到單位動作(半週期)的時間

1. 設定次數顯示於左下之顯示器上。欲更改設定次數可按[次數設定]"數字鍵"，或是[清除]"數字鍵"的次序操作。

2. 擺動次數在左下的顯示器上逐次顯示，計次達到設定次數時停止計次。按[時距]後平均半週期顯示於左下的顯示器。

3. 重測時，若設定次數不變按[歸零][啓動]，執行實驗，達到設定次數並停止後按[時距]即得半週期。

4. 重測時，若要改變設定次數，先設定 1 再設定 3。

▶ **功 能 6** 通過物體截面時間之偵測

用於測物體之瞬時速、加速度及同向碰撞。待通過次數到達設定次數時，測量自動停止。

操作：[功能][6][次數設定] "數字鍵" [歸零][啓動]

Pn=_

[1]：循環顯示通過第 1 個光電閘截面時間

[2]：循環顯示通過第 2 個光電閘截面時間

[3]：循環顯示通過第 3 個光電閘截面時間

[4]：循環顯示通過第 4 個光電閘截面時間

1. 可以同時放 4 個光電閘。通過時間分別可記錄達 6 次。

2. 未達設定次數時通過各個光電接收器之編號及次數可連續顯示於左上顯示器，例如 2_3 表示第 2 個光電閘通過第 3 次。物體通過的次數到達設定次數時(不多於 6 次)，停止計時。

3. 停止計時後按[1]，若計時器之左上顯示 1_1 表示第 1 次通過第 1 個光電接收器，所需時顯示於計時器之時間顯示器上，繼續按[1]鍵則計時器之左上顯示 1_2，表示物體第 2 次通過第 1 個光電接收器，所需時顯示於計時器之時間顯示器上，繼續按[1]則依次顯示 1_3，1_4，……。，但是只出現到設定的次數爲止，最大爲 1_6。

4. 接著按[2]，如出現 2_6 表示物體第 6 次通過第 2 個光電閘，所需時顯示於計時器之時間顯示器上，再按[2]可回到 2_1，並依次顯示 2_2，2_3，…

5. 通過時間的倒數可換算爲物體在該光電閘處之速度。

▶ 功 能 7　頻率檢示功能

測量固定時間內的次數。當計時達到時間設定時，計次功能停止。

操作：[功能][7][時間設定] "數字鍵" [歸零][啓動]

▶ 功 能 8　碰撞計時功能

計算碰撞體之運行時間或速度，不限來回次數。

操作：[功能][8][歸零][啓動]－碰撞後自動停止計時。

1. 光電閘的放置如儀圖 5-2。

儀圖 5-2 使用功能 8 時光電閘的放置順序

2. 測定完成後連續按[時距]則循環顯示 1A，1b; 2b，2A; 3A，3b; 4A，4b 於計時器之左上角。

1A：A 車由光電閘 1 至 2 所需的時間

1b：B 車由光電閘 3 至 4 所需的時間

2b：B 車由光電閘 4 至 3 所需的時間

2A：A 車由光電閘 2 至 1 所需的時間

3A：A 車由光電閘 1 至 2 所需的時間

3b：B 車由光電閘 3 至 4 所需的時間

4A：A 車由光電閘 2 至 1 所需的時間

4b：B 車由光電閘 4 至 3 所需的時間

時距中有點 "." 表示爲碰撞前的時間。

▶ 功 能 9 碰撞計時功能

同功能 8，但自動設定爲 3 次，來回 6 次。

儀器 06：PASCO scientific Model ME-8930 Smart Timer 使用說明摘要

儀圖 6-1 Pasco 光電計時器 Smart Timer

一、開機操作

1. 將連接於光電柵(photogate)之 1/4 吋耳機插頭(phone plug)，視測量種類插於主機輸入端之 channel 1 或 channel 2。使用單一光電柵的實驗中，插在哪一個孔上皆可。

2. 將 9 V 直流電源接於主機邊上的電流插孔，並將變壓器插於 110 V，60 Hz 之交流電源上。

3. 將光電柵依測量方法置於適當的位置，使得運動中的物體或物體上所附的標桿、轉輪等能經過光電柵的兩臂之間，遮住原本的光路。調節架上的光電柵位置時，可暫時鬆開後方的螺絲，調節完後再旋緊。

4. 開關撥至 ON 的位置，Smart Timer 會 "嗶" 一聲，並顯示「PASCO scientific」。接著利用[1 Select Measurement]，[2 Select Mode]，[3 Start/Stop]三個鍵來操作。按按鍵時請勿用筆尖或尖銳的東西，以保護操作面板。

   (1) 按[1]鍵使分類在 TIME，SPEED，ACCEL，COUNTS，TEST 之間循環，直到所要的分類出現為止。

   (2) 按[2]鍵直到所要的項目出現為止。各項的說明詳見後面的說明。

   (3) 項目選定之後，按[3]開始測定；此時主機會"嗶" 一聲，並顯示星號(*)於第二列。在大部份的選項中，星號表示主機正在等待物體通過光電柵。

5. 若待測物體通過光電柵，此時主機會"嗶" 一聲，並顯示星號(*)。按[3]將可除去星號並改變測量種類。

二、Smart Timer 的 18 種測量項目

1. **TIME**

   (1) One Gate：利用一個光電柵及二重標桿測量時間，用以計算移動的速率。

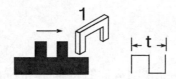

測定的時間從光路第一次被遮斷起至第二次被遮斷止。

(2) Fence：利用一個光電柵及多重標桿測量時間，用以計算移動的加速度。

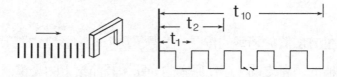

測定的時間從光路第一次被遮斷起至第 n 次被遮斷止，$n \leq 11$。主機中所記憶的 10 個時間，可以用[2]或[3]鍵按出。

(3) Two Gates：利用兩個光電柵測量時間差(time of flight)，就是物體從第一光電閘至第二光電閘所須的時間。

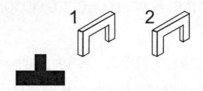

物體所通過的光電柵必須依序插入 channel 1 及 channel 2 的插孔。

(4) Pendulum：利用一個光電柵測單擺的週期。

物體第一次通過光電柵時測定開始，第三次通過光電柵時測定結束。

(5) Stopwatch：當碼錶用。按一下[3]清除畫面並顯示星號(*)，再按一下[3]開始，最後再按一下[3]結束。

(5)

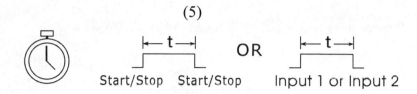

也可以用類似(1)One Gate 或(3)Two Gates 的方法測量時間；或是搭配其他的 Pasco 配件作特殊的測定。

2. SPEED

(1) One Gate：利用一個光電柵及二重標桿測量速率(cm/s)。

主機測量第一次遮斷到第二次遮斷之間的時間 t，並顯示其倒數 $1/t$。若二個標桿的左測之間及二個標桿的右測之間相隔皆為 1cm，則所顯示者恰為速率(cm/s)，即 speed = 1 cm / t。

(2) Collision：利用二個光電柵及二個二重標桿測量碰撞前後的速率(cm/s)。

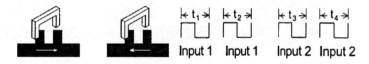

二個二重標桿的要求同上述(1)項。當滑車第一次通過任一光電閘時測定開始，當二個光電柵皆有滑車通過二次時測定結束；若有需要時可按[3]鍵手動結束。測量結束後按[1]或[2]，會循環出現以下的 2 組數值。

1：xx.x，yy.y 表示第一光電閘所測得的初速與末速；

2：xx.x，yy.y 表示第二光電閘所測得的初速與末速。

(3) Pulley(rad/s)：測量專用滑輪 Smart Pulley 的角速率。

按下[3]後第二行上出現星號(*)， 第一次光路被遮斷後開始測定，第二次光路遮斷時結束測定。因為 Smart Pulley 上分為 10 格，所以主機計算的公式為 speed = 2π rad/rev × 0.1 rev / t。因為 $t \leq 2s$ ，待測轉速至少為 0.31 rad/s。

(4) Pulley(rev/s)：每秒測量一次專用滑輪 Smart Pulley 的轉動圈數。

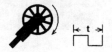

公式為 speed = 0.1 rev / t。途中可以按[3]作暫停，暫停時會顯示驚歎號(!)；再按[3]則消去(!)再度作測定。按[1]或[2]可以停止該測定，並切換至別種測定。轉速超過 600 rpm 時誤差超過 1%。

3. ACCEL

(1) One Gate：利用一個光電柵及三重標桿測量加速或減速(cm/s^2)。

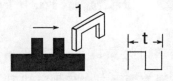

每個相鄰標桿的左測之間及每個相鄰標桿的右測之間的距離必須為 5 cm。測出二個時間 t_1 及 t_2 後主機自動利用公式 accel $\approx \dfrac{2(\frac{5\,\text{cm}}{t_1} - \frac{5\,\text{cm}}{t_2})}{t_1 + t_2}$ 計算，並在主機上顯示加速或減速。

(2) Linear Pulley：測量掛在專用滑輪 Smart Pulley 上物體的加速度(cm/s^2)。

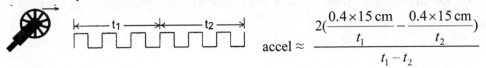

$$\text{accel} \approx \frac{2(\dfrac{0.4\times15\,\text{cm}}{t_1} - \dfrac{0.4\times15\,\text{cm}}{t_2})}{t_1 - t_2}$$

(3) Angular Pulley：測量專用滑輪 Smart Pulley 的角加速度。

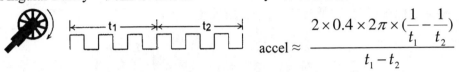

$$\text{accel} \approx \frac{2\times0.4\times2\pi\times(\dfrac{1}{t_1} - \dfrac{1}{t_2})}{t_1 - t_2}$$

(4) Two Gates：利用二個光電柵及二重標桿測量平均加速度。

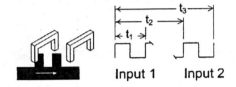

Input 1　　Input 2

$$\text{accel} \approx \frac{v_2 - v_1}{t_2 + \dfrac{t_3 - t_2}{2} - \dfrac{t_1}{2}} \approx \frac{\dfrac{1\,\text{cm}}{t_3 - t_2} - \dfrac{1\,\text{cm}}{t_1}}{\dfrac{t_2 + t_3 - t_1}{2}}$$

4.　COUNTS

(1) Counts for 30 seconds：計算 30 秒內光路開放(即遮蔽物離開)的次數。

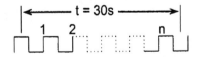

$t = 30s$

1　2　　n

(2) Counts for 60 seconds：計算 60 秒內光路開放(即遮蔽物離開)的次數。

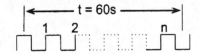

$t = 60s$

1　2　　n

(3) Counts for 5 minutes：計算 5 分內光路開放(即遮蔽物離開)的次數。

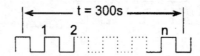

(4) Manual：計算光路開放(即遮蔽物離開)的次數，時間長度為手動。

5. TEST

用來測試單一光電閘上的光路；通路時顯示箭號(→)，遮斷時顯示一豎(|)，按[1]結束測試。檢查光閘位置是否合適時可以用。

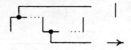

補充說明：以上的圖示中，高處表示光路被遮斷，低處表示光路通行；橫方向只表示先後順序，不表示真正的時間長短。

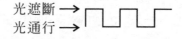

實驗 3.2　斜面運動

預習習題

1. 滑軌下兩端支柱間沿滑軌的距離爲 2.50 m，一端墊高 12.0 cm，則滑軌與水平之間的傾角爲何？計算此時滑車在滑軌上的加速度。

2. 計算以下的實驗數據：

x [m]	0	0.150	0.338	0.600	0.930	1.37	2.45
t [s]	0	0.975	1.48	2.04	2.46	3.03	3.95
t^2 [s]							

(1) 以 t 爲橫軸，x 爲縱軸，將以上的數據描在對數紙上。說明斜率爲 2。

(2) 以 t^2 爲橫軸，x 爲縱軸，將以上的數據描在普通方格紙上。

(3) 由圖形(2)讀出斜率，計算 $x_{\text{fit}} = x_0 + \dfrac{a}{2}t^2$ 中的係數 x_0 及 a。可利用最小方差擬合法。

(4) 由以上的加速度 a，求出滑車與水平面的傾角。

一、目的

利用無摩擦的氣墊軌，研究斜面上的等加速度運動：

1. 驗證位移與時間平方間的正比關係。

2. 計算加速度值，並與重力加速度的分量作比較。

二、原理

1. 斜面上的等加速度運動：等加速度運動中，速率的變化量保持一定，對於 $t=0$ 時初速為零的物體而言

    $$v_f = at \quad\dots\dots\dots\dots\dots\dots\dots\dots\dots\dots\dots\dots\dots\dots\dots\dots\dots\dots\dots\dots\dots\dots\dots\dots\dots\dots\dots\dots\dots\dots\dots\dots(3.2\text{-}1)$$

    由於速率是屬於線性增加，所以從 $t=0$ 到 $t=t$ 之間，平均速率恰為終速的一半

    $$\bar{v} = \frac{0+v_f}{2} = \frac{v_f}{2} \quad\dots\dots\dots\dots\dots\dots\dots\dots\dots\dots\dots\dots\dots\dots\dots\dots\dots\dots\dots\dots\dots\dots\dots\dots\dots(3.2\text{-}2)$$

    因此位移與時間的關係為

    $$x = \bar{v}t = v_f t/2 \quad\dots\dots\dots\dots\dots\dots\dots\dots\dots\dots\dots\dots\dots\dots\dots\dots\dots\dots\dots\dots\dots\dots\dots\dots(3.2\text{-}3)$$

    將(1)代入(3)得

    $$x = at^2/2 \quad\dots\dots\dots\dots\dots\dots\dots\dots\dots\dots\dots\dots\dots\dots\dots\dots\dots\dots\dots\dots\dots\dots\dots\dots\dots\dots(3.2\text{-}4)$$

    如果運用微積分的概念，也可以從(1)式立即得到(4)式的結果

    $$x = \int_0^t v\,\mathrm{d}t = \int_0^t at\,\mathrm{d}t = a\int_0^t t\,\mathrm{d}t = a\frac{t^2}{2} \quad \circ$$

    考慮一道滑軌，一端略為提高 h，形成一個斜面，與水平之間的夾角 θ。置於滑軌上的滑車將沿著滑軌下降，其加速度為重力加速度的分量。因為與滑軌垂直之分量受到滑軌的反作用力抵消，滑車之加速度沿著滑軌方向，其大小為

    $$a = g\sin\theta = gh/d \quad\dots\dots\dots\dots\dots\dots\dots\dots\dots\dots\dots\dots\dots\dots\dots\dots\dots\dots\dots\dots\dots\dots(3.2\text{-}5)$$

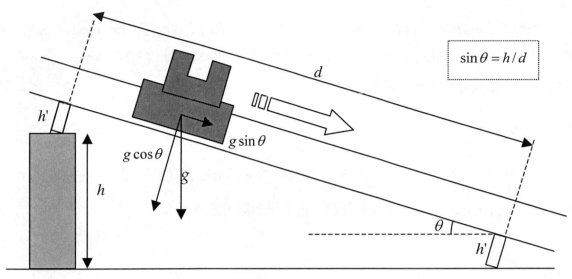

圖 3.2-1 傾斜滑軌上重力加速度的分力

2.　受阻力的變加速度運動：在原本受到重力分力而作等加速度運動的滑車上，加上與速度方向相反大小成正比的阻力 $f = -bv$，則滑車不再作等加速度運動，其加速度 a_1 隨著速度的增加而減少，時間極長時加速度將趨近於零，成為等速運動。依 Newton 運動方程式

$$ma_1 = mg\sin\theta - bv \quad\dotfill\text{(3.2-6)}$$

也就是說阻力的係數

$$b = (g\sin\theta - a_1)m/v \quad\dotfill\text{(3.2-7)}$$

仿照實驗 4.2 之參考資料中的計算，解微分方程式得

$$v = \frac{mg\sin\theta}{b}(1 - e^{-bt/m}) \quad\dotfill\text{(3.2-8)}$$

　　在時間極長時速率將趨於 $v_L=mg\sin\theta/b$，稱之為終端速度或終速度(terminal velocity)。終端速度與初速度無關，只與質量及阻力的係數有關係。將(8)式對 t 微分得 $a_1=e^{-bt/m}g\sin\theta$，可知當時間極長時，最後加速度會趨近於 0。

三、儀器

　　氣墊軌道、送風機、滑車、光電閘、Pasco Smart Timer 光電計時器、一重標桿、1cm 二重標桿、5cm 三重標桿、墊高用鐵塊、滑車緩衝器、磁鐵。

四、步驟

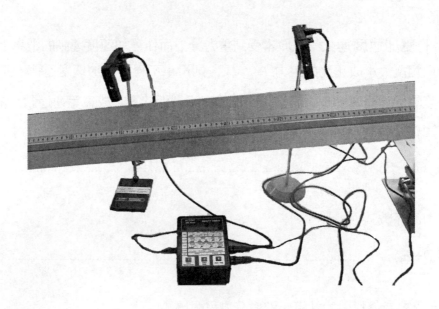

圖 3.2-2　儀器的架設

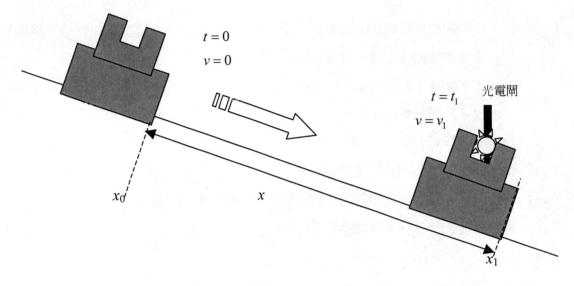

圖 3.2-3 末速的測定

1. 等加速度運動

(1) 架設氣墊滑軌如圖 3.2-2，先不要墊鐵塊，調整軌道的支架使軌道保持水平。光電閘放置一道即可。氣墊滑軌使用時的注意事項參看實驗 3.1。

(2) 待水平調整好後，將滑車一端的支稱以鐵塊墊高約 1～10 cm。記錄墊高的高度 h，及兩端支稱之間沿滑軌計算的水平距離 d。每人輪流測量並記錄 3～5 次數據。

A.使用 Smart Timer

① 滑車從滑軌取下，在滑車上裝置 1cm 二重標桿，再放回滑軌。Smart Timer 上選取 Speed：One Gate。

② 將光電閘置於靠近未墊高的一端，參考圖 3.2-3，記錄當滑車的二重標桿切過光電閘的光路時，滑車位置的讀數 x_1。

③ 按下[3]鍵開始測定，將滑車移至滑軌墊高的一端，記錄起點位置 x_0 後釋放。

B.使用宇全光電計時器

① 量取一重標桿的寬度。滑車從滑軌取下，在滑車上裝置一重標桿，再放回滑軌。光電計時器上選取功能 6。

② 將光電閘置於靠近未墊高的一端，參考圖 3.2-3，記錄當滑車的一重標桿切過光電閘的光路時，滑車位置的讀數 x_1。

③ 按下[啓動]鍵開始測定，將滑車移至滑軌墊高的一端，記錄起點位置 x_0 後釋放。將標桿寬度除以出現的截面通過時間，可以得到速率。

(3) 將滑車由位置 x_0 釋放，利用 A 或 B 的方法測量速率 v_1。

(4) 從相同的位置 x_0 開始，重覆步驟 3 共 3~10 次，求平均值及標準差。

(5) 改變滑車的起點 x_0 及距離 x，重覆步驟 3~ 4 共 5~10 次。

(6) 可以變更 h 的高度，重覆步驟 3~5。

2. 受阻力的變加速度運動(必須要用 Smart Timer)

(7) 滑車從滑軌取下，滑車上換上 5cm 三重標桿，並黏貼上磁鐵，相鄰的磁鐵南北極相間，注意磁鐵應黏緊，並且滑軌的角度不要太大，以免實驗途中磁鐵脫落。膠帶不要貼到滑車與滑軌相接的面上。將滑車連載重物稱重，記錄總質量 m。

(8) Smart Timer 上選取 Speed：One Gate。(爲了不改變質量，使用非標準的 5cm 標桿。)

(9) 以步驟 A 的要領，記錄光電閘的位置 x_1。

(10) 按下[3]鍵開始測定，將滑車移至滑軌墊高的一端，記錄起點位置 x_0 後釋放。

(11) 記錄所測得的速率 v_1。注意顯示的數字並非 cgs 單位的速率，須將讀數乘以 5。

(12) Smart Timer 上選取 Accel：One Gate。

(13) 按下[3]鍵開始測定，將滑車移至相同的位置 x_0 後釋放，記錄測得的加速度 a_1。

(14) 改變釋放的位置 x_0，重複步驟 11~14 共 3 次以上，觀察阻力是否與速率成正比。

五、分析

1. 由 $t = x/\bar{v} = 2x/v_1$ 推算出位移所需的時間(time of flight)。

2. 在對數紙上作圖，以 x 爲縱軸，t 爲橫軸，以結果說明 $x \propto t^2$ 的關係。

3. 在線性方格紙上作圖，以 x 爲縱軸，t^2 爲橫軸，驗證線性的關係，計算斜率 $a_{fit}t^2/2$，並求出加速度 a_{fit}。

4. 以 $a_{fit}=g_{ex}\sin\theta$ 推出重力加速度值，與嘉義地區公認值 $g_{st} = 978$ cm/s^2 或台北 $g_{st} = 979$ cm/s^2 作比較，算出誤差百分率。

六、問題

1. 斜面上受磁阻力的變加速度運動，與斜面上受摩擦力的加速度運動之間，阻力的性質有何不同？

實驗 3.3　碰撞

預習習題

1. 如何確定滑車前後左右的重量均衡？

2. 動量的定義為何？

3. 何種情形下會滿足動量守恆？

4. 滑車 m_1=0.350 kg 以 0.850 m/s 的速率衝撞靜止的滑車 m_2=0.350 kg。碰撞後滑車 m_1 靜止，滑車 m_2 沿著原先滑車 m_1 的方向前進，則 m_2 碰撞後速度為何？

5. 滑車 m_1=0.200 kg 以 0.750 m/s 的速率衝撞靜止的滑車 m_2=0.400 kg。碰撞後滑車 m_1 以 0.250 m/s 的速率彈回，滑車 m_2 沿著原先滑車 m_1 的方向前進，則 m_2 碰撞後速度為何？分別計算碰撞前後的動能。

6. 滑車 m_1=0.300 kg 以 0.800 m/s 的速率向滑車 m_2 移動，滑車 m_2=0.300 kg 以 0.400 m/s 的速率向滑車 m_1 移動。碰撞後滑車 m_1 以 0.200 m/s 的速度彈回，則 m_2 碰撞後速度為何？分別計算碰撞前後的動能。

一、目的

觀察彈性碰撞與非彈性碰撞，驗證動量守恆、能量守恆的關係，測定動能損失率。

二、原理

在碰撞運動中，若無外力作用，兩物體質量各為 m_1, m_2，碰撞前的速度各為 $\vec{V}_{1i}$，$\vec{V}_{2i}$，互相碰撞時，m_1 作用於 m_2 之力為 $\vec{F}_{12}=\Delta\vec{P}_2/\Delta t$，依 Newton 第三運動定律知 m_2 作用於 m_1 之力為 $\vec{F}_{21}=-\vec{F}_{12}$，即 $\Delta\vec{p}_1/\Delta t = \Delta\vec{p}_2/\Delta t$。由此得 $\Delta\vec{p}_1/\Delta t + \Delta\vec{p}_2/\Delta t = 0$，總動量的變化量(即衝量) $\Delta\vec{p} = \Delta\vec{p}_1 + \Delta\vec{p}_2 = 0$ 說明碰撞前後的動量總合 $\vec{p}$ 保持不變。設碰撞後的速度各

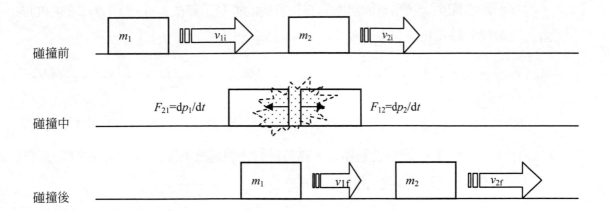

圖 3.3-1 碰撞前後的速度。逆向的速度以負數表示

為 $\overline{\mathbf{V}}_{1i}$，$\overline{\mathbf{V}}_{2i}$，動量守恆的關係為

$$m_1 \overline{\mathbf{v}}_{1i} + m_2 \overline{\mathbf{v}}_{2i} = m_1 \overline{\mathbf{v}}_{1f} + m_2 \overline{\mathbf{v}}_{2f} \dotfill (3.3\text{-}1)$$

在一維上的運動，若定義恢復係數為碰撞後之速度差除以碰撞前之速度差，即

$$e = \frac{|v_{2f} - v_{1f}|}{|v_{2i} - v_{1i}|} \dotfill (3.3\text{-}2)$$

　　當 $e=1$ 時，碰撞前後兩物的相對速相同，稱為完全彈性碰撞(completely elastic collision)。當 $e=0$ 時，稱為完全非彈性碰撞(completely inelastic collision)。一般的(非彈性)碰撞則介於兩者之間，為 $0 < e < 1$。

1. 完全彈性碰撞 $e=1$：若二物體的碰撞是完全彈性碰撞，無動能的損失，則由能量守恆定律 $T_i = T_f$ 得

$$\frac{1}{2} m_1 \overline{\mathbf{v}}_{1i}^{\,2} + \frac{1}{2} m_2 \overline{\mathbf{v}}_{2i}^{\,2} = \frac{1}{2} m_1 \overline{\mathbf{v}}_{1f}^{\,2} + \frac{1}{2} m_2 \overline{\mathbf{v}}_{2f}^{\,2} \dotfill (3.3\text{-}3)$$

在一維空間中可視所有的速度為有正負號的純量，將(3.3-1)，(3.3-3)二式中的向量記號去掉，移項相除，可得 $v_{1i} + v_{1f} = v_{2f} + v_{2i}$，即

$$v_{1i} - v_{2i} = -(v_{1f} - v_{2f}) \quad\text{...(3.3-4)}$$

而其中 $v_{1i} - v_{2i}$ 及 $v_{1f} - v_{2f}$ 分別代表碰撞前後二物體間的相對速度。將(3.3-4)代入(3.3-1)得 $e = 1$，即完全彈性碰撞中，碰撞前的相對速度與碰撞後的相對速度方向相反但大小不變。將(3.3-4)代入(3.3-1)中得

$$v_{1f} = \frac{m_1 - m_2}{m_1 + m_2} v_{1i} + \frac{2m_2}{m_1 + m_2} v_{2i} \quad\text{...(3.3-5)}$$

$$v_{2f} = \frac{2m_1}{m_1 + m_2} v_{1i} - \frac{m_1 - m_2}{m_1 + m_2} v_{2i} \quad\text{...(3.3-6)}$$

若將實驗簡化，使被撞體 m_2 靜止(即 $v_{2i}=0$)則上兩式可改成

$$v_{1f} = \frac{m_1 - m_2}{m_1 + m_2} v_{1i} \text{，即} \frac{v_{1f}}{v_{1i}} = \frac{m_1 - m_2}{m_1 + m_2} \quad\text{..(3.3-7)}$$

$$v_{2f} = \frac{2m_1}{m_1 + m_2} v_{1i} \text{，即} \frac{v_{2f}}{v_{1i}} = \frac{2m_1}{m_1 + m_2} \quad\text{...(3.3-8)}$$

2. 完全非彈性碰撞 $e = 0$：設二物體在一維空間內的碰撞是完全非彈性的，則碰撞後二物體黏在一起，即表示 $\vec{v}_{1f} = \vec{v}_{2f} = \vec{v}_f$，代入(3.3-1)式中，可得

$$\vec{v}_f = \frac{m_1}{m_1 + m_2} \vec{v}_{1i} + \frac{m_2}{m_1 + m_2} \vec{v}_{2i} \quad\text{...(3.3-9)}$$

若被撞體靜止，即 $\vec{v}_{2i} = \vec{0}$：

$$\bar{v}_\text{f} = \frac{m_1}{m_1 + m_2}\bar{v}_\text{1i} \text{，在一維空間中 } \frac{v_\text{f}}{v_\text{1i}} = \frac{m_1}{m_1 + m_2} \quad\text{.................................(3.3-10)}$$

則碰撞前動能 $T_\text{i} = \frac{1}{2}m_1{v_\text{1i}}^2$ 與碰撞後動能 $T_\text{f} = \frac{1}{2}(m_1 + m_2)v_\text{f}^2$ 的比值

$$\frac{T_\text{f}}{T_\text{i}} = \frac{m_1}{m_1 + m_2} \quad\text{...(3.3-11)}$$

三、儀器

　　氣墊軌(air track)、送風機、滑車(carts)2 臺、鐵製或塑膠製緩衝器、光電閘(photogates)2 道、光電計時器宇全或 Pasco、1cm 二重標桿 2 個、10 g，20 g 砝碼、沾扣帶(Velcro patches) 或雙面膠或黏土。(若不使用氣墊軌系統，可以改用 Pasco 所設計之滾輪車系統)

四、步驟

■ 注意事項

1. 務必先打開送風機再將滑車放置於氣墊軌上。
2. 務必先將滑車移置離開氣墊軌後再關閉送風機。
3. 滑車須注意其質量分佈的對稱性，否則碰撞時將造成滑車突然停頓的現象，嚴重損傷滑軌。前後的對稱可以將滑車掛砝碼處提起，看是否能保持水平：左右的對稱性直接由所加的砝碼來控制，即每次在兩側加一樣的砝碼。
4. 按光電計時器的按鈕時，勿用筆、尖物或指甲戳在軟按鈕上，以保護按鈕。

1. 系統設置

(1) 打開送風機。

(2) 架設氣墊軌道,調整軌道的支架使軌道保持水平。將滑車放置在軌道上,若軌道維持水平,滑車兩側都不會有任何加速度。

(3) 置放二滑車置於軌道兩側練習幾次,使兩滑車在軌道中央處碰撞。

(4) 將 2 個光電管置於軌道邊,調整光電閘高度,使滑車上的二重標桿間隙確實通過光電閘,並檢視光電管之接頭是否切實安置於主機上。正確安置後,滑車每通過一次,光電閘頂端的紅燈會閃二次。光電管分別測量標桿間隙通過光電閘的時間以換算出速度。Pasco Smart Timer "SPEED:Collision" 測定功能詳見儀器 06。若使用宇全光電計時器,使用功能 8 及 4 道光電閘,詳見儀器 05。

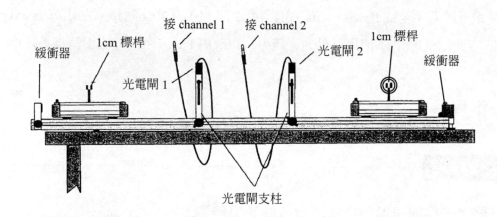

圖 3.3-2 利用 Pasco 光電計時器之 "SPEED:Collision" 測定功能的配置

2. 彈性碰撞:

(5) 兩臺滑車預定相撞的一側加上彈片;每臺滑車的相反側加上相同的質量使其平衡。調整彈片的位置,要使碰撞點在中心軸線上,避免碰撞時產生向上下左右方向翻轉的力矩。若不使用彈片,亦可讓滑車光滑的側面互相直接碰撞。

(6) 每臺滑車上所加砝碼勿超過 100 g。秤過滑車連同載重的質量,並記錄 m_1,m_2。

(7) 秤過滑車之質量後，放滑車 2 於中央而使 $v_{2i} = 0$，後於另一側釋放滑車 1。在與處於中央之靜止物件作用後，滑車 1 若反彈而回，此來回的運動通過一組光電管之主機計時，滑車 2 亦由另一組光電計時器將時間記錄下。依次取小質量碰大質量，大質量碰小質量之滑車，進行實驗。

(8) 小心將其中一輛滑車靜置在軌道中央，輕推另一輛滑車(速度不要太快)去排斥或反彈靜止的滑車，記錄二滑車碰撞前後經過光電閘時的速度。

(9) 改變滑車的初速度，重複步驟(6)～(8)

(10) 改變滑車質量(藉由放置砝碼於滑車上)，或利用大小不同滑車，研究 $m_1 > m_1$, $m_2 > m_1$ 條件下的碰撞，請重覆步驟(6)～(9)

(11) 分析碰撞前後的動量和動能。

3. 非彈性碰撞

(12) 進行完全非彈性碰撞時，將橡皮筋換成雙面膠帶或沾扣帶或黏土，使兩滑走體碰撞後成為一新的運動體。重覆實驗步驟(6)～(11)。

五、結果分析與討論

　　參考附錄的格式，分析碰撞前後的動量與動能，比較彈性碰撞與非彈性碰撞在各種不同的質量條件下，動量是否守恆？若不守恆，試討論其原因。彈性碰撞的動能是否守恆？非彈性碰撞的動能是否按照理論公式中的比例轉移？

六、問題

1. 非彈性碰撞過程中，能量是以何種方式減少的？

2. 檢查各種情況的碰撞動量與能量是否守恆。實驗結果與理論值比較誤差有多大？誤差的來源可能是甚麼？

3. 如果滑車碰撞軌道末端的緩衝器然後彈回，通常非常接近原本的動量大小，即能量維持不變，但方向相反；這樣的碰撞是否滿足動量守恆？滑車的衝量(動量的變化)由何者所接收？(提示：以滑車軌及滑車系，以及整個實驗室的系統，分別考慮)

4. 假設在彈性碰撞實驗中軌道是傾斜的，滑車是否會遵守動量守恆？爲甚麼？

5. 有無碰撞前後 $e>1$ 的例子？ 如何設計滑車軌上的實驗？(提示：考慮潛在能量的存在。)

實驗 3.4　簡諧振盪與阻尼振盪

預習習題

1. 描述一維系統中，何種外力造成簡諧振盪(simple harmonic oscillation)？簡諧振盪的特性為何？

2. 彈簧的長度變化量為 0.15 m，力常數為 8.75 N/m，則彈簧對外的施力大小為何？

3. 彈簧的力常數為 11.75 N/m，下掛 0.500 kg 的重物，則彈簧因重物所致的伸長量為何？

4. 彈簧下掛一重物，平衡時重物離地板 0.42 m。若從平衡位置將重物向下拉 0.06 m，則重物振動時最高可離地板多遠？

5. 質量 m_s 可忽略的彈簧其力常數為 k=7.85 N/m。將重物質量 M=0.425 kg 繫於彈簧末端並拉開 0.05 m，釋放後重物振盪周期為何？若拉開 0.10 m，則振盪周期為何？

一、目的

研究物體在彈簧拉力下的簡諧振盪與*阻尼振盪。

*阻尼振盪對於 CLR 電路的暫態解的理解有幫助，希望物理及電機相關的學生都能學習作測定。

二、原理

1. 簡諧振盪

由 Hooke 定律知彈簧產生的彈力與其伸長量(或壓縮量)成正比，即 $F = -kx$，F 為彈力或稱恢復力，k 為彈性係數，而 x 為伸長量或壓縮量。方程式中的負號代表彈力的方向與其形變的方向相反。

由牛頓第二運動定律公式可知：

$$F = ma = m\frac{\mathrm{d}^2 x}{\mathrm{d}t^2}$$ ....(3.4-1)

再配合 Hooke 定律,可以得到

$$F = m\frac{\mathrm{d}^2 x}{\mathrm{d}t^2} = -kx$$ ....(3.4-2)

即

$$m\frac{\mathrm{d}^2 x}{\mathrm{d}t^2} + kx = 0$$ ....(3.4-3)

此微分方程式代表掛於彈簧(假設彈簧重量可忽略)末端質量為 m 的物體受彈力作用的運動方程式。若是可以找到方程式(3.4-3)的解,即可明白此物體之位移對時間的函數關係,即 $x(t)$。此處利用未知係數法(method of undetermined coefficients),由於此物體的運動乃屬有週期性的簡諧運動(simple harmonic oscillation),因此其通解(general solution)為

$$x(t) = A\cos(\omega_0 t + \phi)$$ ....(3.4-4)

其中 A 為此簡諧運動振幅(amplitude),ω_0 為角頻率(angular frequency),而 ϕ 為起始相位(initial phase)。ω_0 稍後可以由係數 m,k 求出,但 A 及 ϕ 為兩個未定係數,必須由 $t = 0$ 時物體的起始位置及初速來決定。以初速為零,初始位置為最大位移 $x(0)=A$,則 $\phi =0$,(3.4-4)式化為

$$x(t) = A\cos(\omega_0 t)$$ ....(3.4-5)

將(3.4-5)微分,可得

$$v(t) = \frac{\mathrm{d}x}{\mathrm{d}t} = -A\omega_0 \sin(\omega_0 t)$$ ....(3.4-6)

$$a(t) = \frac{\mathrm{d}^2 x}{\mathrm{d}t^2} = -A\omega_0^2 \cos(\omega_0 t) \quad\text{(3.4-7)}$$

由於圓函數 sin 及 cos 隨時間 t 在±1 之間變化，所以由(3.4-5)知速率的極大值為 $A\omega_0$，由(3.4-6)知加速度的極大值為 $A\omega_0^2$。

將(3.4-6)，(3.4-7)代入方程式(3.4-3)可得

$$-mA\omega_0 \cos\omega_0 t + kA\cos\omega_0 t = 0 \quad\text{(3.4-8)}$$

由於 t 代表任意時間，消去 $\cos\omega_0 t$ 得

$$-mA\omega_0^2 + kA = 0$$

其中振幅 $A \neq 0$

$$\therefore m\omega_0^2 = k$$

$$\therefore \omega_0^2 = \frac{k}{m} \quad\text{(3.4-9)}$$

角頻率 ω_0 與週期的關係可表示為

$$\therefore \omega_0 = \frac{2\pi}{T_0} \quad\text{(3.4-10)}$$

由方程式(3.4-10)與(3.4-9)得

$$\omega_0 = \sqrt{\frac{k}{m}} = \frac{2\pi}{T_0} \quad\text{(3.4-11)}$$

因此

$$T_0 = 2\pi\sqrt{\frac{m}{k}} \quad\text{(3.4-12)}$$

另外由能量守恆的關係，可知總能量為

$$\frac{1}{2}mv^2 + \frac{1}{2}kx^2 = \frac{1}{2}mv_{eq}{}^2 = \frac{1}{2}kA^2 = \text{const.} \quad\text{.................................(3.4-13)}$$

其中 v_{eq} 是通過平衡位置 $x=0$ 時的速率。

　　由方程式(3.4-12)知，簡諧運動的週期與彈簧的彈性係數及物體質量有關。在此實驗中我們將以實驗證明方程式(3.4-12)的正確性。簡諧運動或其他的週期性振動不僅限於掛在彈簧上的物體，我們可在電子振盪或原子振盪中發現類似的現象。

2. 阻尼振盪

　　若滑車與彈簧系統中有阻力，且與速度成正比，阻力係數為 b，則公式(3.4-2)必須改為

$$F=ma= -kx -bv\quad\text{..(3.4-14)}$$

　　即

$$m\frac{\mathrm{d}^2 x}{\mathrm{d}t^2} = -kx - b\frac{\mathrm{d}x}{\mathrm{d}t}\quad\text{..(3.4-15)}$$

各項除以 m 得

$$\frac{\mathrm{d}^2 x}{\mathrm{d}t^2} + 2\beta\frac{\mathrm{d}x}{\mathrm{d}t} + \omega_0^2 x = 0\quad\text{.......................................(3.4-16)}$$

其中 $\beta = b/2m$，$\omega_0 = \sqrt{k/m}$。解微分方程式得以下的三種情形：

(1)　次阻尼振盪(underdamped motion)　$\omega_0^2 > \beta^2$

$$x = Ae^{-\beta t}\cos(\omega t + \phi)\quad\text{...(3.4-17)}$$

其中

$$\omega_1^2 = \omega_0^2 - \beta^2 \quad\text{...(3.4-18)}$$

　　未定係數 A，ϕ 由起始位置及初速度決定。設 $t = 0$ 時滑車通過平衡點，且速度為正，則 $\phi = -\pi/2$。$x(t)$ 函數圖形為

$$x = Ae^{-\beta t}\cos(\omega_1 t - \pi/2) = Ae^{-\beta t}\sin\omega_1 t \quad\text{.......................(3.4-19)}$$

　　由於圓函數 sin 或 cos 是隨時間在±1 之間振盪的函數，故滑車仍有振盪的現象，但振幅隨著 $e^{-\beta t}$ 逐漸減小，最後停止於平衡點上。來回振盪一次所需的時間為 $T_1 = 2\pi/\omega_1$，但因機械能不斷減少，同樣的物理狀態不再出現第二次，嚴格來說 T_1 只能稱為準週期(quasiperiod)。由(18)式可知 $|\omega_1| < |\omega_0|$，因此準週期 T_1 比沒有阻尼時的週期 T_0 要長。將週期、準週期與角頻率的關係代入(18)式可得

$$\left(\frac{2\pi}{T_1}\right)^2 = \left(\frac{2\pi}{T_0}\right)^2 - \beta^2$$

$$\beta = 2\pi\sqrt{T_0^{-2} - T_1^{-2}}$$

$$b = 4\pi m\sqrt{T_0^{-2} - T_1^{-2}} \quad\text{..(3.4-20)}$$

速度為(3.4-19)式對 t 微分

$$v(t) = \frac{dx(t)}{dt} = Ae^{-\beta t}(\omega_1\cos\omega_1 t - \beta\sin\omega_1 t) \quad\text{..................(3.4-21)}$$

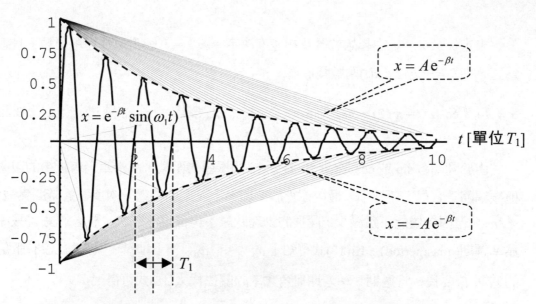

圖 3.4-1 次阻尼振盪中，位移與時間的關係，外側 2 條虛線顯示振幅的衰減。T_1 為準週期

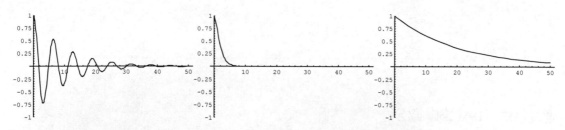

圖 3.4-2 由左到右分別為次阻尼振盪，臨界阻尼振盪及過阻尼振盪的例子。阻尼的係數分別取 $\beta=0.1\omega_0$，$\beta=\omega_0$，$\beta=10\omega_0$，初始條件則全部相同，為 $v(0)=(dx/dt)_{t=0}=0$，以及 $x(0)=1$。次阻尼振盪過平衡點後仍繼續振盪，過阻尼振盪則移動緩慢，臨界阻尼振盪可以最快趨近於平衡點

通過平衡點的時間使得 $\sin \omega_1 t=0$，$\cos \omega_1 t=\pm 1$，因此 $\omega_1 t_n = 0$，π，2π，$\ldots = n\pi$；時間爲 $t_n= 0$，$T_1/2$，T_1，$3T_1/2$，$\ldots = nT_1/2$；代入(3.4-21)式知第 n 次通過平衡點時的速率爲

$$v_{eq,n} = v(\frac{nT_1}{2}) = \left|A\omega_1\right| e^{-\beta nT_1/2} \quad\text{.................................(3.4-22)}$$

所以

$$\frac{v_{eq,n+1}}{v_{eq,n}} = \frac{v((n+1)T_1/2)}{v(nT_1/2)} = \frac{e^{-\beta(n+1)T_1/2}}{e^{-\beta nT_1/2}} = e^{-\beta T_1/2} \quad\text{.................................(3.4-23)}$$

比較通過平衡點時接連兩次的速率，其間的比值爲 $\exp(-\beta T_1/2)$。通過平衡點的速率 v_{eq} 會隨著經過次數 $n = 1$，2，3，$\ldots\ldots$減少。

(2)　臨界阻尼振盪(critically damped motion) $\omega_0^2 = \beta^2$

$$x = (A_1 + A_2 t)e^{-\beta t} \quad\text{.................................(3.4-24)}$$

滑車不會穿越平衡點超過 1 次，看不出反覆振盪的現象。**(1)～(3)的 3 種振盪中，臨界阻尼振盪最快接近平衡點。**

(3)　過阻尼振盪(overdamped motion) $\omega_0^2 < \beta^2$

$$x = A_1 e^{-(\beta+\beta_1)t} + A_2 e^{-(\beta-\beta_1)t} \quad\text{.................................(3.4-25)}$$

其中 $\beta_1 = \sqrt{\beta^2 - \omega_0^2}$。滑車不會穿越平衡點超過 1 次，看不出反覆振盪的現象。

三、儀器

　　彈簧 2 條、砝碼掛鉤、宇全光電計時器或 Smart Timer、光電閘、氣墊軌、滑車、一重標桿、1cm 二重標桿、5cm 三重標桿(配合 Pasco)、10 g 及 20 g 砝碼、磁鐵。

四、步驟

1. 週期與振幅的關係

簡諧振盪的週期

(1) 測量滑車連同承載物的質量 m。

(2) 打開吹風機後,將滑車置於空氣軌上,裝置彈簧如圖 3.4-2 所示。將兩條彈簧固定在空氣軌的兩端及滑車上。

(3) 手推滑車,使滑車在空氣軌上有 5～10 cm 左右的位移後,放開滑車使之振盪,測量振盪週期 T_0。使用 Smart Timer 的 Time:Pendulum 測量單一週期 T_0,開機後按[1][2][2][2][2]。注意此時要用一重的標桿。若使用 Smart Timer 作為碼錶,求取多個週期的平均值,按[1][2][2][2][2][2]。使用 Smart Timer 作為計數器,按[1][2][2][2][2]。若使用宇全光電計時器,使用功能 5,但要注意所顯示的數字為半週期 $T_0/2$。

(4) 測定固定 m 值時,不同振幅 A 的不同週期。

光電閘

彈簧

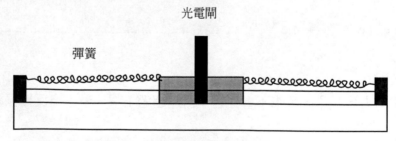

圖 3.4-2 簡諧振盪實驗架設圖

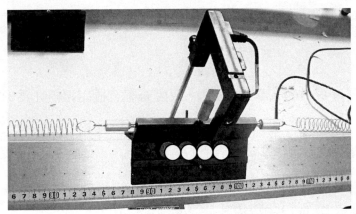

(a) 阻尼振盪實驗時滑車上加磁鐵。　　　　(b) 將磁鐵放在滑車上方，減小阻力
　　磁鐵移動時會使滑車軌上產生渦
　　電流，將動能轉為熱能

圖 3.4-3

阻尼振盪的準週期

(5)　在滑車上加磁鐵，相鄰的磁鐵南北極相間。測量其質量 m。

(6)　滑車上接 2 條彈簧置於滑軌上，如圖 3.4-3。

(7)　測量準週期 T_1。改變振幅並測定數次。

(8)　將磁鐵換上等質量的砝碼，測得 T_0 的數值與 T_1 作比較。如果沒有相同質量的砝碼，將磁鐵固定於滑車的上方，如圖 3.4-3 右圖。

(9)　由 T_0 及 T_1 數據計算阻力的比值 b 值。

2.　週期與質量的關係：

簡諧振盪的週期

(10)　滑車上加掛各種質量 0～100 g 不等的砝碼，改變 m 值而固定振幅 A 為 10 cm 以下，以步驟 1 的要領測量其週期 T_0。

(11)　以 T_0 為縱軸 m 為橫軸在全對數紙上作圖，驗證 $T_0 \propto \sqrt{m}$。

(12) 以 $T_0{}^2$ 爲縱軸 m 爲橫軸在線性方格紙上作圖，判斷兩條彈簧 k 值的總和。

阻尼振盪的準周期

(13) 滑車上加掛各種質量 0～100 g 不等的砝碼，改變 m 值而固定振幅 A 爲 10 cm 以下，以 1 的要領測量其週期 T_1。

(14) 以 2 之簡諧振盪結果的 k 值計算 m 值對應的週期 T_0。

(15) 利用(20)式計算 b 值。

3. 速率與位移的關係：簡諧振盪的能量守恆

(16) 選 Smart Timer 的功能 speed：one gate，將滑車由滑軌取下，滑車上改裝 1cm 二重標桿後，不加磁鐵，如圖 3.4-4 的設置。若使用宇全光電計時器的功能 6，滑車上使用一重標桿。

(17) 讀取滑車靜止時的平衡位置 x_{eq}。將滑車拉離平衡位置 10 cm 以下，由別的組員記錄速率爲起始時的位移 x_0，並求出振幅 $A=|x_0 - x_{eq}|$。

(18) 放開滑車，使其在滑軌上來回振盪。記錄速率 v_{eq}。

(19) 改變起始位置 x_0，及振幅 A，重覆步驟(17)～(19)驗證能量守恆 $\frac{1}{2}kA^2 = \frac{1}{2}mv_{eq}^2$。

(20) 固定起始位置 x_0，及振幅 A，將光電閘移至振幅內的某一位置 x，重覆步驟(18)～(19)驗證 $\frac{1}{2}kA^2 = \frac{1}{2}mv^2 + \frac{1}{2}kx^2$。

4. 阻力與速度的關係(限 Smart Timer)

(21) 如步驟(16)～(18)，但是在滑車上加磁鐵，測量不同的最大振幅值 A 所對應的 v_{eq}。

(22) 選 Smart Timer 的功能 accel：one gate，將滑車由滑軌取下，滑車上改裝 5cm 三重標桿後，如圖 3.4-4 的設置。(可能的話，使滑車質量儘量與(21)中相同。)

(23) 對應於步驟(21)中開始時的振幅 A，分別測定通過平衡點時的加速度 a_{eq}。

(24) 計算出加速度是否與速率成正比，並由 $bv = -ma$ 計算 b 值。

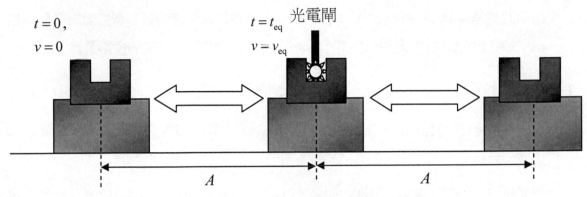

$t = 0$,
$v = 0$

$t = t_{eq}$
$v = v_{eq}$

光電閘

A　　　A

圖 3.4-4　振盪平衡位置速率測定實驗架設圖

5.　能量與時間的關係

(25) 按下[3]將滑車拉離平衡位置 A(約 10 公分左右)，使滑車開始振盪。記錄 x_0。測量第 1 次通過平衡位置時的速率 $v_{eq,1}$。

(26) 將滑車拉到同樣的位置放開，使滑車開始振盪。待滑車通過光電閘一次後再按下[3]。測量第 2 次通過平衡位置時的速率 $v_{eq,2}$。

(27) 依序測定 $v_{eq,n}$，$n = 3$，4，5，…

(28) 在半對數紙上以 $v_{eq,n}$ 為縱軸，n 為橫軸作圖，觀察動能的衰減。

五、結果討論

由 1 的實驗結果，判斷振幅 A 對周期 T_0 及 T_1 是否有影響。由 2 的實驗結果，計算出 k 值，並觀察是否 $T_1 > T_0$。由 3 的結果驗證能量守恆。

*如果進行了阻尼振盪的實驗，由 4 的結果判斷阻力是否與速度成正；若是，綜合 1.2.4. 的結果決定阻力係數 b，由 5 的結果觀察能量的衰減。

六、問題

1. 證明圓周運動 $x(t) = A\cos(\omega_0 t)$，$y(t) = A\sin(\omega_0 t)$ 在任何角度的投影皆爲簡諧運動。(提示：x 軸上的點在 θ 方向的投影量爲 $x\cos\theta$，y 軸上的點在 θ 方向的投影量爲 $y\sin\theta$。)

2. 式(3)的微分方程式 $m\dfrac{d^2x}{dt^2} + kx = 0$ 其一般解除了可以寫爲(4)式 $x(t) = A\cos(\omega_0 t + \phi)$ 的形式外，還可以寫爲 $x(t) = A_1\cos(\omega_0 t) + A_2\sin(\omega_0 t)$。利用和角公式求出 A_1，A_2 與 A，ϕ 之間的關係。

3. 空氣軌不爲水平，而有一明顯的傾斜，對本實驗會有何影響？ 試從週期、位移等項的變化來討論。(提示：微分方程式變爲 $m\dfrac{d^2x}{dt^2} - ma_0 + kx = 0$；其解爲 $x(t) = \dfrac{ma_0}{k} + A\cos(\omega_0 t + \phi)$，$a_0$ 爲常數，也就是斜面上的加速度。可以設想滑車靜止時的平衡點移動了 $\dfrac{ma_0}{k}$。)

4. 在此實驗中，若放置很久，滑車之振幅會隨時間漸漸變小，此現象與我們在原理中介紹的簡諧運動方程式(3)及其解(4)是否吻合？若不吻合要如何修正方程式(3)使其與觀察的現象吻合？

實驗 3.5　機械能守恆及機械能耗散

一、目的

　　此機械能耗散實驗中原理的數學形式與電容的充放電類似，可以使學生加強熟悉 Newton 冷卻定律，RC 電路的充放電，RL 電路的充放磁，放射性物質衰減等理論模式中常用的數學形式。

二、原理

　　機械能守恆定律，是質點系統或剛體系統的基本原理。例如在某種保守力場作用下，物體的機械能為一定，因此動能 $T = mv^2/2$ 與位能 $U(x, y, z)$ 的和為一個常數，即機械能的總和 $E = T + U$ 保持一定。從這點出發，可以發展出與 Newton 第二運動定律等價的力學系統，並且導出相同的運動形式。

　　但是一般常見的情形，在運動時通常會有某種不屬於保守力的外力作用在物體上，例如各種阻力或摩擦力。此時系統仍然遵守廣義的能量守恆，但巨觀下的機械能經常會有轉化成其他形式能量的情形，例如熱能或電能，因此日常所見的機械能常會有耗散的情形。

　　以下討論一個空氣滑軌上機械能耗散的典型例子。利用滑車上的磁鐵與滑軌間的交互作用，滑車會產生一個與速度成正比的阻力 $-bv$。若滑車在水平的滑軌上運動，除了磁阻力之外沒有別的交互作用，則依 Newton 第二運動定律，$F=ma=-bv$，即

$m\dfrac{dv}{dt}=-bv$，$\dfrac{dv}{dt}=-\dfrac{b}{m}v=-\beta v$，$\dfrac{dv}{v}=-\beta dt$，兩邊積分得 $\displaystyle\int_{v_0}^{v}\dfrac{dv}{v}=-\beta\int_{0}^{t}dt$，$\ln v-\ln v_0=-\beta t$，

$v=v_0 e^{-\beta t}$。（自然對數的底 $e\approx 2.71828$，而自然對數的定義是 $\ln x\equiv\displaystyle\int_{1}^{x}\dfrac{dx}{x}$，且

$\ln x=\log_e x\approx 0.434294\log_{10}x$）。因此速度會隨著時間衰減，且衰減的程度會愈來愈慢，在時間很長 $t\gg 1/\beta$ 時，速度會趨近於零。如果討論位移的情形，將速度的式子對時間積分，

$\dfrac{dx}{dt}=v=v_0 e^{-\beta t}$，$x-x_0=v_0\displaystyle\int_{0}^{x}e^{-\beta t}dt=v_0\dfrac{1}{-\beta}(e^{-\beta t}-e^{0})=\dfrac{v_0}{\beta}(1-e^{-\beta t})$，即 $x=x_0+\dfrac{v_0}{\beta}(1-e^{-\beta t})$。

因此假設滑軌足夠長而且水平，且空氣的擾動可忽略，在時間很長 t >> 1/β 時，滑車會逐漸停在 $x_f = x_0 + \dfrac{v_0}{\beta}$ 的位置上，並且初速 v_0 愈大，滑車能夠行走的距離愈遠。

　　由位移的式子 $x = x_0 + \dfrac{v_0}{\beta}(1 - e^{-\beta t}) = x_0 + \dfrac{v_0}{\beta} - \dfrac{v_0 e^{-\beta t}}{\beta} = x_0 + \dfrac{v_0}{\beta} - \dfrac{v}{\beta}$，可知行進途中某一點上的速度滿足關係式 $v = v_0 - (\beta)(x - x_0)$。

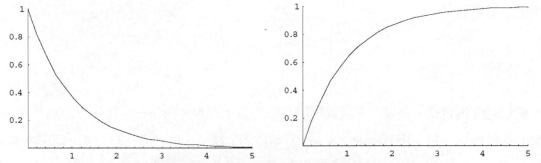

圖 1　　左：速度隨時間衰減的情形，縱座標單位為 $v0$，橫座標單位為 1/β = m/b。右: 位移隨時間的變化，設起點 x_0 = 0 為原點，縱座標單位為 v_0/β，橫座標單位為 1/β = m/b。

三、儀器

　　空氣軌道及送風機，滑車，1cm 雙頭標桿(使用 Pasco Smart Timer 時)或 1 cm 寬的標桿(使用宇全光電計時器時)，光電閘 2 道，Pasco Smart Timer 或宇全光電計時器，細線，掛鉤及砝碼，磁鐵。

四、步驟

1. 機械能守恆

　　利用砝碼及細線掛在滑軌上，再連至滑車的一端。裝置方法參考 Newton 運動定律的實驗。利用 2 道光電柵分別測速率 (例如利用 speed-collision 來測)，最後驗證是否光電柵間的距離 Δs 能夠符合 $mg\Delta s = \dfrac{1}{2}mv_2^2 - \dfrac{1}{2}mv_1^2$。此處 m 是滑車加掛鉤的總質量。

2. 機械能耗散

　　將滑軌調到水平，滑車加上磁鐵並稱重完畢後置於滑軌上。安裝磁鐵的要領參考阻尼振盪的步驟，如果要用膠帶，注要膠帶不要貼超過滑車的寬度，以免膠帶夾入滑車與滑軌之間，造成滑車無法正常滑動。爲了使機械能耗散的現象明顯，而且要比較一些物理量，這個部份先不加掛鉤來拉動。使滑車移動依序通過 2 道光電柵，分別得到速率 v_1，v_2，且光電柵間的距離爲 Δs，多做幾組實驗改變初速或光電柵間距，利用 $v_2 = v_1 - \beta \Delta s$ 算出阻力的係數。

五、補充

　　若以掛鉤來作機械能的耗散，此時 $m\dfrac{\mathrm{d}v}{\mathrm{d}t} = -bv + mg$ ， $\dfrac{\mathrm{d}v}{\mathrm{d}t} = -\beta v + g$ ，

$v = v_0 + \dfrac{g}{\beta}(1 - e^{-\beta t})$ ，若滑軌足夠長，最後會趨於等速運動。

普通物理實驗　第 **4** 部

力學一般

實驗 4.1　靜力平衡

力的平衡 equilibrium of force

一、目的：觀察在同一平面上，數個共點力成平衡的現象。

二、原理：

1.　力的合成與分解：當一個物體同時受到數個外力的作用時，合力為這幾個力的向量和。求合力的方法可分為 "幾何法" 和 "分析法" 兩種：

(1)　幾何法：

①　若有共平面的三個力同時作用在一物體上，以此物為原點 O，任意方向為 x 軸(零向)，使用量角器在方格紙上將實驗中三個力的方向畫出。在各力之方向上畫出長度與力之大小成正比的線段，並以箭頭表示力方向，得 $\vec{F}_1, \vec{F}_2, \vec{F}_3$ (參考圖 4.1-1)。

②　以任意一力為基準，利用平行移動法將第二力之起點接在第一力之終點得 $\vec{F}_2'$，再將第三力平移，使期起點接在 $\vec{F}_2'$ 之終點得 $\vec{F}_3'$，如圖 4.1-1 所示。

以直尺量取 $\vec{F}_3'$ 終點與原點 O 之距離。由比例常數換算出合力($= \sum\limits_{i} \vec{F}_i$)的大小。

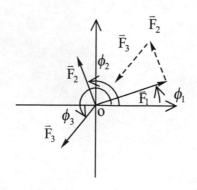

圖 4.1-1 力的合成(幾何法)

(2)　分析法：某一力如要以兩個不同方向的力來表示，只要取此力在所方向上的分量即可。如一力$\bar{F}$在 xy 平面上，則可將此力分解爲 x 分量及 y 分量，如圖 4.1-2。

$$F_x = F\cos\phi \quad\text{...(4.1-1)}$$

$$F_y = F\sin\phi \quad\text{...(4.1-2)}$$

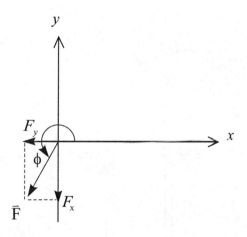

圖 4.1-2　力的分解

在實驗中直接讀出各力的大小 F_i 及方向角 ϕ_i，以極坐標表示爲(F_i, ϕ_i)，則

$$F_x = \sum_i F_{ix} = \sum_i F_i\cos\phi_i \quad\text{...(4.1-3)}$$

$$F_y = \sum_i F_{iy} = \sum_i F_i\sin\phi_i \quad\text{...(4.1-4)}$$

合力的大小爲：

$$\left|\bar{F}\right| = (F_x^2 + F_y^2)^{\frac{1}{2}} \quad\text{...(4.1-5)}$$

方向爲：

$$\tan \phi = \frac{F_y}{F_x} \quad \text{..(4.1-6)}$$

($\phi = \arctan \dfrac{F_y}{F_x} \pm \pi$，正確的方向須小心判定)

三、儀器：

靜力實驗組

四、步驟：

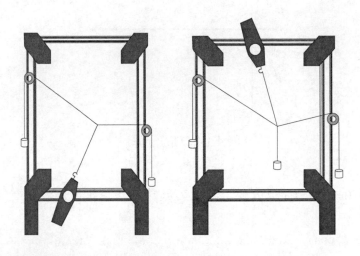

圖 4.1-3 三力平衡　　　　圖 4.1-4 四力平衡

1.　力的合成：
   (1)　裝置如圖 4.1-3 所示，調整板面成鉛直面。將兩個滑輪任意固定在板子兩端，拉力計固定在板子上端或下端，並將拉力計歸零。
   (2)　剪下一條適當長度的細線，細線兩端各連接一砝碼掛鉤，並將線跨越滑輪。
   (3)　再剪下一段細線，穿越前段細線連接拉力計，　盡量使兩掛鉤線相隔約在 60° 至 20° 之間。

(4) 放置砝碼於砝碼掛鉤，調整拉力計必須與線平行。待平衡，記下拉力計之讀數及測量期間之角度。(拉力計的單位為公斤重(kgw))。

(5) 測量砝碼及掛鉤的重量(需換算為牛頓單位)。記下各個力的方向及大小於表格中，並請述說測量角度的方法。另以向量表示，將力圖畫在方格紙上。

(6) 改變力的大小與方向 2 次，重覆步驟(1)～(5)，共得三組數據。

(7) 改變裝置如圖 4.1-4，利用三組砝碼、拉力計、及適當的細線，放置在適當的位置，觀察四力平衡及測量三力的合力。

(8) 重覆步驟(4)～(6)。(注意：每次實驗前，記得先將拉力計歸零。)

(9) 將各組數據分別以幾何法及分析法計算合力並與所測得的力比較之。

(10) 算出誤差，並討論誤差原因。

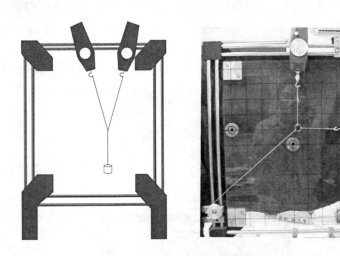

圖 4.1-5　力的分解。右圖為另一種作法

2. 力的分解

(1) 裝置如圖 4.1-5 所示，將兩個拉力計任意固定在板子頂端，並將拉力計歸零。

(2) 剪下一條適當長度的細線，細線兩端各連接一拉力計。

(3) 再剪下一段細線，穿越前段細線連接砝碼掛鉤，使兩拉力計相隔約在 60°至 120°之間。

(4) 加砝碼於砝碼掛鉤，調整拉力計必須與線平行。待平衡，讀取兩組拉力計之讀數及測量其間的角度。

(5) 測量砝碼及掛鉤的重量。記下各個力的方向及大小於表格中,並請述說測量角度的方法。另以向量表示,將力圖畫在方格紙上。

(6) 改變力的大小與方向 2 次,重覆步驟(1)~(5),共得三組數據。

(7) 將各組數據分別以幾何法及分析法計算合力並與所加砝碼比較之。

(8) 算出百分誤差大小,並討論之。

五、問題

1. 本實驗用幾何法及分析法,何者所得結果誤差較小?為什麼?

2. 請畫圖證明,若 $\vec{F}_1$、$\vec{F}_2$ 和 $\vec{F}_3$ 三力成平衡,則三力必過同一點且三力圍成一封閉三角形。

3. 一幅重 10 公斤的圖畫在畫框上緣左右二端各有一釘。如果想用可以吊起 7 公斤重物之繩索由兩鐵釘懸掛此畫,則此繩在中央支點處與鉛垂線之張角,最大不可超過幾度(如圖 4.1-6)?

圖 4.1-6 掛畫

力矩的平衡 equilibrium of torque

一、目的

觀察剛體在數力作用下成平衡狀態的條件。

二、原理

若一物體同時受到不共點的數力作用,則合力 $\vec{F} = \vec{F}_1 + \vec{F}_2 + \cdots = \sum_i \vec{F}_i$,使物體產生移動(線加速度);而合力矩 $\vec{\tau} = \sum_i \vec{\tau}_i$,使物體產生轉動(角加速度),其中 $\vec{\tau}_i = \vec{r}_i \times \vec{F}_i$,

$\tau_i = r_i F_i \sin\theta_i$,$\theta_i$ 為施力與力臂之間的夾角。在所有的力與力臂都共平面時,$\vec{r}_i = (r_i \cos\Phi_i, r_i \sin\Phi_i, 0)$,$\overline{F}_i = (F_i \cos\phi_i, F_i \sin\phi_i, 0)$,

$\vec{\tau}_i = \vec{r}_i \times \vec{F}_i = (0, 0, r_i F_i \cos\Phi_i \sin\phi_i - r_i F_i \sin\Phi_i \cos\phi_i) = (0, 0, r_i F_i \sin\theta_i)$,且 $\theta_i = \phi_i - \Phi_i$,施力與力臂的方向角之間的差即為其夾角。所以只要討論力矩 $\vec{\tau}_i$ 在 Z 軸上的大小及正負號即可。因此,當一個剛體處在平衡狀態時,施於剛體上的力需滿足下列兩個條件:

1.　力的向量和為零:

$$\sum_i \vec{F}_i = \vec{0} \quad\dotfill (4.1\text{-}7)$$

2.　力矩的向量和為零:

$$\sum_i \vec{\tau}_i = \vec{0} \quad\dotfill (4.1\text{-}8)$$

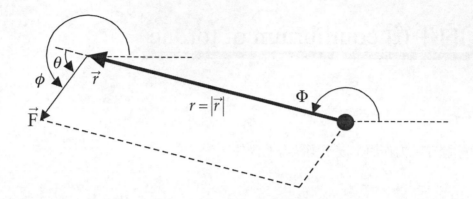

圖 4.1-7 平面上的力矩。$\tau = rF\sin\theta$，大小恰為 $\vec{r}$ 與 $\vec{F}$ 所張之平行四邊形面積，方向則由 $\sin\theta$ 的正負號決定。

三、儀器

靜力實驗組，含量角器。

四、步驟

1. 裝置如圖 4.1-8 所示，將兩個拉力計任意固定在板子頂端。

2. 測量並記錄有凹槽的不鏽鋼桿子之重量。

3. 將桿子放在拉力計的掛鉤上，使掛鉤卡在適當的凹槽。調整拉力計下端掛鉤螺絲，使個掛鉤等高，即掛鉤位於同一線上，桿子呈現水平。

4. 將桿子拿開，拉力計歸零；再將桿子放在拉力計的掛鉤上。

5. 三個砝碼掛鉤分別掛在桿子的不同凹槽(其中一個砝碼掛鉤放置在拉力計外，如圖 4.1-8)。要用絲線懸掛，否則容易掉落。

6. 分別放置適當的砝碼於各個砝碼掛鉤上。待平衡，記下拉力計的讀數。

7. 測量砝碼及砝碼掛鉤的重量。記下各個力的大小、角度及力臂的大小、角度於表格中，並將力圖畫在方格紙上。

8. 改變砝碼的質量及砝碼掛鉤位置，或拉力計的位置共 2 次，重覆步驟 11～16，共得三組數據。

9. 改變裝置如圖 4.1-8 右圖，將兩個拉力計任意固定在板子頂端，並將拉力計歸零。

10. 剪一段適當長度的細線，連接其中一個拉力計及桿子的一個凹槽，使桿子傾斜(如圖 4.1-8)。

11. 將三個砝碼掛鉤分別掛在桿子的不同凹槽(其中一個砝碼掛鉤放置在拉力計外，如圖 4.1-8)。要用絲線懸掛，否則容易掉落.

12. 分別放置適當的砝碼於各個砝碼掛鉤上。

13. 調整放置桿子端的拉力計和桿子垂直，及調整連接細線端的拉力計和細線平行。待平衡，記下拉力計的讀數。

14. 測量砝碼及掛鉤的重量。記下各個力的大小、角度及力臂的的大小、角度於表格中，並將力圖畫在方格紙上。

15. 改變砝碼的質量及砝碼掛鉤位置，或拉力計的位置共 2 次，重覆步驟 8～13，共得三組數據。(注意：每次實驗前，記得先將拉力計歸零。)

16. 計算拉力計位置上力的理論值，並與實驗值比較之。

17. 算出誤差，並討論誤差原因。

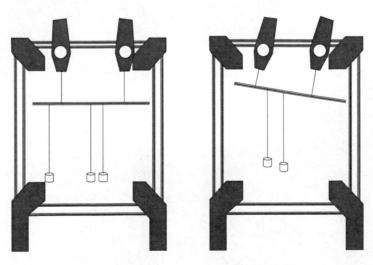

圖 4.1-8 力矩平衡

五、問題

1. 實驗中要求拉力計需與待測力平行，爲什麼？若不平行，將會如何？請說明。

2. 實驗主要誤差爲何？如何改進，請說明。

實驗 4.2　自由落體

預習習題

1.　實驗完畢後，光電閘上的耳機線與電源線應如何整理；用力扭成一綑、打個蝴蝶結、或是每條電線分開置於整理箱中即可？

2.　按光電計時器的面板時，最好用筆尖，還是手指？

3.　加速度的常用單位 1 gal = 1 cm/s²，換成 SI 單位相當於多少 m/s²？

4.　測量墜落高度 h 或 s 時，若不能垂直而有 10°左右的偏斜，造成的誤差有多大？

一、目的

利用自由落體研究等加速度運動，並測量重力加速度 g 值。

二、原理

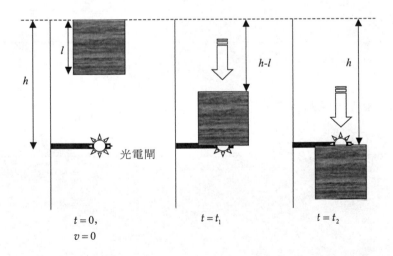

圖 4.2-1　以薄板、宇全光電計時器及光電閘測重力加速度

將等加速度公式用於自由落體的情況，若初速為 0，位移 x 與時間 t 之關係為：

$$x = gt^2/2 \quad\text{...(4.2-1)}$$

若取一物體。垂直方向長度為 l，靜止於參考點上方 h-l 處，並由起始位置自然掉落，前緣至此點的時間為 $t = t_1$，則

$$h - l = gt_1^2/2 \quad\text{...(4.2-2)}$$

該物體後緣離開此點 $t = t_2$ 時，前緣的位移為 h，所以

$$h = gt_2^2/2 \quad\text{..(4.2-3)}$$

將紅外光源及檢測器(稱為光電閘)在參考點水平放置，若有物體將光路遮蔽，則可由光電計時器將遮蔽時間 $\Delta t = t_2 - t_1$ 記錄下來，為了解出關係式，先將(4.2-2)，(4.2-3)兩式化為

$$t_1 = \sqrt{\frac{2(h-l)}{g}} \quad\text{.......................................(4.2-4)}$$

$$t_2 = \sqrt{\frac{2h}{g}} \quad\text{...(4.2-5)}$$

再將(4.2-4)，(4.2-5)代入遮蔽時間的定義：

$$\Delta t = t_2 - t_1 = \sqrt{\frac{2}{g}}\left(\sqrt{h} - \sqrt{h-l}\right) \quad\text{...........(4.2-6)}$$

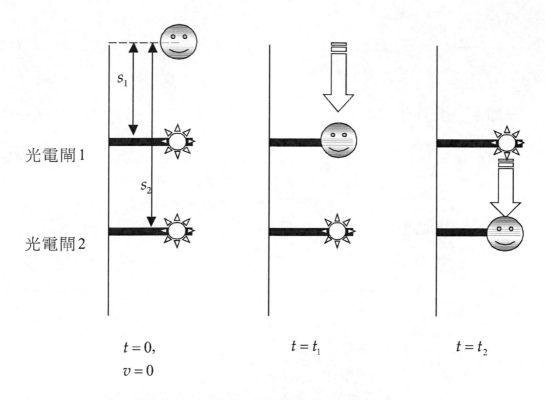

光電閘 1

光電閘 2

$$t = 0,$$
$$v = 0$$

$$t = t_1$$

$$t = t_2$$

圖 4.2-2 以鋼珠及兩道光電閘測重力加速度

將(4.2-6)式中可以測得的量整理到一邊，可得重力加速度的表示式：

$$g_{ex1} = \frac{2\left(\sqrt{h} - \sqrt{h-l}\right)^2}{\left(\Delta t\right)^2}$$ ....(4.2-7)

利用物體在兩個觀測點之間的時距(time of flight)，也可以算出行進時的加速度，取一大小可忽略的鋼珠，使其通過兩道鉛直並列的光電閘，若自由落下的起點與第一道光電閘距離，則落下至第一道光電閘所需的時間 $t = t_1$ 滿足 $s_1 = g t_1^2 / 2$，即

$$t_1 = \sqrt{\frac{2s_1}{g}}$$ ....(4.2-8)

落至第二道光電閘所需的時間 $t = t_2$，則 $s_2 = g t_2^2 / 2$，所以

$$t_2 = \sqrt{\frac{2s_2}{g}} \quad\text{(4.2-9)}$$

光電閘上所記錄的時距為

$$\Delta t = t_2 - t_1 = \sqrt{\frac{2}{g}}\left(\sqrt{s_2} - \sqrt{s_1}\right)\quad\text{(4.2-10)}$$

可推出重力加速度：

$$g_{ex2} = \frac{2\left(\sqrt{s_2} - \sqrt{s_1}\right)^2}{\left(\Delta t\right)^2}\quad\text{(4.2-11)}$$

三、儀器

宇全或 Pasco 光電計時器、光電閘 2 支、電磁鐵、支架、鉛錘、細線、量尺、薄板、鋼珠、Pasco 配件 ME-9207B、Pasco Smart Timer Picket Fence。

四、步驟

注意事項

1. 光電閘直射日光或接觸光電閘內的光源、偵測器，易引起反應不正確，應予避免。
2. 操作面板軟按鈕時，勿用筆尖、銳物、指甲戳，以保護面板。
3. 耳機線等較細的接線，不要用力折曲接點附近，以免接觸不良。實驗完畢後將電線每條分開平放置於箱中即可；固定於架上之光電閘耳機線任其懸掛，切勿用力綑綁。
4. 電磁鐵容易過熱，請儘量縮短電磁鐵通電的時間，未測定時勿讓電磁鐵待機。若過熱，先將電磁鐵電源關掉，等冷卻後再繼續；並在下次開機時按[1]。

1. 利用鋼珠、光電計時器及兩道光電閘(初速不為零)
   (1) 將兩道光電閘之耳機線依序插入光電計時器之 1，2 輸入端，如圖 4.2-2 架設光電閘，調整鉛垂線，確保鋼珠掉落時會遮蔽光電閘光路。
   (2) 參考儀器 5 或 6，利用「功能 3－初速不為零的測量」或「TIME－Two Gates」來測定鋼珠的截面通過時間。除了可以用手將鋼珠從架上方的小孔釋放，也可以利用電磁鐵來控制，請盡量縮短電磁鐵通電的時間，避免過熱。
   (3) 測量並記錄兩個光電閘相對於起點或電磁鐵的距離 s_1、s_2(從釋放點起算)。
   (4) 按下宇全光電計時器之[起動]鈕(同時關掉電磁鐵開關)，或是 Smart Timer 的[3]鈕。但此時計時器尚未計時，直到鋼珠通過第 1 個光電閘時，計時器才開始計時。再通過第 2 個光電閘時，計時器停止計時，時差Δt 顯示於計時器面板。
   (5) 按下宇全光電計時器之[歸零]或 Smart Timer 的[3]後重覆 3～20 次步驟(3)，記錄數據並計算重力加速度求得實驗值的平均、標準差、相對誤差.嘉義地區的重力加速度 g_{st} 以 978 gal 計。
   (6) 改變距離 s_1、s_2，重覆步驟(3)～(5)，得不同的 s_1、s_2 組合所對應的 g_{ex2} 值.

2. 利用薄板、宇全光電計時器及一道光電閘(截面通過時間)
   (1) 將光電閘的耳機線插入光電計時器輸入孔 1.參考圖 4.2-1 架設光電閘。調整鉛垂線。確保薄板掉落時會遮蔽光電閘光路。
   (2) 參考儀器 5，利用「功能 6－通過物體截面時間之偵測」來測定薄板的截面通過時間。
   (3) 測定薄板垂直方向的長度 l。
   (4) 測定下落起點與光電閘之間的距離 h。
   (5) 按[起動]後放開薄板使薄板自由落下，結束後按下[1]鍵顯示所測得的截面通過時間Δt，並加以記錄。注意下落途中勿使薄板旋轉或碰觸到其他物品，以免影響測量。
   (6) [歸零]後重覆 3～20 次步驟(5)，求得加速度實驗值的平均、標準差、相對誤差。
   (7) 改變下落起點與光電閘之間的距離 h 重覆步驟(4)～(6)，測得不同的 h 所對應的 g_{ex1} 值。

3. 利用鋼珠、宇全光電計時器、電磁鐵及一道光電閘(初速為零)
   (1) 將光電閘固定於支架的適當位置(務必通過鉛垂線)，將光電閘連接在計時器背面的連接口。

(2) 以鐵皮尺測定光電閘相對於電磁鐵的距離 h(從電磁鐵下方起算)。

(3) 打開光電計時器電源,並選擇「功能 4－初速為零的測量」開關。

(4) 打開電磁鐵開關於 ON,按下[歸零]鈕將鐵球吸附於電磁鐵。

(5) 時基選擇開關調為最小刻度,並按下[歸零]鍵。

(6) 按下[起動]鈕(即是關掉電磁鐵開關),則鐵球落下,計時器開始計時,當鐵球通過光電閘時,計時器停止計時,計時器面板顯示鐵球落下至「停止計時」光電閘的時間 t_1。

(7) 重覆步驟(3)～(6)共 3～20 次,記錄鐵球下落距離 h 所需時差 t_1。

(8) 利用 $g_{ex3} = 2h/t^2$ 算出 g 值,求得加速度實驗值的平均、標準差及平均標準差。

(9) 改變光電閘的位置,重覆步驟 2.～7.,得不同的距離 h 所對應的數據。

4. 利用 Smart Timer 及配件 ME-9207B 球(初速為零)

參考說明書 34 頁的方式,將配件 ME-9207B 連至 channel 1 或 2,球夾在上方的 ball release mechanism 選用 Stopwatch 模式後,按[3]開始,球落下後擊中下方之 receptor pod,顯示下落時間;利用 $g = 2h/t^2$ 算出 g 值.

5. 利用 Smart Timer、三重標桿及一道光電閘

參考 ACCEL－One gate 的說明,取壓克力製三重標桿(Smart Timer Picket Fence),將一道光電閘接於主機上。使三重標桿落下時通過光路,則主機自動將時距換算成加速度。

五、數據解析

1. 測出時距後,計算每個時距所對應之重力加速度。

2. 先將重力加速度的平均值 $\bar{g}$ 及標準差 σ_g 求出,算出變異係數 $\sigma_g/\bar{g}$,寫在自備之實驗記錄簿上。

3. 若變異係數大於 5%,逐個刪掉最遠離平均值 $\bar{g}$ 的數據,在刪去的數據旁作記號。

4. 重覆步驟 2.～3.數次,儘可能使變異係數小於 5%。

5. 將最後剩下數據的平均值及標準差填在實驗報告的表格中。

六、問題

1. 鉛垂線(鋼珠下落之軌跡)若不做調整，實驗中可能產生哪些現象？

2. 你覺得相同物理條件下所作的數據卻不盡相同是合理的嗎？如果不能避免誤差的產生，如何改善數據的計算，得出合理的最大、最小容許值？

3. 落差大小或下落物體的不同等條件對重力加速度 g 值的測定有影響嗎？請解釋你個人之實驗數據所顯示之結果。

4. 依實驗數據，說明各種測量法求重力加速度的結果，其系統誤差分別為多少？何者有較接近公認值的結果？

5. $1kg$ 的鐵與 $1kg$ 的空氣，在測定時其重量有何差異？

七、參考資料

有關空氣阻力的計算，可參考 Fundamental University Physics，2nd ed.，M.Alonso and E.J.Finn，歐亞版 p.157，§7.9.設有一物體在運動時受到阻力，且阻力大小與速度成正比 $f = -bv$，計算其運動狀況：

以空氣中半徑為 r 的球體為例，$b = 6\pi r\eta$，空氣的黏滯係數(viscosity)為

$$\eta = 1.81 \times 10^{-5} \text{ Pa} \cdot \text{s}.$$

由 Newton 第二運動定律，加速度正比於重力減去阻力。因此

$$ma = mg - bv \quad\text{..(4.2-12)}$$

各項除以 b

$$\frac{m}{b}a = \frac{m}{b}\frac{dv}{dt} = \frac{m}{b}g - v$$

移項得

$$\frac{\mathrm{d}v}{v - \frac{m}{b}g} = -\frac{b}{m}\mathrm{d}t$$

設初速 $v(0) = v_0$，兩邊積分

$$\int_{v_0}^{v} \frac{\mathrm{d}v}{v - \frac{b}{m}g} = -\frac{b}{m}\int_0^t \mathrm{d}t$$

積分得

$$\left[\ln\frac{mv - gb}{mv_0 - gb}\right] = -\frac{b}{m}t$$

其中 $\ln = \log_e \approx \log_{2.71828}$ 為自然對數，對數與指數互為反運算，所以

$$\frac{mv - gb}{mv_0 - gb} = e^{-\frac{b}{m}t}$$

整理後得

$$v(t) = \frac{mg}{b} - (\frac{mg}{b} - v_0)e^{-bt/m} \dotfill (4.2\text{-}13)$$

當初速為零時，上式可以化簡為

$$v(t) = \frac{mg}{b}(1 - e^{-bt/m}) \dotfill (4.2\text{-}14)$$

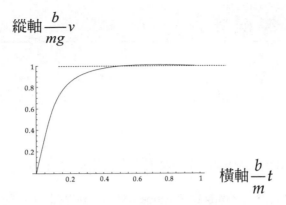

縱軸 $\dfrac{b}{mg}v$

橫軸 $\dfrac{b}{m}t$

圖 4.2-3　有阻力的自由落體，速度與時間的關係

當時間趨於無窮 $t >> m/b$ 時，速度趨於 $v_L = \dfrac{mg}{b}$ ，稱之為終端速度(terminal velocity)。

若在起點 $s = 0$ 時初速為 $v = 0$ ，

$$s(t) = \int_0^t \frac{mg}{b}(1 - e^{-bt/m})\,\mathrm{d}t = -\frac{m^2 g}{b^2} + \frac{mg}{b}t + \frac{m^2 g}{b^2}e^{-bt/m} \ 。$$

當 $t \le m/b$ 時間比較短時。因為 $e^{-x} \approx 1 - x + x^2 - x^3 + ...$ ，上式可以近似為

$$s(t) \approx \frac{g}{2}t^2 - \frac{bg}{6m}t^3 \ \text{...(4.2-15)}$$

解得空氣阻力係數為

$$b \approx \frac{6ms}{gt^3} - \frac{3m}{t} \ \text{...(4.2-16)}$$

利用該式，可以試著用來測定緩慢運動時的空氣阻力，或是黏稠液體中的阻力係數。

實驗 4.3　摩擦係數

預習習題

1.　靜摩擦力(static frictional force)的方向及大小與外力的水平分力有何關係？

2.　參考 p.117，Ch6，Fundamentals of Physics，Halliday 7ed 等普通物理課本，描述兩種摩擦係數(frictional coefficients)所對應的條件，以及兩者大小有何一般性的關係。

3.　有一 25.0 kg 之方塊置於平面上，其間的靜摩擦係數(coefficient of static friction)為 0.220，求最大靜摩擦力(maximum of static frictional force)。

4.　摩擦係數的單位為何？

5.　摩擦力與接觸面積的大小有何關係？

6.　動摩擦力與移動速度有何關係？

一、目的

藉此實驗瞭解摩擦力及摩擦係數的物理意義及操作測量方法。

二、原理

1.　靜摩擦係數：當物體置於斜面上，若靜摩擦力抵消下滑力，則物體仍停留在斜面上無法滑動，當加大斜角，使下滑力增加到物體恰可滑動時，此時 $f_s = mg\sin\theta = \mu_s mg\cos\theta$ (最大靜摩擦力等於下滑力)得 $\mu_s = \tan\theta$，其中 θ 稱為休止角(angle of repose)。

$$\therefore \mu_s = \tan\theta \text{...(4.3-1)}$$

2. 動摩擦係數：調整升降臺高度，使斜角 α 超過休止角 θ，物體將會下滑，下滑力 $mg\sin\alpha$ 大於最大靜摩擦力 $f_s = \mu_s mg\cos\theta$，而且有明顯的加速度 a 向下滑行，根據牛頓第二運動定律，$F=ma=mg\sin\alpha-\mu_k mg\cos\alpha$（合力為下滑力與動摩擦力之差）得

$$\mu_k = \frac{g\sin\alpha - a}{g\cos\alpha}$$ ....(4.3-2)

經測量得斜角 α、滑行加速度 a 即可求得滑行時之動摩擦係數 μ_k 之實驗值。

三、儀器

斜面(寬 15 cm、長大於 50 cm、厚 1.5 cm 任意木質材料均可)、木塊(小於斜面的任意大小)、支架、砝碼、長尺、光電計時器、光電閘。

四、步驟

1. **靜摩擦係數測定：**
   (1) 測量並記錄斜面的長度 l。
   (2) 如圖 4.3-1 所示，使用斜面的白色板面，將木塊放置在斜面上，藉由面板旁的刻度尺，記錄木塊啓始位置。斜面由水平位置緩慢增加角度(可利用手動，或架在伸降臺上移動，比較哪種方法誤差較小。)，直至物體即將下滑。測量並記錄此時斜面的高度 h。

圖 4.3-1 靜態摩擦係數

(3) 重覆步驟 2 共 5 次(木塊需放在同一啓始位置)。利用 l 和 h 算出休止角θ並求平均值。

(4) 用膠帶黏貼適量砝碼於木塊上,增加物體的重量。重覆步驟 2-3。

(5) 利用休止角度求出靜摩擦係數 μ_S。計算 μ_S 平均值,標準差及百分誤差 (請注意有效數字) 。

2. **動摩擦係數測定:**

(1) 如圖 4.3-2 所示,利用伸降台架設斜面,調整斜板角度,確定明顯大於休止角,使物體有明顯之加速度下滑。記錄斜面高度 h。

(2) 將兩個光電閘放置適當位置,接近斜面頂端者爲「感應啓動」光電閘,而另一個則爲「停止計時」光電閘。連接光電閘在計時器背面的連介面,連介面的順序爲「感應啓動」的光電閘需位於「停止計時」之光電閘前。並調整光電閘窗口垂直斜面。

(3) 放置木塊在適當位置,記錄木塊啓始位置。分別測量物體起點至「感應啓動」、「停止計時」兩光電閘距離 S_1、S_2。

(4) 打開計時器電源,選擇計時器功能爲 "感應啓動"。

(5) 時基選擇開關調爲最小刻度 0.00001 秒並按下歸零鍵。

(6) 按下啓動鈕,放開木塊,當木塊通過兩個光電閘後,面板將顯示時差距 t。記錄時距 t。

(7) 重覆步驟(4)(6)共 10 次(木塊需放在同一啓始位置)。

(8) 用膠帶黏貼適量砝碼於木塊上，增加物體的重量。重覆步驟(3)(7)。

(9) 計算得加速度實驗值 a，再推算得動摩擦係數 μ_k。並求平均值、標準差及百分誤差 (請注意有效數字) 。

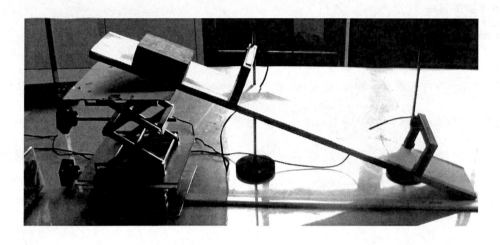

圖 4.3-2 動態摩擦係數

五、問題

1. 在此實驗中動摩擦係數與靜摩擦係數何者測量有較高的準確度和精密度？為什麼？有何方法可以提高實驗準確度？

2. 休止角之求取為何差異性很大？你覺得較合理解釋有哪些？

3. 摩擦係數有否限制必小於 1？請說明。

4. 推導證明初速不為零測量中 $a = (\sqrt{2S_2} - \sqrt{2S_1})^2 / (t_2 - t_1)^2$，其中 t_1、t_2 分別為起點至 S_1、S_2 的位置所需時間，即 $t = t_2 - t_1$。

5. 動摩擦實驗中，如果斜角 α 與休止角 θ 相近，實驗會有哪些問題？

6. $\mu_s = \tan\theta$，那麼改換不同物體進行實驗，μ_s 仍維持一樣嗎？ 為什麼？

7. 如何不用光電計時器或任何測量時間的工具，就能在可調節角度的斜面上測出動摩擦係數？

實驗 4.4　轉動慣量

預習習題

1.　轉動現象的方程式中，對應 Newton 第二運動定律的線性運動方程式 $\vec{F} = m\vec{a}$ 者為何？

2.　圓板的半徑 0.095 m，厚度 0.003 m，質量 3.565 kg，則沿軸心的轉動慣量為何？

3.　圓盤的質量 4.00 kg，半徑 0.125 m，其輪軸半徑為 0.045 m，輪軸上繞有一細繩張力為 5.65 N，繩的末端掛一重物，求細繩施於輪軸上的力矩？若重物的加速度為 0.65 m/s^2，車輪的角加速度為何？

一、目的

測定規則物體繞固定軸旋轉時的轉動慣量，並與計算所得的理論值比較。

二、原理

轉動慣量(rotational inertia)即慣性矩(moment of inertia)。由鉛垂落體產生一固定的力矩來轉動物體時，假定落體與旋轉臺的系統能量守恆，則由此守恆方程式可以測定物轉動慣量。當力矩與角加速度同向時(通常是力矩作用在物體的對稱軸上時)，$\vec{\tau} = I\vec{\alpha}$，比例常數 I 即為系統的轉動慣量，此處將以較簡單的方法推出各物理量之間的關係。

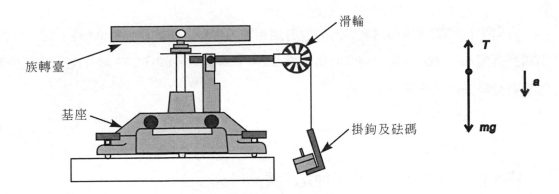

圖 4.4-1　旋轉臺與鉛直下降的物體連成的系統

考慮圖 4.4-1 的系統，旋轉臺 A 可以自由的繞軸旋轉。質量 m 的物體以細線掛在滑輪上，細線纏繞旋轉臺軸上半徑為 r 的輪。m 往下掉時能對軸作用一力矩 τ 使旋轉臺轉。

$$mg - T = ma$$

$$T = m(g - a) \quad\dotfill\quad (4.4\text{-}1)$$

類似於 Newton 第二運動定律的線性運動，力矩與角加速度 α 成正比

$$\tau = I\alpha \quad\dotfill\quad (4.4\text{-}2)$$

式中的比例常數 I 是旋轉台對軸的轉動慣量，

$$I = \frac{\tau}{\alpha} \quad\dotfill\quad (4.4\text{-}3)$$

張力 T 對於半徑為 r 的軸所施的力矩大小為

$$\iota = rT \quad\dotfill\quad (4.4\text{-}4)$$

方向平行轉軸，角加速度的方向與力矩相同，由於下墜物體移動 Δx 時，邊緣也轉動相同的長度 $\Delta x = r\Delta\theta$，所以轉動的角度為 $\Delta\theta = \Delta x / r$，對時間作二次微分後，可得下墜加速度與旋轉臺角加速度的關係為

$$\alpha = a / r \quad\text{...(4.4-5)}$$

將(4.4-1),(4.4-4),(4.4-5)代入(4.4-3)式，得

$$I = \frac{mr^2}{a}(g-a) \quad\text{...(4.4-6)}$$

所以測量 m，r，與 a 就可計算得空旋轉臺或是旋轉臺載物時的轉動慣量 $I = I_\mathrm{A}$，本實驗對於摩擦力作一修正項 m_f，所以(4.4-6)式中以有效的加速質量代入後變為

$$I_\mathrm{A} = \frac{(m-m_\mathrm{f})r^2}{a}(g-a) \quad\text{...(4.4-7)}$$

在有系統的測量下，可以在圖形上讀出或用最小方差擬合法算出轉動慣量值。考慮摩擦力的存在，(4.4-3)式可修正為

$$I = \frac{\tau - \tau_\mathrm{f}}{\alpha} \quad\text{...(4.4-8)}$$

即

$$\tau = I\alpha + \tau_\mathrm{f} \quad\text{..(4.4-9)}$$

以 $I = \dfrac{\tau - \tau_\mathrm{f}}{\alpha}$ 為橫軸，$\alpha = a / r$ 為橫軸，則圖形的斜率為 I，縱軸的截距為 τ_f。

對於剛體中任何一個微小體積 $\mathrm{d}V$，對應的密度為 μ，則對應的微小質量為 $\mathrm{d}m = \mu\,\mathrm{d}V$，其對轉動慣量的貢獻為 $\mathrm{d}I = r^2\mathrm{d}m = r^2\mu\,\mathrm{d}V$，其整體的轉動慣量 I 即為將所有體積的累積後的

和。若旋轉軸為 z 軸，對軸的半徑為 $r^2=x^2+y^2$，對於均質且形狀簡單的物體，利用初等積分的方法，即可計算其質量與轉動慣量的關係。

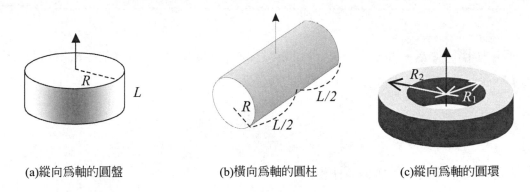

(a)縱向為軸的圓盤　　　(b)橫向為軸的圓柱　　　(c)縱向為軸的圓環

圖 4.4-2　實驗中所用的旋轉體

$$M = \iiint\limits_V \mathrm{d}\, m = \iiint\limits_V \mu\, \mathrm{d}\, V = \iiint\limits_V \mu\, \mathrm{d}x\, \mathrm{d}y\, \mathrm{d}z$$

$$I_z = \iiint\limits_V (x^2 + y^2)\, \mu\, \mathrm{d}x\, \mathrm{d}y\, \mathrm{d}z\,.$$

對於密度均勻的物體，

$$M = \mu \iiint\limits_V \mu\, \mathrm{d}x\, \mathrm{d}y\, \mathrm{d}z = \mu V$$

$$I_z = \mu \iiint\limits_V (x^2 + y^2)\mathrm{d}x\mathrm{d}y\mathrm{d}z$$

圓盤或圓柱以圓心為軸，半徑為 R，厚度為 L，則體積為 $V=\pi R^2 L$，密度 $\mu = M/V = M/\pi R^2 L$，轉動慣量為

$$I_z = \mu \int_{-L/2}^{L/2} \int_{-R}^{R} \int_{-\sqrt{R^2 - y^2}}^{\sqrt{R^2\ y^2}} (x^2 + y^2)\mathrm{d}x\mathrm{d}y\mathrm{d}z = \frac{\pi R^4 L \mu}{2} = \frac{MR^2}{2} \quad \text{.......................(4.4-10)}$$

將圓柱橫放，軸通過重心，總質量與密度的關係同上，但是轉動慣量變為

$$I_z = \mu \int_{-R}^{R} \int_{-\sqrt{R^2-z^2}}^{\sqrt{R^2-z^2}} \int_{-L/2}^{L/2} (x^2 + y^2) \mathrm{d}x\mathrm{d}y\mathrm{d}z = \mu\left(\frac{1}{12}\pi R^2 L^3 + \frac{1}{4}\pi R^4 L\right) = \frac{1}{12}ML^2 + \frac{1}{4}MR^2$$

....(4.4-11)

圓環內半徑為 R_1，外半徑為 R_2，如同半徑為 R_2 的圓柱減去半徑 為 R_1 的圓柱，總體積為 $V = \pi R_2^2 L - \pi R_1^2 L$，所以密度與質量的關係為

$$\mu = \frac{M}{\pi(R_2^2 L - R_1^2 L)L} ,$$

轉動慣量亦為相同密度的兩個圓柱相減，

$$I_z = \frac{\pi R_2^4 L\mu}{2} - \frac{\pi R_1^4 L\mu}{2} = \frac{M(R_1^2 + R_2^2)}{2}$$ ....(4.4-12)

矩形物體長 L 寬 W 厚 H，密度 $\mu = M/LWH$，沿長方形面的中心為軸旋轉，則轉動慣量為

$$I_z = \mu \int_{-H/2}^{H/2} \int_{-W/2}^{W/2} \int_{-L/2}^{L/2} (x^2 + y^2) \mathrm{d}x\mathrm{d}y\mathrm{d}z = \mu\left(\frac{L^3 WH}{12} + \frac{LW^3 H}{12}\right) = M\left(\frac{L^2}{12} + \frac{W^2}{12}\right)$$ ....(4.4-13)

一般複雜形狀的物體，如旋轉臺很難由理論計算求得其轉動慣量。是故，若以規則形狀的物體進行實驗，俾能利於實驗值與理論值相互印證。假設在圖 4.4-1 的系統中加上一規則形狀的物體 B，並將其重心置於軸上時的轉動慣量為 I_B，則此系統對軸的總轉動慣量為 $I_A + I_B$。因此

(物體 B 的轉動慣量 I_B) = (總轉動慣量 I_{A+B}) − (旋轉臺 A 的轉動慣量 I_A)

三、儀器

　　轉動慣量旋轉台、支座及支架、Pasco Smart Pulley 或滑輪組、細線、掛鉤、10 g，20 g，50 g，100 g，200 g 砝碼組、Pasco Smart Timer 或宇全光電計時器、光電閘、待測物(金屬圓環、金屬棒、金屬圓柱、固定用螺絲)、游標尺、電子天秤、天秤(測 1 g 以下)。

四、步驟

注意事項

1. 取重物時慎防重物落下，注意不要傷到腳。
2. 掛鉤下墜距離不要超過 1m。
3. 旋轉臺正在轉動時，不要用手去觸碰，尤其周圍的部份速度較快，接觸時手容易被打傷。

1. 製光電計時器測定掛鉤下墜時，可利用自由落體實驗中測量時間差(time of flight)以計算重力加速度的要領，選用光電計時器「初速不為零」的功能。注意調整兩道光電閘的位置，使掛鉤下墜時能確實橫斷光電閘的光路。也可以利用速率的平方差原理，選用光電計時器「截面通過時間」的功能。

　　＊使用 Pasco Smart Timer 時，參考圖 4.4-1 放置旋轉臺，固定專用滑輪於桌面之外，使懸掛其上的掛鉤能夠鉛直降落到地面。將光電閘架於滑輪旁，使光路通過滑輪上的格子。

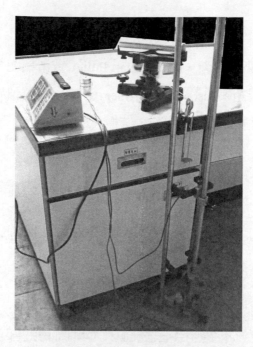

圖 4.4-2 以臺製光電計時器測轉動慣量時的裝置

2. 用游標尺測量旋轉臺繞線腰部的直徑 $2r$，並測量各種規則待測物的質量與尺寸，如外徑、內徑、長度等，以求出其轉動慣量理論值。

    ＊摩擦力的測定**(使用台製光電計時器者，測定省略，觀察現象即可)**

3. 推動旋轉臺，使旋轉臺緩慢旋轉，並觀察無外力作用時旋轉臺轉速變慢的情形。

4. 取 1～2 m 長的細線，一端繞過滑輪繞在旋轉臺腰部，一端掛 5 g 以下小紙張等輕物。

5. 使用台製光電計時器，要測定輕物下墜時速率的變化，可使用「功能 6－截面通過時間的測定」。

    ＊使用 Smart Timer 時，**使旋轉臺緩慢旋轉，以 Speed: Pulley(rev/s)的功能測定滑輪的轉速，並調整輕物的質量，使輕物下墜時旋轉臺及滑輪恰能持續以等速旋轉。**

6. 記錄此一「摩擦質量」m_f。

7. 在旋轉臺上加上圓盤、圓環或圓柱等各種載重，分別重覆步驟 3.～6.。

加速度的測定

8.　取 1～2 m 長的細線，一端繞過滑輪繞在旋轉臺腰部，一端則繫上掛鉤。

9.　加上 0～50 g 的質量在掛鉤上，記錄其總質量。

10.　時間差法須測定起點距兩道光電閘間各別的距離 s_1，s_2，測定掛鉤通過兩道光電閘之間的時間差，並換算爲加速度 $2(\sqrt{s_2} - \sqrt{s_1})^2 / (\Delta t)^2$。

　　＊使用 Smart Timer 者，選取 Accel：Linear Pulley 功能，使掛鉤自由下降，待下降總高度的 1/3 左右，按[3]鍵開始測定。

11.　增減砝碼以變更不同的 m 值，重覆步驟 8.～10.共 10 次。

12.　取不同待測物，置待測物在旋轉臺，重覆步驟 8.～11.。測橫放的圓柱時要以螺絲固定。

五、分析

1.　以力矩爲縱軸，角加速度爲橫軸，在方格紙中作圖讀取斜率及截距，或在電算機中以最小方差擬合法計算斜率及截距。計算旋轉臺的轉動慣量。

2.　計算旋轉臺加上載重物的轉動慣量，再求被載物品各自的轉動慣量。

3.　比較實驗值與理論值，計算百分誤差。你的實驗結果準確度如何？

六、問題

1.　求摩擦力可用那些方法？試例舉之並略述其內容？

2.　如果尼龍繩在輪軸上滑動，對本實驗將產生何種影響？

3.　在本實驗的摩擦力修正中，有無其他未被考慮的阻力？

實驗 4.5　單擺

一、目的

研究單擺的運動。

二、原理

1. 單擺的簡諧運動：如圖 4.5-1，單擺擺線長 L，懸掛物體與鉛直位置成 θ 角，則有二個力作用於物體上，一個是擺線上的力，另一個為重力。重力 $\vec{\mathbf{F}} = m\vec{\mathbf{g}}$，則可分解成 F_θ 與 F_r 兩個分量。F_r 和線張力平衡，所以不能使物體加速。

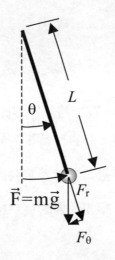

圖 4.5-1 單擺之力圖

由力的合成圖知 $F_\theta = -mg\sin\theta$，負號代表其為恢復力，此處因為 θ 很小($\theta < 20°$)

$$\sin\theta \approx \tan\theta \approx \theta \quad\text{..(4.5-1)}$$

所以

$$F_\theta = -mg\tan\theta \approx -mg\theta \quad\text{..............................(4.5-2)}$$

轉動慣量為 $I = mL^2$，考慮旋轉體的 Newton 第二運動定律，力矩與角加速度的關係

$$LF_\theta = I\alpha = mL^2 \frac{\mathrm{d}^2\theta}{\mathrm{d}t^2}$$

$$F_\theta = mL \frac{\mathrm{d}^2\theta}{\mathrm{d}t^2} \quad\text{...(4.5-3)}$$

由(2)及(3)式可得

$$-mg\theta = mL \frac{\mathrm{d}^2\theta}{\mathrm{d}t^2}$$

$$\frac{\mathrm{d}^2\theta}{\mathrm{d}t^2} + \frac{g}{L}\theta = 0$$

$$\frac{\mathrm{d}^2\theta}{\mathrm{d}t^2} + \omega_0^2\theta = 0 \quad\text{..(4.5-4)}$$

其中 $\omega_0^2 = g/L$。上述微分方程式的解代表單擺的位置隨時間變化的函數關係，即 $\theta(t)$。方程式(4.5-4)的解與其週期的表示式

$$\theta(t) = A\sin(\omega_0 t + \phi) \quad\text{..(4.5-5)}$$

$$\omega_0 = \sqrt{\frac{g}{L}} = \frac{2\pi}{T}$$

$$T = 2\pi\sqrt{\frac{L}{g}} \quad\text{...(4.5-6)}$$

所以單擺的週期與單擺長度(注意 L 是從頂點到載掛物的質心之長度)及重力加速度有關，但與質量無關，本實驗將檢驗此週期方程式的正確性。

2. 單擺的大角度擺動：若單擺的擺動角度過大，近似式(1)不再成立，結果也不再類似於簡諧運動。此時微分方程式應改為

$$\frac{\mathrm{d}^2\theta}{\mathrm{d}t^2} + \omega_0^2 \sin\theta = 0 \quad\text{...(4.5-7)}$$

此一微分方程式的解並沒有簡單的表示方式，此處僅抄錄週期與擺動幅度 θ_0 之間的近似關係

$$T \approx 2\pi\sqrt{\frac{L}{g}}\left(1 + \frac{\theta_0^2}{16} + \frac{11\theta_0^4}{3072}\right) \quad\text{...(4.5-8)}$$

週期會隨著振幅逐漸增加，振幅 90° 時週期接近小角度時的 1.2 倍。

三、儀器

單擺支架、白線、球、光電計時器、光電閘、量角器。

四、實驗步驟

1. 單擺的簡諧運動：
   (1) 如圖 4.5-2 裝置，以 V 字型的線將球掛在支架上，確定物體擺動時會通過光電閘口。
   (2) 打開 Smart Timer 或宇全光電計時器電源，選擇計時器功能為 Time: Pendulum；或 Function 5 "計次計時功能"，設定量測的次數，歸零(請參考儀器 05 或儀器 06)。注意宇全光電計時器測得的是半週期或其倍數。
   (3) 將物體往上拉開一個很小的角度(盡可能<<5°)，注意不要撞壞光電閘。啟動計時器，放開物體使其擺動，測量擺動至少 10 次的時間。

圖 4.5-2　單擺實驗架設圖

(4)　測量並記錄物體質量 m、擺長 L、時間 t、及振動次數 n，並計算出週期。

(5)　重覆步驟(2)～(4)，測量 5 次，計算其平均週期 $\overline{T}$ 。

(6)　重覆步驟(1)～(5)，量測 5 種不同長度。

(7)　改變不同的球，重覆步驟(1)～(6)。

(8)　作圖決定重力加速度 g_{ex} 與 g_{st} = 978 cm-s^{-2}(嘉義)或 979 cm-s^{-2}(台北)比較。

2.　單擺的大角度運動：

仿照 1.的步驟，將角度拉大至 10°～45°。

(1)　移走光電閘，將光電計時器當作碼表使用。週期改用目測及手動。

(2)　以相同的擺長，測定振幅較大時，週期變長的情形。

五、問題

1. 解簡諧運動方程式，為何我們假設其解為 $A\sin(\omega_0 t + \phi)$？是否可以假設其解為 $A\cos(\omega_0 t + \phi')$ 或 $A_1 \cos(\omega_0 t) + A_2 \sin(\omega_0 t)$？

2. $\overline{T}^2$ 與 L 作圖，以 $\overline{T}^2$ 為 y 軸，L 為 x 軸，可以得到何種圖形？利用最小方差擬合法，找出最適合的關係式。其斜率代表什麼物理量？

3. 請列舉三種的物理現象具有類似簡諧運動的特性。

4. 在此實驗中，單擺實驗之振幅會隨間漸漸變小，此現象與我們在原理中介紹的簡諧運動方程式(4.5-4)及其解(4.5-5)是否吻合？若不吻合要如何修正方程式 4 使其與觀察的現象吻合？

5. 單擺振動週期是否與其懸掛的質量有關？

6. 如何由實驗決定彈簧或單擺的簡諧運動方程式解(4.5-5)中 A 與 ϕ 兩個參數？

實驗 4.6　角動量守恆

一、目的

觀察陀螺儀上角動量向量的守恆性。

二、原理

自旋 $\bar{\omega}$ 也是一種向量，旋轉體因自旋而具有之角動量(angular momentum)定義爲

$$\bar{L} = I\bar{\omega} \quad\text{..(4.6-1)}$$

在對稱軸上，對應的轉動慣量(moment of inertia 或 angular momentum)分量爲純量 I
若旋轉剛體的質量爲 M，質心位於 $\bar{r} = r\hat{r}$ 處，則重力 $\bar{F} = -mg\hat{z}$ 對剛體所作之力矩爲
$\bar{\tau} = \bar{r} \times \bar{F}$，得

$$\bar{\tau} = \hat{r} \times (-\hat{z})Mgr\sin\theta = \hat{\phi}Mgr\sin\theta \quad\text{...(4.6-2)}$$

$\hat{\phi}$ 是指水平逆時鐘方向(由上往下看時)的單位向量。

又力矩與總角動量的關係爲

$$\bar{\tau} = \frac{d\bar{L}}{dt}$$

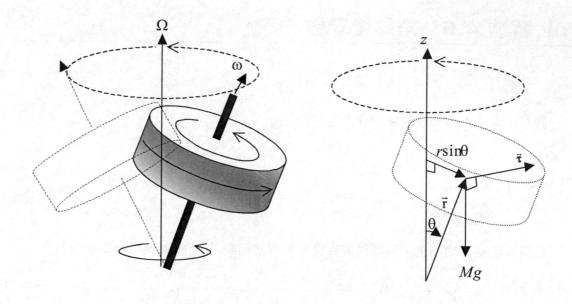

圖 4.6-1 陀螺的自旋、進動、重力所產生之力矩

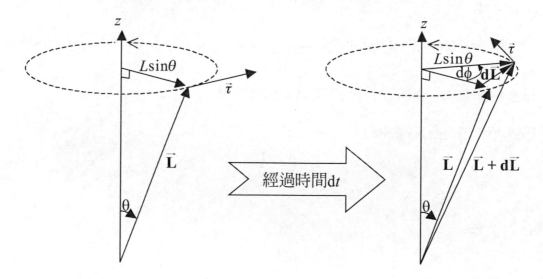

圖 4.6-2 力矩與陀螺角動量的經時變化

在特殊的條件下，陀螺等旋轉體的自旋軸恰以固定的角速度 $\overline{\Omega}$ 作進動(precession)，此時總角動量的變化恰為自旋角動量的變化

$$\overline{\tau} = \frac{d\overline{L}}{dt} = \hat{\phi}\frac{d\phi}{dt}L\sin\theta$$

進動角速度 Ω 的大小為

$$\Omega = \frac{Mgr}{L} = \frac{Mgr}{I\omega}$$

Ω 與傾斜角的大小 θ 無關，但與 L 成反比，即自旋愈快，進動愈慢。

三、儀器

陀螺儀、旋轉椅、粗繩、碼錶。

四、步驟

1. **角動量守恆**
   (1) 員甲坐在旋轉椅上，手推牆壁、桌緣或站立地上不動的組員乙，使旋轉檯開始轉動。在轉動期間，組員進行手臂伸開、雙手抱胸等動作，由所有組員觀察旋轉檯轉速的變化。
   (2) 組員甲站在地上，使陀螺儀高速旋轉，雙手握軸，並使軸改變方向，感覺由陀螺儀而來的反作用力矩。
   (3) 組員甲高速旋轉陀螺儀，使轉軸成水平，傳給坐在靜止旋轉檯上的組員乙，組員乙改變轉軸方向至鉛直，觀察旋轉檯的轉動是否與陀螺儀的自旋方向相反。
   (4) 組員甲高速旋轉陀螺儀，使轉軸成鉛直，傳給坐在靜止旋轉檯上的組員甲，組員甲改變轉軸方向至水平指向甲生的面前，感覺陀螺儀的反作用力矩。
   (5) 組員甲高速旋轉陀螺儀，使轉軸成鉛直，傳給坐在靜止旋轉檯上的組員甲，組員甲改變轉軸方向至水平指向甲生的左右，觀察旋轉檯的旋轉方向。再將陀螺儀轉軸翻轉至左右相反，觀察旋轉檯的旋轉方向。

2. **進動**

(6) 取 1 m 長的粗繩，打結在陀螺儀的一端，避免陀螺儀溜出粗繩。

(7) 高速旋轉陀螺儀，兩手握緊使旋轉軸成水平。

(8) 持穩後，拉緊粗繩，放開陀螺儀的另一把手，觀察 $\theta=90°$ 時陀螺儀旋轉軸的進動。觀察進動方向與重力產生的力矩方向有何關係。

五、參考資料

有以下各書可供使用：

1. D.Halliday & R.Resnick: Fundamentals of Physics，7ed.，ch11～12.

2. M.Alonso & E.J.Finn: Fundamental University Physics，2nd ed.，vol I，p.52，p.282.

3. 李怡嚴：大學物理學第一冊，ch5，東華書局。

4. 余健治、閔振發、蔡尚芳、陳家駒、蔣亨進、褚德三：普通物理 ch7～8，東華書局。

實驗 4.7　Young 氏係數

預習習題

討論測量值的有效位數，並討論哪個測量值上的誤差對於計算結果的誤差影響最大

一、目的

利用百分表或 Ewing 的光槓桿裝置測定金屬棒的 Young 氏係數。

二、原理

Young 氏係數為彈性係數之一，於 1807 年由 Thomas Young 所提出。對於相同截面積 S，長度 1 的材料，從兩端以大小 F 的力壓縮($F<0$ 時為拉長)時，材料的長度變成 $l-\Delta l$。在施力較小時，垂直應力 F/S 與應變 $\Delta l/l$ 成比例(Hooke 定律)，其 Young 氏係數為

$$E = \frac{F/S}{\Delta l/l}$$

E 的 SI 單位為 Pa = N·m^{-2}，恰等於 cgs 單位的 10 dyn·cm^{-2}。事實上，一般材料未必具有等方性，彈性係數必須用張量表示，利用 Hooke 定律寫成 $\tau_{ij} = \sum\limits_{k,l=1}^{3} E_{ijkl}\varepsilon_{kl}$。而等方性的材料，Young 氏係數 E 與切變彈性係數 G，Poisson 比 σ 與體積彈性係數 k 之間的關係為 $E = 2G(1+\sigma)= 3k(1-2\sigma)$。

將均質的棒加以彎曲(bending)，則棒的內側將縮短，而棒的外側將被拉長，其間有一層長度不變，稱為中立層(neutral layer)。若中立層的長度 dx 對於曲率中心所張的角度為 dθ，曲率半徑為 ρ，則從中立層距離 Z 的厚度 dZ 的平行薄層其伸長量為

$$\frac{(\rho + Z)\mathrm{d}\theta - \rho\mathrm{d}\theta}{\rho\mathrm{d}\theta} = \frac{Z}{\rho}$$

表 4.7-1 固體的彈性係數(*Rika Nenpyô*，1995)

物質	E/[10^{10}Pa]	G/[10^{10} Pa]	σ	k /[10^{10} Pa]
軟鐵	21.14	8.16	0.293	16.98
鑄鐵	15.23	6.00	0.27	10.95
鋼鐵	20.1～21.6	7.8～8.4	0.28～0.30	16.5～17.0
SUS304 不鏽鋼(17Cr+15Mn+0.35N)	19.3			
銅	12.98	4.83	0.343	13.78
黃銅(70Cu+30Zn)	10.06	3.73	0.350	11.18
青銅(85.7Cu+7.2Zn+6.4Sn)	8.08	3.43	0.358	9.52
磷青銅(92.5Cu+7Sn+0.5P)	12.0	4.36	0.38	-
柚木(teak)	1.3	-	-	-
鋁	7.03	2.61	0.345	7.55

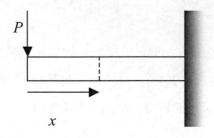 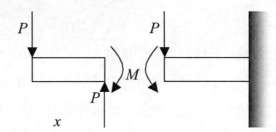

圖 4.7-1 彎矩(曲矩)由 $M = \iint \sigma_x \, \mathrm{d}y\,\mathrm{d}z$ 來定義，σ_x 為 x 方向的應力。圖中棒上有垂直方向的剪力 P 作用，產生的彎矩為 $M = Px$.

若棒的斷面為長方形，寬度為 a，厚度為 b，施於該層的張力 dF 為

$$\mathrm{d}s \frac{EZ}{\rho} a \, \mathrm{d}Z$$

加於此一斷面之彎矩(bending moment)可表示為

$$M = \int_s Z\mathrm{d}F = \int_{-b/2}^{b/2} \frac{EaZ^2}{\rho} \, \mathrm{d}Z = \frac{Eab^3}{12\rho}$$

其次考慮一根一端固定長度為 $l/2$ 的細針，另一端掛上質量 $m/2$，考慮距離固定端 x 處的部份 $\mathrm{d}x$，因為重量的關係下降 $\mathrm{d}e$，則

$$\mathrm{d}e = (\frac{l}{2} - x)\mathrm{d}\theta = (\frac{l}{2} - x)\mathrm{d}x/\rho \dotfill (4.7\text{-}1)$$

由固定端距離 x 處的彎矩為

$$M = \frac{Eab^3}{12\rho} = \frac{mg}{2}(\frac{l}{2} - x) \dotfill (4.7\text{-}2)$$

由(1)及(2)消去 ρ 可得

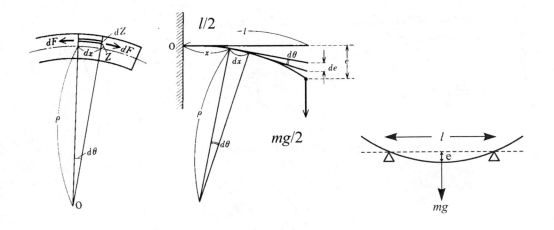

圖 4.7-2　棒的彎曲與針的彎曲

$$\mathrm{d}e = \frac{6mg}{Eab^3} = (\frac{l}{2} - x)^2 \mathrm{d}x$$

$$e = \int_0^{l/2} \frac{6mg}{Eab^3} = (\frac{l}{2} - x)^2 \mathrm{d}x$$

$$e = \frac{mgl^3}{4Eab^3} \dotfill (4.7\text{-}3)$$

參考以上的結果，考慮兩端受支撐而截面爲 $a \times b$ 的四角柱，如下圖，兩支撐點距離 l，正中央掛上 m 的重荷，因對稱性的關係，結果與(4.7-3)式同。

因此 Young 氏係數可表示爲

$$E = \frac{mgl^3}{4ab^3e}$$ ....(4.7-4)

若知道荷重 mg 及彎曲量 e 即可算出 Young 氏係數。

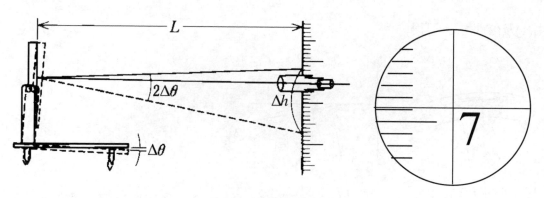

圖 4.7-3 光槓桿與望遠鏡原理

圖 4.7-4 Ewing 光槓桿與望遠鏡裝置望遠鏡及刻度尺置於遠處

1. 光槓桿

測量彎曲量 e 時可利用百分表直接測量。但為了精準，可以利用光槓桿(optical lever)。光槓桿其構造為附三隻角的臺子，其上有一面鏡子。當角柱的中央彎下而使鏡子迴轉 $\Delta\theta$ 時，望遠鏡的十字所對到的刻度變化 Δh 滿足下式

$$L\tan(2\Delta\theta) = \Delta h$$

又因 $\Delta\theta \ll 1$,

$$\Delta\theta \approx \Delta h / 2L$$

若光槓桿前腳與後腳間中點距離 c，則棒中點的彎曲量與迴轉角成比例，

$$e = c\Delta\theta = c\Delta h / 2L \dotfill (4.7\text{-}5)$$

代入(4.7-4)式得

$$E = \frac{mgl^3 L}{2ab^3 c\Delta h} \dotfill (4.7\text{-}6)$$

三、儀器

Ewing 的 Young 氏係數測定架(包括測定臺，鉤盤，槽碼)，待測物(有銅棒，鋼棒與青銅棒)，游標尺，米尺及卷尺；以下擇一：

1. 百分錶組：百分表、固定臺、支桿夾；

2. 光槓桿組: 光槓桿，附米尺的望遠鏡、及望遠鏡座。

圖 4.7-5 百分錶(左)與光槓桿(右)

四、步驟

▌注意事項

1. 懸掛負荷應放置在兩邊刀口間之中點。
2. 棒長與棒厚在計算時被三乘方，須仔細測量。
3. 應防止光槓桿的落下。光槓桿一旦落下，鏡面容易破損，且測量途中的數據無法繼續利用，須從頭測量。

1. 利用百分錶
   (1) 準確測定金屬放置的裝置上兩個刀口間的距離 l，求其平均值。測定材料的寬 a，厚度 b，分別算其平均值，以求得最準確的測量值。因為棒可能不是各處完全均等，必須測定各處的度量，尤其是中央受到彎曲力矩較大的部份，須加以詳細測量。
   (2) 在水平的刀口上放置材料棒，並在待測材料的正中央用掛鉤掛上重量。
   (3) 將百分表架於固定座之支桿夾上，調整適當位置，使百分表頂針頂住掛鉤的固定夾，壓縮頂針約 5 mm。(約合容許壓縮量的一半)。

(4) 讀取百分表的刻度 e_i。將砝碼(20〜200 g，每次取相同的量)逐個加於掛鉤上，並讀取其對應的刻度 e_i。當掛重加到極限，將砝碼逐個取下，並讀取其對應的刻度 e_i。實驗時應儘量小心，避免引起振動，以利測量銅棒的 Young 氏係數較小，可以逐次增減較少的砝碼。

(5) 將 4.的結果整理於表上，算出對應於某個固定質量差 m 的平均彎曲量 e。

(6) 代入 Young 氏係數的關係式[4]，算出 Young 氏係數，並與公認值比較。

(7) 重覆前面 1.〜6.的步驟，測量各種材料的 Young 氏係數。

2. **利用光槓桿**

(8) 測定光槓桿前腳與任一後腳的距離 c_1，兩後腳間的距離 c_2，並換算成前後腳間的垂直距離 $c = \sqrt{c_1^2 + c_2^2 / 4}$ 。

(9) 在水平的刀口上並排材料棒，待測材料置於靠近望遠鏡的前方，並在待測材料的正中央掛上重量。將光槓桿的前腳置於掛重用的臺上，後腳置於後方的棒上，並使鏡子的迴轉軸與棒平行，鏡面大約呈鉛直狀態。

(10) 在鏡子前方約 1.5 m 處放置望遠鏡，調節望遠鏡的焦距，方向及位置，使從望遠鏡中可以清楚看到刻度尺的刻度，並使其合於十字記號上。調節時可先用肉眼透過望遠鏡上的準心，觀察鏡面是否反射出刻度尺，再調節望遠鏡。

(11) 用卷尺測量光槓桿鏡面到刻度尺的距離 L。

(12) 讀取望遠鏡的十字線所對到的刻度。將砝碼(20〜200g，取某個固定值)逐個加於掛鉤上，並讀取其對應的刻度 h。當掛重加到極限，將砝碼逐個取下，並讀取其對應的刻度 h。實驗時應儘量小心，避免引起振動，以利測量。銅棒的 Young 氏係數較小，利用光槓桿測定時，可以逐次增減 20 或 50g 的砝碼。

(13) 將 12.的結果整理於表上，算出對應於某個質量差 m 的平均彎曲量 e。

(14) 代入 Young 氏係數的關係式[4]〜[6]，算出 Young 氏係數，並與公認值比較。

(15) 重覆前面的步驟，測量各種材料的 Young 氏係數。

五、問題

1. 為何各反射鏡面轉動 $\Delta\theta$ 角，則反射光轉動 $2\Delta\theta$?

2. 本實驗產生誤差的可能原因何在？如何改善？

3. 哪個測量值上的誤差對於計算結果的誤差影響最大？試說明原因。

六、參考資料

測量 Young 氏係數，尚有以下幾個方法：

1. 同樣為靜態的方法，但是用兩面鏡子，分別固定於棒的兩端，從刻度尺反射兩次後由望遠鏡讀取刻度。

2. 使材料振動，測量其共鳴頻率。

3. 施加波長極短的彈性波脈衝於材料，測量波的通過時間。

實驗 4.8　簡諧振盪

一、目的

研究物體在彈簧秤和單擺的簡諧運動。

二、原理

1.　彈簧的簡諧運動：由 Hooke 定律知彈簧產生的彈力與其伸長量(或壓縮量)成正比，即 $F = -kx$，F 為彈力或稱恢復力，k 為彈性係數，而 x 為伸長量或壓縮量。方程式中的負號代表彈力的方向與其形變的方向相反。

由 Newton 第二運動定律公式可知：

$$F = ma = m\frac{\mathrm{d}^2 x}{\mathrm{d}t^2} \qquad \text{...(4.8-1)}$$

再配合 Hooke 定律，可以得到

$$F = m\frac{\mathrm{d}^2 x}{\mathrm{d}t^2} = -kx \qquad \text{...(4.8-2)}$$

即

$$m\frac{\mathrm{d}^2 x}{\mathrm{d}t^2} + kx = 0 \qquad \text{...(4.8-3)}$$

　　此微分方程式代表掛於彈簧(假設彈簧重量可忽略)末端質量為 m 的物體受彈力作用的運動方程式。若是可以找到方程式(4.8-3)的解，即可明白此物體之位置對時間的函數關係，即 $x(t)$。

解微分方程式可利用未定係數代入法(undetermined coefficients)，由於此物體的運動乃屬有週期性的簡諧運動，因此可以假設

$$x(t) = A\sin(\omega t + \phi) \dots\dots\dots\dots\dots\dots\dots\dots\dots\dots\dots\dots\dots\dots\dots\dots (4.8\text{-}4)$$

其中 A 為此簡諧運動振幅，ω 為角頻率，而 ϕ 為起始相位。

$$\frac{\mathrm{d}\,x(t)}{\mathrm{d}t} = A\omega\cos(\omega t + \phi)$$

$$\frac{\mathrm{d}^2\,x(t)}{\mathrm{d}t^2} = -A\omega^2\sin(\omega t + \phi)$$

代入方程式(4.8-3)

$$-mA\omega\sin(\omega t + \phi) + kA\sin(\omega t + \phi) = 0 \dots\dots\dots\dots\dots\dots\dots\dots (4.8\text{-}5)$$

所以由方程式(4.8-5)知

$$-mA\omega^2 + kA = 0$$

其中 $A \neq 0$

$$\therefore m\omega^2 = k$$

$$\therefore \omega^2 = \frac{k}{m} \dots\dots\dots\dots\dots\dots\dots\dots\dots\dots\dots\dots\dots\dots\dots\dots\dots (4.8\text{-}6)$$

而由方程式(4.8-4)知 ω 可表示為

$$\omega = \frac{2\pi}{T} \dots\dots\dots\dots\dots\dots\dots\dots\dots\dots\dots\dots\dots\dots\dots\dots\dots\dots (4.8\text{-}7)$$

由方程式(4.8-6)與(4.8-7)得

$$\omega = \sqrt{\frac{k}{m}} = \frac{2\pi}{T} \quad\text{..(4.8-8)}$$

因此

$$T = 2\pi\sqrt{\frac{m}{k}} \quad\text{..(4.8-9)}$$

三、儀器

彈簧支架、彈簧、砝碼掛鉤、砝碼、碼錶。(本實驗並不適合使用光電閘)

四、步驟

(一) 彈簧的靜態彈性係數(static spring constant)

1. 量測 k_s(靜態彈性係數)：在彈簧下掛適量的砝碼(要在彈性限度內)。待平衡，測量伸長量 x 及砝碼掛鉤和砝碼的重量 mg。

2. 改變質量，重覆步驟 1，並由 $\bar{F} = -k\bar{x}$ 對數據作擬合，決定 k_s。

(二) 彈簧的動態彈性係數(dynamic spring constant)

1. 置適當砝碼於砝碼掛鉤上。將物體下移 1～2 公分，以肉眼及碼錶測振動 10 次的週期，再換算出週期長度。

2. 記錄時間，振動次數 n，及計算出週期 T。

3. 重覆步驟 1～2，量測 3 次以上，計算其平均週期 $\bar{T}$。

4. 重覆步驟 2～7，量測 3 種以上不同質量。

5. 測量彈簧的質量 m_s。

6. 換另一條彈簧，重複步驟 3～8。

7. 利用 $T = 2\pi\sqrt{\dfrac{m}{k}}$ 作圖決定動態彈性係數 k_d，並與步驟 1 所得到的 k_s 值比較。若懸掛的砝碼太輕，可以用 $T = 2\pi\sqrt{\dfrac{m + (m_s/3)}{k}}$ 來修正。

五、問題

1. 在原理部份解彈簧得的簡諧運動方程式，為何我們假設其解為 $A\sin(\omega t + \phi)$？是否可以假設其解為 $A\cos(\omega t + \varphi)$？

2. 步驟(一)2.的結果，F 對 x 作圖，以 F 為縱軸，x 為橫軸，可以得到什麼圖形？其斜率代表什麼物理量？

3. 在此實驗中，彈簧之振幅會隨間漸漸變小，此現象與我們在原理中介紹的簡諧運動方程式及其解是否吻合？若不吻合要如何修正方程式使其與觀察的現象吻合？

4. 如何由實驗決定彈簧的簡諧運動方程式解中 A 與 ϕ 兩個參數？

實驗 4.9　弦振盪

預習習題

1. 在振盪的弦上，始終不作位移的點稱為何？位移為極大值的點稱為何？

2. 何種情形下弦上會產生駐波(standing wave)，並看到 1.的現象？波長與弦長的關係為何？

3. 弦長 L 的弦上形成的駐波，波長λ有何條件？波長λ最長可達多長？

4. 當振動的頻率為 f =120 Hz，音叉至滑輪的弦長為 1.20 m，弦上有三個波節，則波在弦上傳遞的速率為何？若線密度為 $\rho = 2.95 \times 10^{-4}$ kg/m，則張力大小為何？

一、目的

研究一振動弦上的駐波(standing wave)，其波速與張力、線密度的關係，並測量弦的振動頻率。

二、原理

1. 駐波的形成：若有二列振幅、頻率及波長都相同的波沿著相反的方向在介質中行進，以正弦波為例，此二個行進波的數學式可分別寫為：

$$y_1 = A_0 \sin(kx - \omega t - \phi_1) \quad\text{...(4.9-1)}$$

$$y_2 = A_0 \sin(kx + \omega t - \phi_2) \quad\text{...(4.9-2)}$$

此處 A_0 為此二波的振幅，$k = 2\pi / \lambda$ 為波數(wave number)，$\omega = 2\pi f$ 為角頻率(angular frequency)，ϕ_1 及 ϕ_2 為起始相位(initial phases)。

當 ϕ_1 及 ϕ_2 相同時，若取 $\phi_1 = \phi_2 = 0$，則依疊加原理(superposition principle)，二波的合成波為

$y = y_1 + y_2$
$= A_0[\sin(kx - \omega t) + \sin(kx + \omega t)]$ ....(4.9-3)
$= 2A_0 \sin(kx)\cos(\omega t)$

式(4.9-3)即為駐波的數學表示式。此駐波並不會向正 x 或負 x 方向行進。在節點(node)以外任一特定點 x，質點皆隨著時間作簡諧運動，且所有的質點都以相同的頻率作振盪，隨著位置 x 的不同，其振幅為:

$A(x) = 2A_0 \sin(kx)$ ....(4.9-4)

當 $kx = n\pi$，$n = 0, \pm1, \pm2, \pm3...$ 時，$A(x) = 0$，$y(x,t)$ 恆為 0，質點不隨時間振盪，永遠靜止，即上述的節點，節點的位置以波長表示即為

$x = 0, \pm \lambda/2, \pm \lambda, \pm 3\lambda/2...$ ....(4.9-5)

當 $kx = \left(n + \frac{1}{2}\right)\pi$，$n = 0, \pm1, \pm2, \pm3...$ 時，$\left|A(x)\right|$ 的大小為極大值 $2A_0$，$y(x,t)$ 的值質點隨時間作最大的振盪，稱為腹點(antinode)。節點的位置以波長表示即為

$x = \pm \lambda/4, \pm 3\lambda/4,...$ ....(4.9-6)

如圖 4.9-1 所示，圖中 N 為節點，A 為波腹。由式(4.9-1)和(4.9-2)可知，二鄰近節點或二鄰近波腹的距離為 $\frac{\lambda}{2}$。

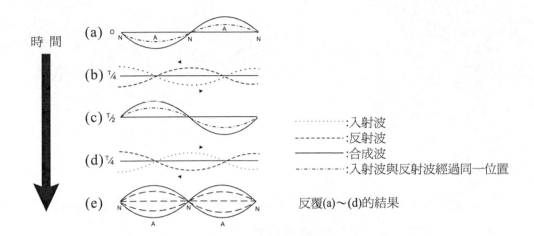

圖 4.9-1 駐波的合成，N 與 A 分別標示節點與腹點

2. 波傳播速率與弦線所受張力的關係：如圖 4.9-2 所示，以一在線上傳播的脈波為例，設 μ 為此線單位長度的質量，v 為脈波傳播的速率。傳播的瞬間可視為弦線上的張力 F 使長為 $\Delta\ell$ 之弦線段的質量做曲率半徑為 R 的曲線運動，其向心力 F_c 為

$$F_c = 2F\sin\theta \approx 2F\theta \quad\text{..(4.9-7)}$$

根據 Newton 第二運動定律，$F_c = ma$，m 是長 $\Delta\ell$ 之弦線段的質量，即 $m = \mu\Delta\ell$，故

$$F_c = \mu\Delta\ell\frac{v^2}{R} \quad\text{..(4.9-8)}$$

由圖 4.9-2 知 $\Delta\ell = R \times 2\theta$，因此

$$2F \cdot \theta \approx \mu \cdot 2R\theta \cdot \frac{v^2}{R} \quad\text{..(4.9-9)}$$

化簡後可得曲線運動的切線速率，即脈波傳播的速率為

$$v = \sqrt{\frac{F}{\mu}} \quad\text{..(4.9-10)}$$

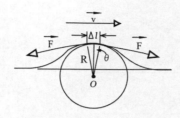

圖 4.9-2 波的傳播速度與弦上張力的關係。

3. 弦振動頻率與張力的關係：如圖 4.9-3，振動的音叉帶動一受張力 mg 的細線而產生波動，若振盪頻率為 f，波的運動速度為 v，則

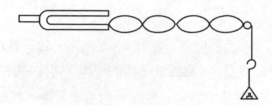

圖 4.9-3 橫放的音叉與弦上的駐波

$v = f\lambda$ ....(4.9-11)

由式(4.9-10)和式(4.9-11)可得知：

$$f\lambda = \sqrt{\frac{F}{\mu}}$$ ....(4.9-12)

$$f = \frac{1}{\lambda}\sqrt{\frac{F}{\mu}}$$ ....(4.9-13)

若弦長或張力適當的話，兩相同而方向相反的波會形成駐波，非常明顯的，此時弦長剛好是半波長的整數倍，即若 n 代表形成駐波的段數，ℓ 代表兩端之間的弦長，則波長 λ 為

$$\lambda = \frac{2\ell}{n}$$ ....(4.9-14)

式(4.9-13)入式(4.9-12)得

$$f = \frac{n}{2\ell}\sqrt{\frac{F}{\mu}}$$ ....(4.9-15)

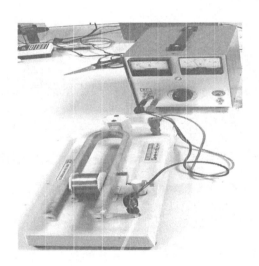

圖 4.9-4　Melde 儀。音叉開口向稱盤時的駐波實驗

三、儀器

Melde 儀(底座及支柱，線圈、音叉、懸臂、秤盤、細線、米尺)、砝碼、直流電源供應器、連接線、砝碼掛盤。

另外實驗室會準備揚聲器(speaker)，可以接上弦線作類似的測量。

■ **注意事項**

音叉振動時振幅不可太大，否則誤差會增加.

四、步驟

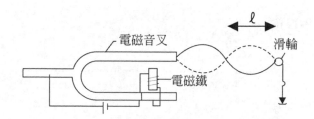

圖 4.9-5 音叉開口向稱盤時的駐波實驗

1. 取細線在天秤(精度 0.01 g)上稱其質量及利用尺測量全長，求弦的線密度。

2. 儀器裝置如圖 4.9-4、4.9-5 所示。細線一端繫在音叉上，另一端跨過滑輪懸一秤盤。

3. 打開電源開關，通上直流電源，轉動旋鈕使螺絲與音叉持續微微地斷續接觸，使音叉穩定振動。

4. 調整線長或砝碼重，直到線上產生明顯的二段或三段駐波。

5. 測定音叉端繫住細線的位置 x_0，並依序測量各節點的位置 x_1，x_2，…等。

6. 測量此時的砝碼及秤盤重 mg。

7. 計算駐波某兩個節間的線長 $\ell = x_j$，x_i，以及駐波的波長 $\lambda = 2\ell /(j-i)$。

8. 重覆步驟 4、5，得線上產生四段、五段、六段駐波的數據。

9. 根據以上的數據，計算對應的頻率 $f_{//}$。

10. 調整音叉開口方向與細線垂直(如圖 4.9-6 所示)，重覆步驟 4～8。

11. 根據以上的數據，計算對應的頻率 $f_\perp$。

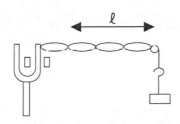

圖 4.9-6　音叉開口垂直稱盤時的駐波實驗

12. 將音叉換上揚聲器，參考 4～9 的步驟設計實驗測量揚聲器頻率。因爲揚聲器的交流電源頻率是可調的，試著調整頻率的大小，並計算頻率的實驗值。

圖 4.9-7　揚聲器與弦振盪

五、問題

1. 比較音叉開口方向分別與細線垂直及與細線平行，其弦波振動頻率 $f_{//}$ 及 $f_\perp$ 有何不同？爲何不同？哪一種才是音叉眞正的振動頻率？

2. 在步驟 7 中，$x_1 - x_0$ 與 $x_2 - x_1$ 的長度有無明顯的不同？若有不同，試討論可能的原因。

3. 試分析此實驗誤差的來源，如何使誤差減至最小？

4. 任選一組數據點，將 F 與 λ 的關係繪在全對數紙上，觀察是否 $F \propto \lambda^2$？

六、參考資料

利用本實驗的原理，可以用一條導線，一個磁鐵，量出交流電的相位頻率。各國的家用交流電的頻率為 50～60 Hz。

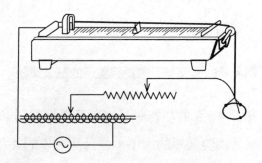

實驗 4.10　鎖鏈的振盪

一、目的

觀察鎖鏈的振盪，並分析頻率與振盪模式的關係。

二、原理

取線密度為 μ 長度為 L 之可彎曲的鎖鏈、纜線或繩，一端固定使其下垂，使其作小幅度的擺動，則鎖鏈上的每一小段都作橫方向的往覆運動，為某一時間與位置的函數 $y = u(x,t)$。若 x 由懸掛點往下計算，則在 x 點上受到的重量為 $W(x) = \mu g \cdot (L - x)$，其 y 分量即為 y 方向的回復力 $F(x) = W \Delta y / \Delta x = W \partial u / \partial x$。將鎖鏈分成許多小段，整條鎖鏈就好像許多個單擺所連成的系統；若考慮 $x \sim x + \mathrm{d}x$ 這一小段的鎖鏈，兩端受到的回復力之差為

$$F(x + \mathrm{d}x) - F(x) = \frac{\partial(W \partial u / \partial x)}{\partial x}\mathrm{d}x \quad\text{.............................(4.10-1)}$$

依 Newton 第二運動定律

$$\frac{\partial^2 u}{\partial t^2}\mathrm{d}m = F(x + \mathrm{d}x) - F(x)$$

$$\frac{\partial^2 u}{\partial t^2}\mu \mathrm{d}x = \mu g \frac{\partial[(L - x)\partial u / \partial x]}{\partial x}\mathrm{d}x$$

$$\frac{\partial^2 u}{\partial t^2} = g \cdot \left[-\frac{\partial u}{\partial x} + (L - x)\frac{\partial^2 u}{\partial x^2} \right] \quad\text{.........................(4.10-2)}$$

在小幅擺動時，每一小段都可視為橫方向的簡諧運動，因此

$$u(x,t) = y_{\mathrm{m}}(x)\cos(\omega t + \delta) \quad\text{.............................(4.10-3)}$$

將 4.10-3 代入 4.10-2，得到以下的微分方程式

$$(L-x)\frac{\mathrm{d}^2 y_{\mathrm{m}}}{\mathrm{d}x^2} - \frac{\mathrm{d}y_{\mathrm{m}}}{\mathrm{d}x} + \frac{\omega^2}{g}y_{\mathrm{m}} = 0 \quad , \quad y_{\mathrm{m}}(0) = 0$$

由該微分方程式的解 $y_{\mathrm{m}}(x)$ 可以看出每一點的振幅 $|y_{\mathrm{m}}(x)|$。不幸的是 $y_{\mathrm{m}}(x)$ 並沒有簡單的表示法，必須用到一個特殊函數

$$y_{\mathrm{m}}(x) = AJ_0\left(2\omega\sqrt{\frac{L-x}{g}}\right) \dots\dots\dots\dots\dots\dots\dots\dots\dots(4.10\text{-}4)$$

其中 A 是任意常數，J_0 稱作第一種第零階 Bessel 函數，其近似值為

$$J_0(z) = 1 - \frac{z^2}{4} + \frac{z^4}{64} - \frac{z^6}{2304} + \dots$$

第一種第零階 Bessel 函數 $J_0(z) = 0$ 有許多的解，由小到大分別為

$z_n = 2.40483, 5.52008, 8.65373, 11.7915, 14.9309, 18.0711, 21.2116, 24.3525, 27.4935,$ $30.6346\dots$

由於懸掛的點是不動的，每一個振動模式的角頻率 ω 受到 $y_{\mathrm{m}}(0) = 0$ 的限制，

$$J_0\left(2\omega\sqrt{L/g}\right) = 0$$

$$2\omega_n\sqrt{L/g} = z_n = 2.40483, 5.52008, 8.65373, 11.7915,\dots\dots\dots\dots\dots(4.10\text{-}5)$$

$$\omega_n = 2z_n\sqrt{g/L} \dots\dots\dots\dots\dots\dots\dots\dots\dots\dots\dots(4.10\text{-}6)$$

除了最低頻的振動頻率外，其他的振動都會產生一個以上的節點，也就是說除了懸掛點以外還有 $y_{\mathrm{m}}(x) = 0$ 的地方。繪製 4.10-4 的圖形可得圖 4.10-1。

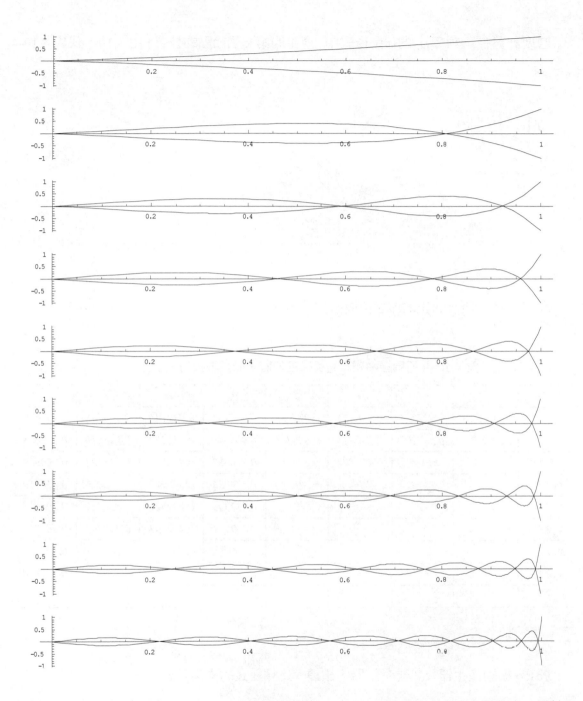

圖 4.10-1 最初的幾種振盪模式，由上而下其頻率為 $\omega_1 \sim \omega_9$。重力的方向在圖上是向右，橫軸表示鉛直方向上的長度 x，以 L 為單位。

　　若要計算在角頻率 ω_n 的振動模式中，產生的第 k 個節點的位置，由 4.10-5 代入 4.10-4 得

$$J_0\left(z_n\sqrt{\frac{L-x}{L}}\right)=0$$

$$z_n\sqrt{\frac{L-x_k}{L}}=z_k$$

$$x_k=\left(1-\frac{z_k^2}{z_n^2}\right)L \dots\dots\dots\dots\dots\dots\dots\dots\dots\dots\dots\dots\dots\dots\dots\dots\dots\dots(4.10\text{-}7)$$

利用 4.10-7 所計算出的節點位置整理於表 4.10-1。

表 4.10-1 不同振動頻率時節點的位置，沿鉛垂方向由下往上。

	ω_2	ω_3	ω_4	ω_5	ω_6	ω_7	ω_8	ω_9
x_1/L	0.810208	0.922774	0.958406	0.974058	0.982291	0.987146	0.990248	0.992349
x_2/L	0	0.593103	0.780844	0.863316	0.906691	0.932276	0.948619	0.959688
x_3/L		0	0.461397	0.664081	0.770682	0.833559	0.873724	0.900929
x_4/L			0	0.376314	0.574236	0.690977	0.76555	0.816059
x_5/L				0	0.317343	0.504521	0.624089	0.705075
x_6/L					0	0.274191	0.449342	0.567975
x_7/L						0	0.241318	0.404767
x_8/L							0	0.215438
x_9/L								0

三、儀器

Pasco 振動產生器及訊號產生器、鎖鏈、比鎖鏈長的支架、量尺。

四、注意事項

Pasco 的振動器上有一 Lock／Unlock 扳手，記得每次要裝上或取下物品時都要固定在 Lock 位置，否則容易扯破振動膜。

五、步驟

1. 將鎖鏈固定在香蕉插銷上。將振動器部份的振動接頭固定(扳手轉至 Lock)，再將香蕉插銷插入振動接頭，之後將扳手轉至 Unlock 鬆開振動接頭。

2. 將振動產生器的振動器部份固定於支架上。

3. 將訊號產生器的兩條接線接到振動產生器上，接上開關，選取正弦波。

4. 由 10 Hz 開始調整訊號輸出的頻率，必要時調節振幅的大小，直到有類似圖 4.10-1 的振動模式產生。

5. 由節點的數目，與圖 4.10-1 比較，決定 ω_n 在圖上的順序。試著量取節點之間的長度關係，是否有類似表 4.10-1 中的關係。

6. 改變振動頻率，重覆步驟 5.，試著調出對應其他角頻率的振動模式。

實驗 4.11　懸掛物的轉動慣量

預習習題

1. 計算長 50cm，百徑 5mm，質量 76.6g 的均勻圓鐵棒以橫方向通過質心為軸時的轉動慣量。

一、目的

將物體以對稱之二條線掛起，由物體沿鉛直線回轉振盪時的週期求出對應該回轉軸的轉動慣量。

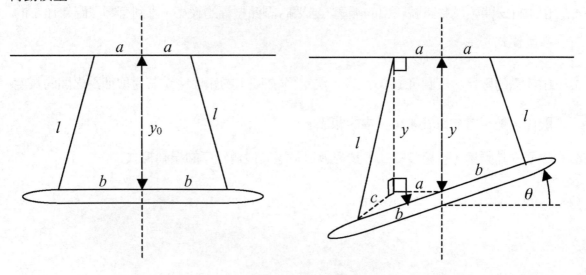

圖 4.11-1　對稱懸掛物的振盪。左圖為平衡靜止時，右圖為水平轉角為 θ 的瞬間。圖中

$$c = \sqrt{a^2 + b^2 - 2ab\cos\theta}$$

二、原理

　　將某一對稱物沿其對稱軸以兩條線懸掛，且懸掛線的位置亦互相對稱，兩線的長度皆為 l，上方懸掛處距軸口 a，旋轉物體懸掛處距軸 b，靜止時質心的高度為 $y_0 = \sqrt{l^2 - (a-b)^2}$ (實際上還差了一個常數，與物體的懸掛方式有關，但不隨時間或旋轉角度變化，在數學式中予以勿略)。此時將懸掛物沿水平方向旋轉小角度 θ，物體的車心被提高至少 $y = \sqrt{l^2 - c^2}$，此時若釋放懸掛物，則懸掛物的車心會上下振動，同時懸掛物有來回擺動的現象。依能量守恆，位能與轉動動能及重心移動動能的和不變，因此

$$\frac{1}{2}I\left(\frac{\mathrm{d}\theta}{\mathrm{d}t}\right)^2 + \frac{1}{2}m\left(\frac{\mathrm{d}y}{\mathrm{d}t}\right)^2 - mgy = E_{\text{total}} \dots\dots\dots(4.11\text{-}1)$$

　　其中 I 為懸掛物的轉動慣量，m 為懸掛物的質量。重心的移動速度不大，重心移動動能較其它兩項要小得多，4.11-1 可省略為

$$\frac{1}{2}I\left(\frac{\mathrm{d}\theta}{\mathrm{d}t}\right)^2 \approx mgy + E_{\text{total}} \dots\dots\dots(4.11\text{-}2)$$

對時間微分得

$$I\frac{\mathrm{d}\theta}{\mathrm{d}t}\frac{\mathrm{d}^2\theta}{\mathrm{d}^2t} = mg\frac{\mathrm{d}y}{\mathrm{d}t} \dots\dots\dots(4.11\text{-}3)$$

由 $y = \sqrt{l^2 - c^2} = \sqrt{l^2 - (a^2 + b^2 - 2ab\cos\theta)}$ 得

$$\frac{\mathrm{d}y}{\mathrm{d}t} = -\frac{ab\sin\theta}{\sqrt{l^2 - (a^2 + b^2 - 2ab\cos\theta)}}\frac{\mathrm{d}\theta}{\mathrm{d}t}, \dots\dots\dots(4.11\text{-}4)$$

振動微小時 $\theta << 1$，$\sin\theta \approx \theta$，$\cos\theta \approx 1$

$$\frac{\mathrm{d}y}{\mathrm{d}t} = -\frac{ab\theta}{\sqrt{l^2 - (a^2 + b^2 - 2ab)}}\frac{\mathrm{d}\theta}{\mathrm{d}t} = -\frac{ab\theta}{y_0}\frac{\mathrm{d}\theta}{\mathrm{d}t} \quad , \quad \dots\dots\dots\dots(4.11\text{-}5)$$

代入 4.11-3 得

$$I\frac{\mathrm{d}\theta}{\mathrm{d}t}\frac{\mathrm{d}^2\theta}{\mathrm{d}t^2} = -\frac{mgab\theta}{y_0}\frac{\mathrm{d}\theta}{\mathrm{d}t} \quad ,$$

$$I\frac{\mathrm{d}^2\theta}{\mathrm{d}t^2} = -\frac{mgab\theta}{y_0} \quad \dots\dots\dots\dots(4.11\text{-}6)$$

此為簡諧運動的模式，其週期為

$$T = 2\pi\sqrt{\frac{Iy_0}{mgab}} \quad \dots\dots\dots\dots(4.11\text{-}7)$$

若在原來的懸掛物下加掛另一物體 m'，其轉動慣量為 I' 則週期變為

$$T = 2\pi\sqrt{\frac{(I + I')y_0}{(m + m')gab}} \quad \dots\dots\dots\dots(4.11\text{-}8)$$

比較 4.11-7 及 4.11-8 可得

$$I = mgabT^2 / 4\pi^2 y_0$$

$$I + I' = (m + m')gabT^2 / 4\pi^2 y_0$$

故加掛物的轉動慣量為

$$I' = \frac{gab}{4\pi y_0}\left[(m + m')T'^2 - mT^2\right] \quad , \quad \dots\dots\dots\dots(4.11\text{-}9)$$

三、儀器

如圖的金屬棒、懸掛金屬棒的架于、線、待測物、碼錶、量尺、游標尺。

四、步驟

由學生設計。對於形狀較簡單的待測物，必須要由幾何形狀推算其轉動慣量。週期的測量以 10 次以上作平均。

實驗 4.12　彈性體振動與 Young 氏係數

一、目的

觀察彈性體的共振現象，並作 Young 氏係數的動態測定。

二、原理

將縱方向上均等的柱狀體彎曲，任意的斷面 P 上有成對的力偶作用，彎矩(或曲矩)的大小為

$$M = \frac{E}{R} \int \upsilon^2 \mathrm{d}s \quad\text{(4.12-1)}$$

其中 E 為 Young 氏係數，R 為中立層被 P 面切過處的曲率半徑，υ 是斷面 P 上某一微小面積 $\mathrm{d}s$ 與中立層間的距離。中立層是指彎曲時長度沒有變化的一層。沿著中立層的曲率為

$$\frac{1}{R} = \frac{-\mathrm{d}^2 y / \mathrm{d}x^2}{\left[1 + (\mathrm{d}y / \mathrm{d}x)^2\right]^{3/2}} \approx -\frac{\mathrm{d}^2 y}{\mathrm{d}x^2} \quad\text{(4.12-2)}$$

斷面的 2 次矩為

$$I = \int \upsilon^2 \mathrm{d}s \quad\text{(4.12-3)}$$

對於寬度 b 厚度 d 的薄片，$I = bd^3 / 12$；對於直徑為 d 的細圓柱，$I = \pi d^4 / 64$。由(1)(2)(3)得

$$M = \frac{EI}{R} = -EI\frac{\mathrm{d}^2 y}{\mathrm{d}x^2} \quad\text{(4.12-4)}$$

若考慮兩個相距 $\mathrm{d}x$ 的兩個面 P、Q，力偶的大小分別為 F、$F+\mathrm{d}F$，彎矩分別為 M、$M+\mathrm{d}M$，由彎矩的平衡

$$M + F\mathrm{d}x = M + \frac{\mathrm{d}M}{\mathrm{d}x}\mathrm{d}x \text{，}$$

$$F = \frac{\mathrm{d}M}{\mathrm{d}x} \dotfill (4.12\text{-}5)$$

在 $\mathrm{d}x$ 上的 Newton 運動方程式為

$$\mathrm{d}F = \mu a \mathrm{d}x \frac{\partial^2 y}{\partial t^2} \text{，}$$

由(4)，(5)式得

$$\mathrm{d}F = \frac{\mathrm{d}}{\mathrm{d}x}\left(\frac{\mathrm{d}M}{\mathrm{d}x}\right)\mathrm{d}x = -\frac{\partial^2}{\partial x^2}\left(EI\frac{\partial^2 y}{\partial x^2}\right)\mathrm{d}x \text{，}$$

$$\frac{\partial^2}{\partial x^2}\left(EI\frac{\partial^2 y}{\partial x^2}\right) + \mu a\frac{\partial^2 y}{\partial t^2} = 0 \dotfill (4.12\text{-}7)$$

E 及 I 為常數，

$$EI\frac{\partial^4 y}{\partial x^4} + \mu a\frac{\partial^2 y}{\partial t^2} = 0 \dotfill (4.12\text{-}8)$$

棒上任一點類似簡諧運動的情形，因此設

$$y = (A\cos\omega t + B\sin\omega t)X \dotfill (4.12\text{-}9)$$

代入(8)式，消去含 t 的項得

$$EI\frac{\mathrm{d}^4 X}{\mathrm{d}x^4} - \omega\mu a X = 0 \text{，} \dotfill (4.12\text{-}10)$$

設 $k^4 = \dfrac{\omega^2 \mu a}{EI}$ 得

$$\frac{\mathrm{d}^4 X}{\mathrm{d}x^4} - k^4 X = 0 \quad\dotfill(4.12\text{-}11)$$

通解爲

$$X = c_1 \cosh kx + c_2 \sinh kx + c_3 \cos kx + c_4 \sin kx \quad\dotfill(4.12\text{-}12)$$

設固定端 $x = 0$，固定端沒有位移及速度，$y = 0$，$\partial y / \partial x = 0$

$$X(0) = 0, \ \left.\frac{\mathrm{d}X}{\mathrm{d}x}\right|_{x=0} = 0 \quad\dotfill(4.12\text{-}13)$$

設自由端 $x = 1$，自由端不受應力及彎矩作用，$EI\partial^2 y / \partial x^2 = 0$，$EI\partial^3 y / \partial x^3 = 0$

$$\left.\frac{\mathrm{d}^2 X}{\mathrm{d}x^2}\right|_{x=l} = 0, \ \left.\frac{\mathrm{d}^3 X}{\mathrm{d}x^3}\right|_{x=l} = 0 \quad\dotfill(4.12\text{-}14)$$

由(13)，(14)整理得

$$\begin{cases} c_1 + c_3 = 0 \\ c_2 + c_4 = 0 \\ c_1 \cosh kl + c_2 \sinh kl - c_3 \cos kl - c_4 \sin kl = 0 \\ c_1 \sinh kl + c_2 \cosh kl + c_3 \sin kl - c_4 \cos kl = 0 \end{cases} \quad\dotfill(4.12\text{-}15)$$

將(15)的前 2 式代入後 2 式，消去 c_2，c_2 得頻率方程式

$$1 + \cosh kl \cos kl = 0 \quad\dotfill(4.12\text{-}16)$$

$$1 + \cosh \alpha \cos \alpha = 0, \ \alpha = kl$$

$$y = 1 + \cosh x \cos x$$

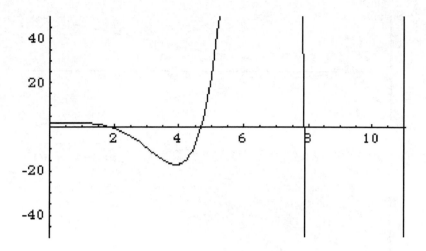

圖 4.12-1 頻率方程式的圖形

頻率方程式的解為

$$k_0 l = \alpha_0 = 1.875 \ , \ k_1 l = \alpha_1 = 4.694 \ , \ k_2 l = \alpha_2 = 7.855 \ , \ \cdots k_n l = \alpha \ 。 \ ....(4.12\text{-}17)$$

利用(17)式代入(10)

$$\omega^2 = \frac{\alpha_n^4 EI}{al^4 \mu} \ ....(4.12\text{-}18)$$

故頻率為

$$f_n = \sqrt{\frac{\alpha_n^4 EI}{4\pi^2 al^4 \mu}} \ ....(4.12\text{-}19)$$

共振頻率之間有某種比例關係，

$$f_0 : f_1 : f_2 : \ldots = \alpha_0^2 : \alpha_1^2 : \alpha_2^2 : \ldots = 1 : 6.25 : 17.5 : \ldots \ ....(4.12\text{-}20)$$

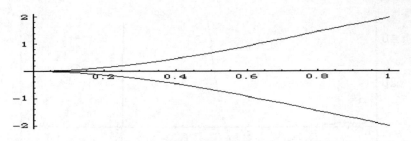

(a) *n*=0，除了固定端外沒有節點。頻率為 $f_0 = \sqrt{EI/(4\pi^2 a l^4 \mu)}$

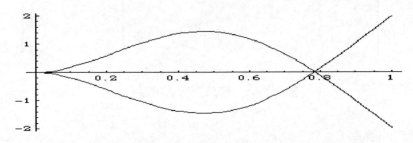

(b) *n*=1，第一個節點在 0.774 處。頻率為 $f_1 = 6.25 f_0$

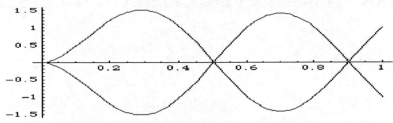

(c) *n*=2，第一個節點在 0.500 處。頻率為 $f_2 = 17.5 f_0$

圖 4.12-2 彎曲振動的前 3 種狀態。

三、儀器

Pasco 振動產生器組(含振動器及訊號產生器)，振動簧片。

四、步驟

由學生設計。

五、參考資料

　　薄片振動與節線的產生，曾經由 Lagrange 的女學生 Sophie Gefmain 研究過。十八世紀末，十九世紀初，巴黎數學界的興趣開始集中在一種極細微的粉末噴灑在彈性物理的表面，研究其振動的情形，同時用一個弓任意彈擊它的邊緣，再注意它的波節線所構成的圖形。此問題在二度空間的理論由於過份龐大，使許多數學家裹足不前，但 Sophie 覺得有挑戰性而著手探索解決的方法。後由導師 Lagrange 審查其論文時加以修正得到微分方程式

$$\frac{\partial^4 z}{\partial x^4} + 2\frac{\partial^4 z}{\partial x^2 \partial y^2} + \frac{\partial^4 z}{\partial y^4} + \frac{\mu}{D}\frac{\partial^2 z}{\partial t^2} = 0$$

　　有關固定中間點而四個邊自由振動的彈性平板，由 Kirc 抽 ow 在 1850 年解出。

圖 4.12-3　Sophie Germain(蘇菲‧瑞耳孟，法國數學家，1776-1831。曾研究過彈性體的數學。當時女子不得接近大學，來往的書信常用化名，掩蔽自身是位女性的事實，一些德國數學家起初都以為是位法國男士。為了幫助法國占領下的德國數學家 Gauss 支付戰爭罰金，曾以彈性體的形變能量及其微分方程式為題的論文參加皇帝的懸賞論文。頭兩次的論文並沒有成功，直到 1816 年第三度提出論文後才受獎。

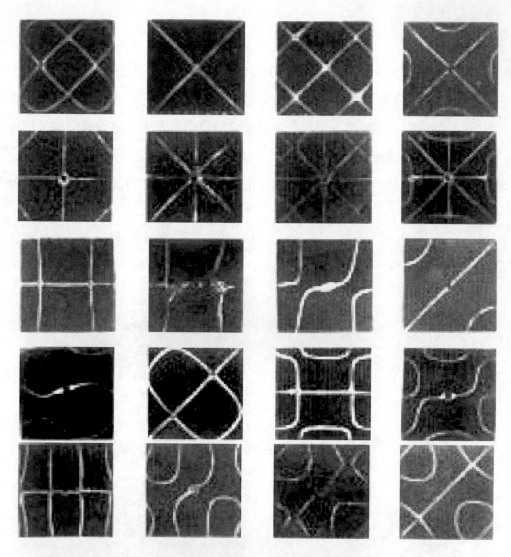

圖 4.12-4 正方形板振動的一些實驗結果。白色粉末聚集處代表節線。

普通物理實驗   第 **5** 部

熱學

實驗 5.1 熱功當量

預習習題

1. 何謂熱功當量(equivale of heat and work)？何謂水當量(water equivalent)？

2. 傳統上熱功當量實驗是以機械的動能產生熱能，爲何以電熱器也可以作熱功當量的實驗？

3. 本實驗中是否可用直流電源來作？結果會有何差異？

4. 實驗中爲何要一直攪動系統？

一、目的

瞭解電能變爲熱能的原理(equivalent of heat and work)，並測定熱功當量。

二、原理

熱力學第一定律其實是一個能量守恆律，即爲克服摩擦所消耗的功 W 應等於因此產生的熱能 H，但由於單位的不同，兩者之間有一定的比值，即

$$W = JH \dotfill (5.1\text{-}1)$$

比例常數 J 稱爲熱功當量，顯然地，此比值的大小與採用的單位有關，但與測量情況無關。換句話說，測量熱功當量熱力學第一定律的一種鑑定。現在國際間以 joule 的大小定義 calorie，其數值爲 14.5 ～ 15.5°C 時的平均，1 cal_{15} = 4.1855 joule。

由電動機等裝置可知電能與動能可以互換，單位同樣爲 joule。當電阻 R (ohm)在 V(volt)的電壓下通過 I(amp)的電流，t 秒後消耗在電阻的總電能是 W(joule)

$$W = I^2 Rt = VIt \quad\text{...(5.1-2)}$$

測定時將通電的電熱器置於盛水的卡計中，則由通過的電流、電熱絲電阻及通電時間可以知道電熱絲所消耗的總電能 joule，再從卡計系統溫度的上升度計算所獲得的熱能(單位 cal)，兩者能量之比即熱功當量。

物體的熱容量[J/K]除以水的比熱[1 cal/g-K = 4.18 J/g-K]所得的克數稱為水當量(water equivalent)。設水熱量計(water calorimeter)的水當量為 C 克，水的質量為 M 克，溫度在 t 秒由 T_0 升到 T_A，則卡計系統所吸收的熱量為

$$H = \left[(C + M)s \right](T_A - T_0)$$

因水的比熱 $s = 1.00$ cal/g-K，故

$$H = (C + M)(T_A - T_0) \quad\text{..(5.1-3)}$$

將式(5.1-2)、式(5.1-3)代入式(5.1-1)，則

$$VIt = J(C + M)(T_A - T_0) \quad\text{...(5.1-4)}$$

$$J = \frac{VIt}{(C + M)(T_A - T_0)} \quad\text{...(5.1-5)}$$

1. 對於散熱的修正：在實際的實驗，不能避免地當卡計的溫度比周圍溫度高時會因輻射而損失一部分能量，所以真正應該得到的溫度 T_F 比測量的溫度 T_A 稍高，我們可以利用 Newton 冷卻原理來加以修正。圖 5.1-1 指示物體從最初的溫度 T_0 均勻的被加熱到 T_A，停止供應電流後，由於輻射而冷卻下來，當然在 OA 的期間輻射仍然存在。

    在冷卻的過程實驗數據所畫指數函數圖形 $T - T_0 = (T_A - T_0)e^{-t}/L$ 圖形中我們可以計算出任意點 B 點的冷卻率 r_B，如圖 5.1-1，即由目視或數值微分得切線斜率

$$r_B = \left(\frac{\mathrm{d}T}{\mathrm{d}t} \right)_B = -\left(\frac{R}{mc} \right)_B$$

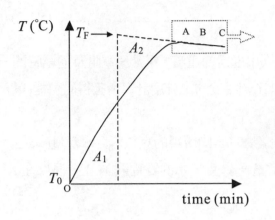
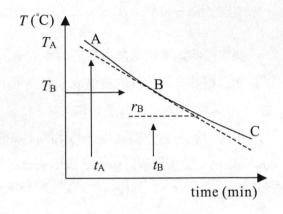

圖 5.1-1 溫度對時間的數據圖形與散熱的條正。一個方法是：在 BA 延長線的方向上找到一點與其
垂線，使得 A_1 與 A_2 的面積相等。該點的溫度即為無散熱時的理想溫度 T_F。右邊是散熱
曲線的放大圖

從牛頓冷卻原理公式 $\dfrac{R}{K} = T - T_0$ 知冷卻率與溫度差成正比 $r \propto (T - T_0)$，所以在 A
點的冷卻率 r_A

$$r_A = r_B \frac{T_A - T_0}{T_B - T_0} \quad\text{......(5.1-6)}$$

那麼從 T_0 到 T_A 的平均冷卻率為

$$r = \frac{1}{2} r_A = \frac{1}{2} r_B \frac{T_A - T_0}{T_B - T_0} \quad\text{......(5.1-7)}$$

所以在沒有輻射能的損失下，溫度應由 T_0 升至 T_F。

$$T_F - T_0 = (T_A - T_0) + (t_A - t_0)r \quad\text{......(5.1-8)}$$

所以實際上的總熱能為

$$H = (C + M)(T_F - T_0) \quad\text{......(5.1-9)}$$

$$\therefore J = \frac{VIt}{(C + M)(T_F - T_0)} \quad \dots\dots\dots\dots\dots\dots\dots\dots\dots\dots\dots\dots\dots\dots\dots\dots\dots\dots\dots(5.1\text{-}10)$$

另外可以利用作圖法，修正最高溫度，如圖 5.1-1 的說明。

三、儀器

卡計、電熱器、交流電供應器、三用電表、手錶(學生自備)、溫度計、天平、量筒。

■ 注意事項

卡計中應加入適量的水，完全蓋過過電熱絲，否則會使電熱絲燒壞。若電流與電壓不能穩定，必須取其平均值。

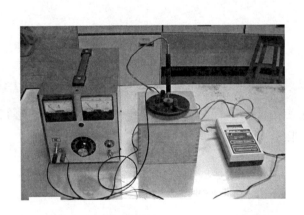 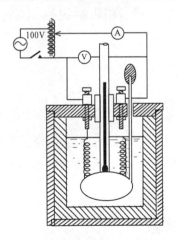

圖 5.1-2 實驗裝置。右圖為卡計的内部。溫度計可使用電子溫度計

四、步驟

1. 以溫度計量取冷水初溫為 T_0。

2. 以量筒取適量的水，倒入銅杯內，由倒入水的體積可得水的質量 M。

3. 讀取水當量 C。

4. 將電熱絲完全浸入水中，讓電源輸出 10 W 以下的電流(約 1 A 的交流電流，視電阻大小而定)，請助教或指導老師檢查，以三用電表量取電壓及電流，並加以記錄(電流、電壓是任意的，但加熱時不能改變它。)若用交流電流，基本上電表上所示的電流大小是方均根值，對應於產生的功率值，一般來由交流電表讀數所計算的輸出功率沒有差別。(如何證明？參看實驗 6.1 的說明。)

5. 一邊攪拌卡計內部，使電熱絲的熱均勻散佈至水中，每分鐘記錄一次溫度，直到 45°C 左右，然後將電源關掉，讓它由輻射降溫，每一分鐘記錄一次溫度。

五、分析

如圖 5.1-1 所示，從降溫的速率求輻射損失以修正溫度差。然後代入簡單理論式(5)或修正理論式(10)求熱功當量。斜率 r_B 由目測的斜線讀取斜率，或由 B 點向兩邊移動 2 ～ 3 個數據點，由左右兩點的座標求得斜率 $(T_2 - T_1)/(t_2 - t_1)$。

六、問題

1. 試比較熱功當量在實驗值與公認值的誤差。並略述可能因素。

2. 在此實驗中周圍環境的溫度保持一定嗎？試解釋之。

實驗 5.2　金屬比熱

預習習題

1. 比熱(specific heat)的定義爲何？

2. 實驗中提供絕熱環境(thermally isolated environment)，並使其中的物體間作熱交換的器具爲何？

3. 溫度加熱至 T_1 的金屬置於含水的卡計(calorimeter)中，卡計與水原本的溫度爲 T_2，且 $T_1 > T_2$，持續攪動系統後達到平衡溫度 T_3。則 T_1, T_2, T_3 間的大小關係爲何？

4. 實驗中金屬所損失的熱 ΔQ_m 與卡計所得的熱 ΔQ_c 的大小間符合 $\Delta Q_m > \Delta Q_c$，$\Delta Q_m < \Delta Q_c$，或是 $\Delta Q_m = \Delta Q_c$ 中的何種關係？原因爲何？

5. 質量 350 g 的金屬原來的溫度 22°C，吸收 1000 cal 的熱能後溫度升至 45°C，求其比熱。

6. 質量 250 g 的某金屬加熱至 98°C，至於 100.0 g 的水中，裝於攪拌器內。攪拌棒及杯子的質量爲 50.0 g，比熱爲 0.092 cal/g-K，與攪拌器及水的初溫爲 20.0°C，末溫爲 30.0°C，則某金屬的比熱爲何？

一、目的

利用混合法測量金屬的比熱。

二、原理

溫度是對物體冷熱的一個量度。想使一物體溫度升高，我們必須加以熱量，所需熱量 H 的大小和物體質量 m 及所欲升高溫度 Δt 成正比，數學式表示爲

$$H = c \cdot m \Delta t \quad\text{..(5.2-1)}$$

式中 c 是個常數，稱爲此種物體材料的比熱。

因熱量是能量的一種形式，所以 H 的單位也就是能量的單位，在 SI 單位中是 J。不過，在習慣上，熱能量的表示常用特別的熱能量單位，這單位 cal 就是使 1 g 的水由 14.5°C 升高溫度至 15.5°C 所需的能量。

在式(1)中，若 H 以 cal 或 J 表示，m 以克表示，Δt 以 °C 或 K 表示，則比熱 c 的單位就是 cal/g-K 或 J/g-K。很顯然的，比熱的大小就是把 1 g 的該種物質升高 1°C 或 1 K 所需的熱量。

這個數字稱爲這物體的熱容量，也就是要把這物體升高溫度 1°C 或 1 K 所需的熱量。

換句話說，具有物體熱容量數值的水在改變溫度時所需的熱量和此物體是一樣的，因此，物體的熱容量 $c \cdot m$ 也稱爲物體的水當量。當一物體由許多不同材料合成時，它的總熱容量，往往很容易從各部份的熱量直接加在一起就行了。

若假定了水在升高一度時，不管它本身是什麼溫度，都需要同樣的熱量，也就是假定從 0°C 升到 1°C 和同量水從 50°C 升到 51°C 需要完全一樣的熱量，這假設在一般情況下 1% 以內爲正確。但是爲了定義的精確性來需要更高的精確度要求，我們必須明白的定義到底是那一段溫度當標準，目前的 cal 是以 14.5°C 到 15.5°C 爲標準 calorie，寫爲 cal_{15}，平均 calorie 則以 0°C 到 100°C 來做平均。由於這兩種 cal 經很精確的度量後發現相差只有 0.24%，所以我們在一般運用上不太須要去區分那一種 cal。不過一般的物質比熱在不同溫時可以改變得相當劇烈，所以比較時必須注意到這個事情。

對於金屬最簡單的測比熱的方法是混合法，在這方法中，通常我們先把待測樣品加熱，然後將它放入冷水中，樣品失去的熱量等於其他(包括冷水和容器)所獲得的熱，如果在這相等方程式中，唯一未知的是此樣品的比熱 c_x，則此方程式當然可以用來解 c_x。

設想一卡計(含攪拌器)內裝 m_w (g)的水，水的比熱爲 c_w (cal/g-K)，溫度爲 t_0，今有一金屬塊，質爲 m_x，比熱爲 c_x，溫度爲 t_1，投入卡計，使卡計系統整個溫度升到 t_2，則在金屬塊失去的熱量和卡計系統吸收的熱量必相等的條件下，得到一方程式

$$m_x c_x (t_1 - t_2) = (m_w c_w + w)(t_2 - t_0) \quad\text{......................}(5.2\text{-}2)$$

$$c_x = \frac{(m_w c_w + w)(t_2 - t_0)}{m_x(t_1 - t_2)} \quad \text{..(5.2-3)}$$

式中之 w 是為儀器之水當量。

　　以上所導出的方程式皆須在實驗系統與實驗室間無熱之傳導情況下才能成立，要符合此條件需用絕熱良好的卡計使水的初溫低於室溫，其溫度差與投入金屬塊後水的溫度高出室溫之差儘量相等。最初水溫低於室溫，水自實驗室獲得微小的熱量，投入金屬塊後，水溫高於室溫，水將失去微小的熱量，此兩種熱量約可互相抵消，而使誤差減至最小。

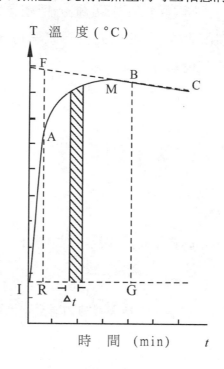

圖 5.2-1 散熱的修正

　　修正散熱的方法：讀取溫度隨時間的變化並作圖。在溫度上升的區段為 IΛM，下降的區段為 MBC，則在 CB 延長線上存在一點 F 使得 IAMBGI 的面積恰與 RFBGR 相同，即因散熱損失的熱量 AFMA 與 IARI 相同，所以在沒有熱損失時溫度應由 R 升到 F 後就不會下降。在攪拌量好，待測物為金屬的情形下，F 會靠近縱軸，所以我們讀取縱軸與 CB 延長線的交點即可。

三、儀器

雙層熱物器，卡計附攪拌器，溫度計，量筒，待測金屬(銅、鋁、無磁性鋼)。

■ 注意事項

當金屬塊由雙層熱物器內投入卡計時，務須迅速以免遺失熱量，並注意勿使水濺出。

本實驗所用冷水之質量 m_w 不可與待測物質量 m_x 相差過大。若過大則 $t_2 - t_0$ 與 $t_1 - t_2$ 之誤差影響實驗結果頗大，因此普通測銅或鐵時，m_x 應等於 m_w，測鉛時應 $m_x = 2\,m_w$，同時避免熱之傳散。

四、步驟

1. 測量並記錄銅塊之質量 m_X。

2. 以量筒取適當的水並量測水的質量 m_W，將水倒入卡計內。

3. 讀取卡計內水的溫度 t_0。

4. 取飲水機的熱水倒入雙層熱物器，加熱雙層熱物器至水沸騰。

5. 打開卡計的橡皮塞。

6. 以細線繫銅塊，將其垂入溫度為 $t_1°C$ 之熱水杯內。待平衡，取出銅塊迅速置入卡計中(請輕放避免卡計中的水濺出)。塞回卡計的橡皮塞。

7. 緩慢攪動攪拌器，並每隔 10 至 20 秒讀取卡計上的溫度計讀數，直至溫度穩定，記錄此時的溫度為 t_M。之後每隔 2～3 分鐘記錄一次溫度，直到下降 1～3°C 為止。

五、分析

8.　利用前述的方法作圖，求出修正後的最高溫 t_1。

9.　將卡計、攪拌器、銅塊拭乾重覆步驟 2〜7 次共 2 次以上。

10.　取鋁塊及其他的材料重覆步驟 1〜8。

11.　將所得數據代入式(3)求出金屬比熱，並和公認值比較，算出百分誤差。

附表 5.2-1　在 25°C 時固體之比熱 c，抄錄自 Butsurigaku Jiten，Rika Nempyô

物 質	金	銀	黃銅 0°C 20%Zn	銅	不鏽鋼 50〜100°C	鋁	鉛
$\dfrac{J}{mol\text{-}K}$	25.38	25.49	X	24.47	X	24.34	26.82
$\dfrac{cal}{g\text{-}K}$	0.0308	0.0566	0.088	0.092	0.121	0.215	0.038

六、問題

1.　儀器之水當量 w 為若干克？

2.　說明本實驗產生誤差之原因。

實驗 5.3　膨脹係數

一、目的

　　測量金屬棒的線膨脹係數。當金屬棒的溫度增高時,長度會增加,我們用百分錶量得此增量,並從溫度的變化量和金屬棒未加溫時的長度,就可以計算出膨脹係數了。

二、原理

　　大部分的固體,當溫度增高時,其長度也會隨之增長,其增加量與 0°C 時的長度和溫度皆成正比。即

$$L - L_0 = L_0 \alpha T \quad \text{...(5.3-1)}$$

$$L = L_0(1 + \alpha T) \quad \text{...(5.3-2)}$$

其中 L_0 為 0°C 時之長度,L 為溫度 T 度時之長度,α 為一比例常數,稱為線膨脹係數。若 L_1、L_2 分別為在溫度 T_1 及 T_2 時之長度,則由式(2)得

$$L_1 = L_0(1 + \alpha T_1) \quad \text{...(5.3-3)}$$

$$L_2 = L_0(1 + \alpha T_2) \quad \text{...(5.3-4)}$$

$$\frac{L_1}{L_2} = \frac{L_0(1 + \alpha T_1)}{L_0(1 + \alpha T_2)}$$

$$\therefore \alpha = \frac{L_2 - L_1}{L_1 T_2 - L_2 T_1} \quad \text{...(5.3-5)}$$

因 L_1 與 L_2 相差極微,$L_2 \simeq L_1$,故

$$\alpha = \frac{\Delta L}{L_1 \Delta T} \quad\text{...(5.3-6)}$$

其中 ΔL 表 $L_2 - L_1$，ΔT 表 $T_2 - T_1$。因此線膨脹係數的定義是溫度每升高 $1\,^\circ$C，固體每單位長度的伸長量。

若不僅考慮長度的增加而是整個體積的膨脹，則由式(5.3-2)可得到

$$V = V_0(1+\beta T) \quad\text{..(5.3-7)}$$

其中 V_0 為 $0\,^\circ$C時之體積，V 為 T 度時之體積，β 稱為體膨脹任數。若物體是個每邊為 L 的立方體，對於等方性的固體，每個方向的膨脹率相同，在 $T(^\circ$C$)$時體積

$$V = L^3 = L_0^3(1+\alpha T^3)$$
$$= L_0^3(1+3\alpha T + 3\alpha^2 T^2 + \alpha^3 T^3) \approx L_0^3(1+3\alpha T)$$

由於 α 是個很小的數，所以含有 α^2 與 α^3 的項都可以忽略掉，即

$$V = L_0^3(1+3\alpha T) \quad\text{...(5.3-8)}$$

$$V = V_0(1+3\alpha T) \quad\text{..(5.3-9)}$$

將式(5.3-7)與式(5.3-9)比較，則知體膨脹係數恰是線膨脹係數的三倍，即 $\beta = 3\alpha$。雖然上面的結論是從一個立方體出發，但是任何一個物體的體積以分成很多個小正立方體，所以對任何固體來說，這個結論是正確的。

三、儀器

線膨脹儀(底座，蒸汽護管、百分錶)，蒸汽鍋、溫度計、待測物(黃銅棒、鋁棒、不鏽鋼棒)。

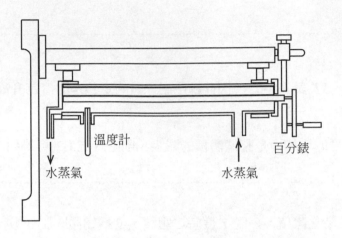

圖 5.3-1 儀器構造

四、步驟

1. 儀器裝置如圖一所示，首先記錄室溫 T_1，並測量金屬棒長度 L_1。

2. 將待測金屬棒放入蒸氣護管中，並使其與百分錶接觸，且使百分錶的指針旋轉到某一固定值(例如在 1.000 mm 的地方)。

3. 將蒸汽鍋加熱，使蒸汽進入護管中，觀察溫度計的溫度，直到其溫度不再上升 (大約在 98°C 左右)。記錄為 T_2，此時記錄百分錶指針的位置。百分錶的每一刻度為 0.01 mm。

4. 將步驟 3.中百分錶的讀數減去步驟 2.中百分錶的讀數，即是金屬棒的伸長量 ΔL。

5. 利用式(6)即可求得金屬棒之線膨脹係數。

6. 取另支金屬棒，重覆上述步驟。

五、問題

1. 試比較實驗中各待測物實驗值與公認值的誤差。

2. 在此實驗中，出現誤差的原因何在？

3. 金屬環受熱時中間的孔會變大，爲何甜甜圈的材料油炸後孔會變小？

4. 將飲料罐外的包裝紙取下以熱風機去吹，則包裝紙會膨脹還是收縮？

附表 5.3-1 固體的線膨脹係數 *Rika Nempyô*，1994。

物質	線膨脹係數 $\alpha\,[10^{-6}\,\mathrm{K}^{-1}]$			
	100 K = -173℃	293 K = 20℃	500 K = 227℃	800 K = 527℃
金	11.8	14.2	15.4	17.0
銀	14.2	18.9	20.6	23.7
銅	10.3	16.5	18.3	20.3
鋁	12.2	23.1	26.4	34.0
鐵	5.6	11.8	14.4	16.2
鋼	6.7	10.7	13.7	16.2
不鏽鋼(18Cr+8Ni)	11.4	14.7	17.5	20.2
Invar(36%Ni 鋼)	1.4	0.13	5.1	17.1
黃銅(67Cu+33Zn)		17.5	20.0	22.5
青銅(85Cu+15Sn)		17.3	19.3	21.9
矽	-0.4	2.6	3.5	4.1
冰	0.8			
木材(纖維方向)		3～6		
木材(垂直方向)		35～60		

六、參考資料

Invar 在室溫下的熱膨脹係數極小，在工業上有特殊的用途，包括監視器熒光幕中的網罩材料等。可參看工業研究院的網頁：

http：//www.Itri.org.tw/chi/services/transferable/itri_show.jsp?idx=365

或日本的 Hitachi(日立)公司：

http：//www.hitachi-metals.Co.jp/rad/pdf/2002/p49_p54.pdf

中山大學鄭木海教授的網頁：

http：//www2.Nsysu.edu.tw/eo/cheng.htm

台灣晉豐公司：http：//www.techbank.com.tw/c-metal.htm

經濟部：http：//www.caita.com.tw/award/95-6.htm

實驗 5.4　液體比熱

一、目的

依冷卻法測定液體的比熱。

二、原理

依照 Newton 的冷卻定律，當物體與周圍有些微的溫度差，且物體的表面狀態及表面積為一定，則物體在單位時間內所失去的熱量與溫度差成比例。熱散失的方式有空氣中的熱傳導，對流及熱輻射三種，其詳述可分別見於清華大學《普通物理實驗課本》，及各類物理教材內。若物體的溫度為 T，周圍的溫度為 T_f，物體的熱容量為 C，在微小時間 dt 內所散失的熱量為

$$-C\mathrm{d}T = \sigma(T - T_\mathrm{f})\mathrm{d}t \quad\text{..(5.4-1)}$$

其中 σ 為與該物體散熱情形有關的比例常數。移項得

$$\frac{\mathrm{d}T}{T - T_\mathrm{f}} = -\frac{\sigma}{C}\mathrm{d}t$$

若物體在時間 $t = 0$ 時初溫為 $T = T_0$，則積分上式得

$$\int_{T_0}^{T} \frac{\mathrm{d}T}{T - T_\mathrm{f}} = -\frac{\sigma}{C}\int_0^t \mathrm{d}t$$

$$\ln\frac{T - T_\mathrm{f}}{T_0 - T_\mathrm{f}} = -\frac{\sigma}{C}t$$

$$T = T_\mathrm{f} + (T_0 - T_\mathrm{f})\exp\left(-\frac{\sigma t}{C}\right) \quad\text{.......................................(5.4-2)}$$

在水當量 w [g]的同一卡計中，將加入比熱 c_1 [cal/g-K]的液體 m_1 [g]的情形與加入比熱 c_2 [cal/g-K]的液體 m_2 [g]的情形比較，若分別測定同樣由 T_0 冷卻至 T_1 所需的時間 t_1, t_2 [s]，

$$T_1 = T_\mathrm{f} + (T_0 - T_\mathrm{f})\exp\left(-\frac{\sigma t_1}{m_1 c_1 + w}\right) = T_\mathrm{f} + (T_0 - T_\mathrm{f})\exp\left(-\frac{\sigma t_2}{m_2 c_2 + w}\right)$$

$$\frac{t_1}{m_1 c_1 + w} = \frac{t_2}{m_2 c_2 + w}$$

若 c_2 的比熱為已知，則可求另一液體比熱 c_1 為

$$c_1 = \frac{t_1}{t_2}\frac{m_2 c_2 + w}{m_1} - \frac{w}{m_1} = \frac{m_2 c_2 t_1 - w(t_2 - t_1)}{m_1 t_2} \quad\text{.......................................(5.4-3)}$$

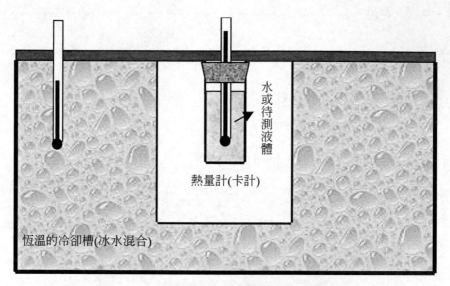

圖 5.4-1　以輻射法測量液體比熱的簡易裝置

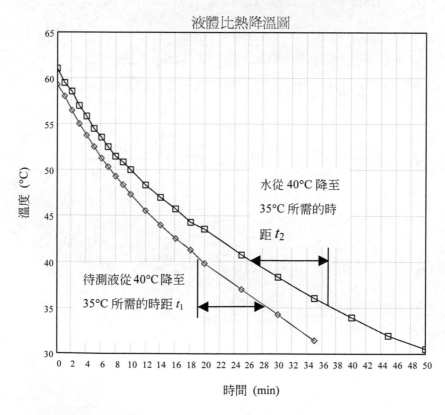

圖 5.4-2　利用溫度對時間的變化作圖，並藉此推算待測液比熱

三、儀器

輻射缸及電木蓋，輻射卡計(銅製小圓筒)，加熱鍋，溫度計，溫度計能通過的單孔軟木塞，碼錶，天秤，量筒，待測液(水，糖水，油等)。

四、步驟

1. 測量圓筒形卡計的質量 m_0。
2. 將待測液裝滿卡計中，將插上溫度計的軟木塞蓋上。拭去外側溢出或沾到的液體。
3. 在輻射缸中注滿水。測量其溫度 T_f。
4. 加熱鍋注入少量水，將卡計掛在加熱鍋上間接加熱至 50°C 左右。若沒有加熱鍋，將卡計浸在熱水裡。
5. 將卡計取出擦乾後，放入輻射缸中，每 1~6 分鐘記錄一次溫度的經時變化，至溫度降至 30°C 左右。
6. 將卡計取出擦乾後，取下溫度計及軟木塞，測定質量 m'，得待測液體的質量 $m_1 = m' - m$。
7. 將待測液體換成純水，重覆步驟 1~6。

五、數據分析

1. 將溫度的經時變化繪於圖上，對於每種待測液體分別繪一條平滑的降溫曲線。
2. 選取兩個溫度 T_0, T_1，分別讀出由 T_0 降至 T_1 所需的時間 $t_1, t_2, ...$。
3. 將純水的比熱設為 1，利用 5.4-3 分析待測液體的比熱。

六、問題

1. 一杯 100°C 的水與一杯 30°C 放在相同材質及設計的杯中，比較(甲)混合後倒回兩杯中靜置 10 分鐘，以及(乙)分別於兩杯中靜置 10 分鐘再混合，何者的溫度較高？

實驗 5.5　氣柱共鳴

一、目的

觀察氣柱的共鳴現象，並求出音速。

二、原理

一般在彈性介質中傳播的波動，可分為縱波、橫波、表面波等 3 種。橫波是由形變的應力所引起的波。流體中因為不能明確定義形變及表面，所以只能討論由疏密變化引起縱波的情形。空氣中所傳播的縱波，可聽的範圍為 20~20000Hz。

流體中的縱波速率為 v，絕熱體彈性係數為 K，密度為 μ 時，成立以下的關係

$$v = \sqrt{K/\mu} \quad\text{...(5.5-1)}$$

Laplace 指出，在聲波傳遞時，氣體的密度變化在極短時間內發生，此時熱的傳導可以乎略，因此適用絕熱過程的 Poisson 定律，pV^{γ} 為常數，此時 $K = \gamma p$。若在理想氣體中，平衡狀態的壓力為 p，定壓比熱與定容比熱之比為 γ，則

$$v = \sqrt{\gamma p/\mu} \quad\text{...(5.5-2)}$$

空氣中的溼度改變時，因為密度變化的關係，聲速也會有些變化。

理想氣體的壓力與密度成正比，故音速與壓力無關，但與溫度有關。R 為氣體常數，若絕對溫度 T 時，1 mole 對應之質量(即分子量)為 m 的氣體，由

$$p = (N/V)RT = (mN/V)RT/m = RT/m \quad\text{..(5.5-3)}$$

代人[2]式得

$$v = \sqrt{\gamma RT / m} \quad\text{...(5.5-4)}$$

可知音速與溫度的關係。

有關空氣中音速的測定，除了在遠距離發射大砲，測量火光與聲音所需的時間差外，還可以用駐波的關係。若波長為 λ，頻率為 f 之正弦波在介質中傳播，則

$$v = f\lambda \quad\text{..(5.5-5)}$$

若沿著 x 軸有兩波，向正方向前進者為

$$\xi_{+} = A\sin 2\pi\left(\frac{x}{\lambda} - ft\right) ,$$

向負方向前進者為

$$\xi_{-} = A\sin 2\pi\left(\frac{x}{\lambda} + ft\right) ,$$

則合成的波由三角函數的關係可化為

$$\xi = \xi_{+} + \xi_{-} = 2A\sin\frac{2\pi x}{\lambda}\cos 2\pi ft \quad\text{...(5.5-5)}$$

故 x 軸上各點的振幅為 $2A\sin(2\pi/\lambda)$，振幅的極小值(節點)在 $x = n\lambda/2$ 處，振幅的極大值(腹點)在 $x = n\lambda/2 + 1/4$ 處，n 為整數。

向一端封閉的均等管中，送入連續的音波，則封閉端的空氣不能振動，音波的相位反轉(相位增或減 π)後反射回來。若要產生駐波的現象，封閉端恰為振動的極小處，開放端恰為振動的極大處，因此只有某些特殊波長才會引起駐波，稱為氣柱共鳴。此時氣柱的長度 l 與波長之間的關係滿足

$$l = (2n+1)\lambda/4 \quad\text{..(5.5-6)}$$

三、儀器

共鳴管，揚聲器，聲音感測器。

四、步驟

學生自行設計。聲音感測器上有訊號放大倍率調整鈕，適當調節倍率使指針不要超過右方滿刻度，而大小又足以分辨節點與腹點的不同。

五、參考資料

若管口與大氣相接，有效的管長比實際管長要加上 $0.55 \sim 0.8 \; r$，r 是管的半徑。細管中的聲波受到介質的粘性與管壁熱傳導的影響，較開放空間中的聲速略小，約為

$$v' = \left(1 - \frac{k}{2r\sqrt{f}}\right)$$，r 以 cm 度量時 k 約為 4.5。

普通物理實驗　　第 **6** 部

電磁學一般

實驗 6.1　三用電表的使用

預習習題

1. 實驗完畢後，如何取下接在儀器上的同軸電纜？

2. 類比式三用電表上電流的刻度成等間隔，為何電阻的刻度不是等間隔的？

3. 三用電表使用完畢後為何不可置於歐姆檔？應撥回何處？

4. 銅的電阻率為 1.72×10^{-8} Ω-m。取一銅線長 15.0 m，直徑 0.050 cm，求銅線兩端之間的電阻。

5. 以下圖 6.1-1 中的 2 組電路中，黑點表示 breadboard 上的插孔，111、222、333、444 分別是不同電阻，相當於色環標示的棕棕棕、紅紅紅、橙橙橙、黃黃黃的 3 種電阻。

   (1) 111、222、333、444 的電阻值以 ohm 表示，分別是多少？

   (2) 通過安培計的電流是多少？

   (3) 安培計應該撥到 200 mA，20 mA，2 mA，200 μA 中的哪一檔，最適合讀取該電流？

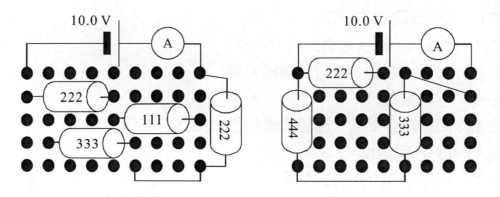

圖 6.1-1 黑點表示 breadboard 上的插孔，圓柱形表示電阻

一、目的

　　研究並熟悉三用電表上伏特計(voltmeter)、安培計(ammeter)及歐姆計(ohmmeter)的特性及用法，用來測量電路上的電阻、電流、電壓以及電容的充放電。

二、原理

1.　Ohm 定律：將金屬導線的兩端通以恆定電流 I，則兩點間的電位差 $V=RI$ 與 I 成比例，該比例常數稱為電阻(electric resistance)。一般的金屬在室溫下 R 不為 V 或 I 的函數，但會隨著導體的種類、形狀、溫度、磁場等狀態的差異而有不同。長度 l 截面積 S 之均勻材質的柱狀導體，其兩端之間的電阻為 $R = \rho l / S$ ，ρ 稱為電阻率或比電阻，其值與形狀無關。將 Ohm 定律微觀化，考慮等方性良導體中的微小截面，該定律可以寫為 $\bar{\mathbf{j}} = \dfrac{1}{\rho}\bar{\mathbf{E}}$ ，$\bar{\mathbf{j}}$ 為通過微小截面上的電流密度，$\bar{\mathbf{E}}$ 為截面上的平均電場。Ohm 定律的線性關係對於良導體而言可以在相當大的電壓範圍內都適用，但對於半導體或絕緣體材料而言通常並不成立。交流電路上若有電感或電容的效應存在，電壓中會出現 $\dfrac{\mathrm{d}I}{\mathrm{d}t}$ ，$\int I\mathrm{d}t$ 等對時間微分或積分的修正項，可參考實驗 6.6 的例子。

圖 6.1-2　類比式三用電表(左)及數位式三用電表(右)

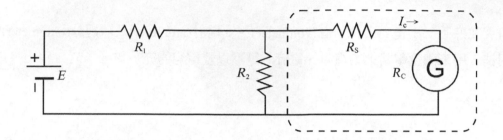

圖 6.1-3 說明伏特計原理的電路圖。線框中為伏特計等效電路

2. 三用電表：圖 6.1-2 左方為類比式的三用電表。利用三用電表可以很簡便地測定電路上的電流、電壓或電阻。圖 6.1-2 右方為數位式的三用電表，使用方法與原理類似於類比式的三用電表，並且將訊號轉為數位，可以更直接地讀出測定值。但是將電表接在電路上，會改變電路的狀態，造成測量上某種程度的誤差。若要更進一步讀出正確值的方法，可以參照安培計、伏特計和歐姆計設計原理，由內電阻來加以換算。

(1) 伏特計：以伏特計測量電位差時，須將伏特計與待測部份並聯，但伏特計上會通過少量電流，使待測部份與伏特計並聯使總電阻值減少，因而所測得的電壓比未接上伏特計時為低。

　　圖 6.1-3 虛線框中即代表伏特計的部份，包括內電阻 R_c 之可動線圈，與並聯其上之電阻 R_s。調節 R_s 的值，可以調整能夠測定之電壓範圍。因此若線圈上通過之電流為 I_c，則對應於 R_2 兩端的電位差為 $V_2 = I_c \cdot (R_c + R_s)$。當 $R_c + R_s >> R_2$，V_2 即趨近於未接上伏特計時原本電路上 R_2 兩端的電位差 $\dfrac{ER_2}{R_1 + R_2}$。

(2) 安培計：以安培計測量電流時，須將安培計與待測電路串聯，但同時也增加該電路些許的電阻，因而所測得的電流比未接上安培計時為低。

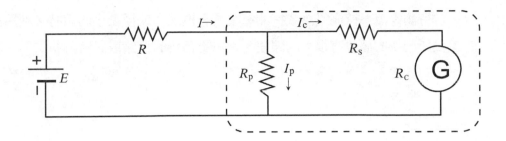

圖 6.1-4 說明安培計原理的電路圖。虛線框中為安培計的等效電路

　　圖 6.1-4 虛線框中即代表安培計的部份，包括內電阻 R_c 之可動線圈，與串聯其上之電阻 R_s，並聯於低電阻 R_p 上。調節 R_s 與 R_p 間的比值，可以調整能夠測定之電流範圍。若安培計輸入端之電壓為 $V = V_p R_p = I_c \cdot (R_c + R_s)$，且線圈上通過之電流為 I_c，則通過 R 兩端的電流為 $I = I_c + I_p = I_c \cdot \left(1 + \dfrac{R_c}{R_p}\right)$。當 $R_p << R$，I 即趨近於未接上安培計時原本電路上通過 R 的電流 E/R。

　　以上為直流電壓及電流的測量原理，測量交流電的電壓及電流時，利用電表內的整流器將反向的電流反轉成正向，故測量所得的電壓值或電流值為其實效值。實效值的說明在下一段中會提到。

(3)　歐姆計：歐姆計是利用內部電池的電壓接通電阻後，由電路上的電流換算為電阻，因此電表非線性刻度增加看起來恰與電流的刻度相反，電流刻度為 0 處電阻由∞開始，在電流的最大刻處電阻為 0。

　　圖 6.1-5 虛線框中即代表歐姆計的部份，包括提供固定電壓的電池，內電阻 R_c 之可動線圈，與串聯其上之電阻 R_{s0}。調節 R_{s0} 的值，可以調整能夠測定之電阻範圍。將歐姆計開放(即 $R \rightarrow \infty$)，此時通過線圈的電流為 0。將歐姆計短路(即 $R=0$)，此時通過線圈的電流 $I_{max} = \dfrac{E}{R_c + R_{s0}}$。在接上有限電阻 R 值時，通過電路的電流

$I = \dfrac{E}{R_c + R_{s0} + R} = \dfrac{I_{max} \cdot (R_c + R_{s0})}{R_c + R_{s0} + R}$，可以求得該電阻為 $R = (R_c + R_{s0})(\dfrac{I_{max}}{I} - 1)$。使用類比式歐姆計時，由於各檔對應的 R_{s0} 不同，須各自調整 0ΩADJ 的旋鈕。

當待測電流、待測電壓或待測電阻具有極端大或極端小的值時，利用簡單的電表所測得的值會有很大的誤差，須以更複雜的電路或訊號解析的方法來讀取正確的數值。

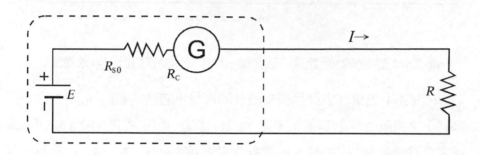

圖 6.1-5 說明歐姆計原理的電路圖

數位式三用電表上有多個接孔，分別對應不同的功能。使用數位式三用電表測量電阻時，除了將轉盤撥至適當範圍的歐姆檔外，應將 2 支探針分別接在 COM 及 Ω 上；測量電壓時，應將 2 支探針分別接在 COM 及 V 上；測量大電流時，應將 2 支探針分別接在 COM 及 20 A 上；測量小電流時，應將 2 支探針分別接在 COM 及 μA，mA 上。

3. 交流電源的振幅及功率：描述週期變化的電流及電壓時，通常會用到峰對峰值 (peak-peak，p-p)及方均根(root-mean-square，rms)兩種數值。p-p 為極大值減去極小值，用來表示電流的變動範圍。以正弦波為例，$V(t) = V_{max} \sin(2\pi t / T)$ ，$V_{p-p} = 2V_{max}$。但是一般在實用上，$\mathrm{rms}(V) = \sqrt{\dfrac{1}{T} \int_0^T [V(t)]^2 \, dt}$ 對應於功率，rms 或稱實效值(effective value)代表的意義較大，故通常所說交流電的大小是指其實效值。

以下圖 6.1-6～8 討論各種波形的實效值。若週期為 T，則 $V(t \pm T) = V(t)$。

$$V_\Pi = \begin{cases} V_{max} \\ -V_{max} \end{cases} \text{while} \begin{array}{l} 0 < t < T/2 \\ T/2 < t < T \end{array}$$

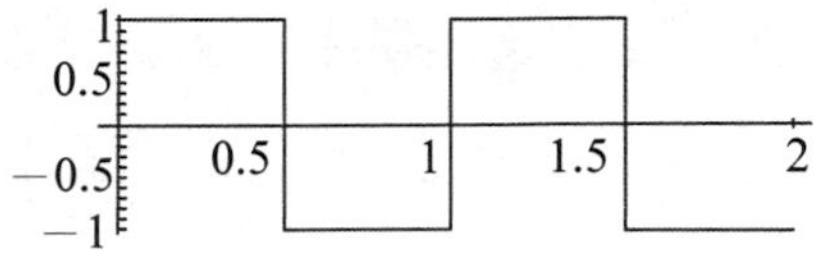

$$\text{rms}(V_\Pi)$$
$$= \sqrt{\frac{1}{T}\left(\int_0^{T/2} V_{max}^2\,\mathrm{d}t + \int_{T/2}^{T} (-V_{max})^2\,\mathrm{d}t\right)}$$
$$= V_{max} = 0.5 V_{\text{p-p}}$$

圖 6.1-6　方波。單位：橫軸 T，縱軸 V_{max}

$$V_S(t) = V_{max} \sin\frac{2\pi t}{T}$$

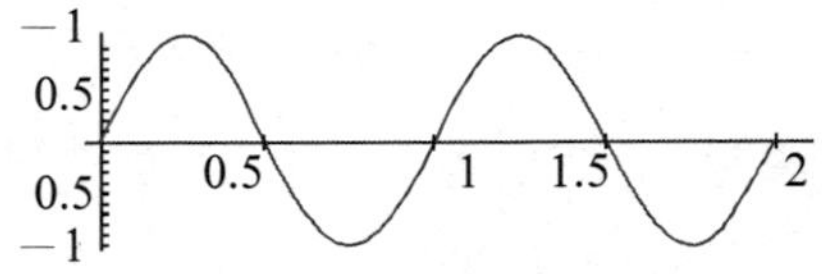

$$\text{rms}(V_S)$$
$$= \sqrt{\frac{1}{T}\int_0^{T} V_{max}^2 \sin^2(2\pi t/T)\,\mathrm{d}t}$$
$$= \frac{V_{max}}{\sqrt{2}} = 0.707 V_{max} = 0.354 V_{\text{p-p}}$$

圖 6.1-7　正弦波

$$V_\Lambda(t) = \begin{cases} V_{max} - 4V_{max}t/T \\ -3V_{max} + 4V_{max}t/T \end{cases} \text{while} \begin{array}{l} 0 < t < T/2 \\ T/2 < t < T \end{array}$$

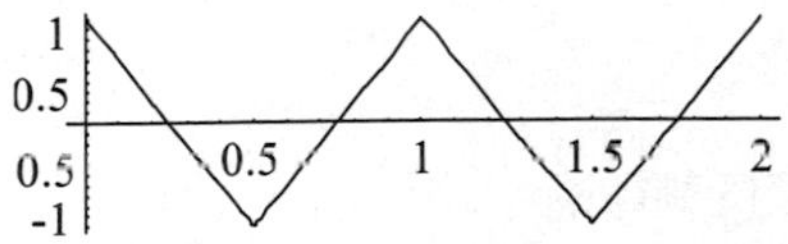

$$\text{rms}(V_\Lambda)$$
$$= \sqrt{\frac{1}{T}\left(\begin{array}{l}\int_0^{T/2}\left(V_{max} - \dfrac{4V_{max}t}{T}\right)^2\,\mathrm{d}t \\ + \int_{T/2}^{T}\left(-3V_{max} + \dfrac{4V_{max}t}{T}\right)^2\,\mathrm{d}t\end{array}\right)}$$
$$= \frac{V_{max}}{\sqrt{3}} = 0.577 V_{max} = 0.289 V_{\text{p-p}}$$

圖 6.1-8　三角波

4. breadboard(麵包板)：作電子實驗時為求簡便，常會利用 breadboard。打開 breadboard 內部，可以看到如同插座內部成對的金屬彈片。金屬彈片片可以夾住所插入的元件接腳，除了有固定作用外，同一排的孔彼此間互相接通，可以省去部份的跳線或是銲接點，也能夠迅速抽換元件進行下一步驟。breadboard 的邊條彈片是由每 25 個插孔連接在一起之彈片組裝而成。中條彈片是由每 5 個插孔連接在一起之彈片組裝而成。

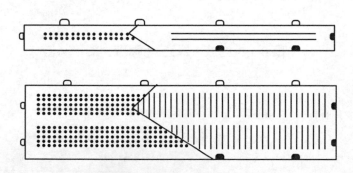

圖 6.1-9 breadboard。上方的標孔橫方 25 個互相導通，下方的插孔，縱方向互 5 個導通

5. 同軸電纜(coaxial cable)：因纜線內兩種導體共同一個中心軸而得名。它利用編織細密的銅網來保護中心的導體免受外部電磁訊號的干擾。其資料傳輸速率可達每秒一億位元(100M)。同軸電纜的接頭有 N 型及 BNC 型(bayonet navy connector)，圖 6.1-10 左為 BNC 型接頭。

圖 6.1-10 BNC 接頭及同軸電纜

三、儀器

　　三用電表、電源供應器、訊號產生器、breadboard、跳線、帶鱷口夾的接線、帶鱷口夾的同軸電纜、電容 1 個、電阻若干、安培計、方格紙(學生自備)。

四、步驟

■ 注意事項

　　懷疑電路有燒壞的可能，或無法確定是否為正確接法時，在接通前應請助教或教師檢查，以免短路發生危險，或是燒壞儀器。

　　三用電表在不用時應撥回 **Off** 處。類比式三用電表若沒有 **Off** 檔則可撥至 ACV 或 DCV 的高電壓檔(例如 1000 V)。使用完畢後切勿留置於歐姆檔，以免因短路等原因造成電池用盡。若發現有未歸檔者扣該組成績。

　　電流計容易燒壞，使用時應特別注意，切勿在沒有電阻的狀況下直接測量電壓源，也不要與電路上的元件並聯。燒壞保險絲者照價賠償。不論測量電流或電壓，在測量前先確認交、直流的種類，再估算對應的電流或電壓值，先將範圍調至較大值處，將探針接在所要測定的位置，確認電流或電壓值在安全範圍後，逐步將檔撥轉至最適當的範圍。測量電阻時應移除電路上歐姆計以外的電源。

　　接線、電纜及探針等在使用完畢後，不要用力捲成一團或打結，平放收好即可。BNC 接頭由儀器上移除時，轉動金屬刻環的部分，絕對不可拉電纜。

Ohm 定律

1. 取 1 kΩ 以上之電阻器，並以歐姆計測量其電阻 R_{met}。
2. 將電阻接在電源供應器上。電源供應器撥至直流輸出。

3. 電源供應器上撥至 10 V 以下之直流電壓,以直流伏特計 DCV 測量其輸出電壓值(參考圖 6.1-11)。

4. 先估算電流值,請助教或指導老師檢查無誤後,以直流安培計 DCA 或 DCmA 測量電流值(參考圖 6.1-12)。未經指導老師看過,不要使用三用電錶的電流檔。

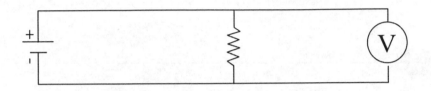

圖 6.1-11 電壓的測定。並聯於待測元件上

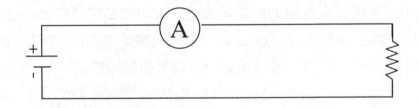

圖 6.1-12 電流的測定。確定要串聯的電阻夠大,電流夠小後,務必串聯於待測電路上

5. 改變電源供應器的輸出電壓,重覆步驟 3～4 數次。

6. 以 V 為縱軸,I 為橫軸,將 2～5 所得的數據繪於方格紙上,由斜率求出電阻值 R_{fit},並與 1.的結果 R_{met} 比較。理工科系的學生應可嘗試以最小方差擬合法計算出 R_{fit}。

7. 利用同軸電纜 BNC 端接於訊號產生器(function generator)右下角的 OUTPUT 上(旁邊的 PULSE OUTPUT 是用來輸出脈衝訊號,本實驗中不用),將鱷口夾端分別接上電阻兩端,並將輸出選為正弦波。

8. 調整 AMPLITUDE 旋紐,使輸出電壓在 10 V 以下。固定輸出頻率在 1 kHz 左右,並記錄頻率值。以交流伏特計 ACV 測量其輸出電壓值,在估算出電流值在安全範圍後,並以交流安培計 ACA 或 ACmA 測量電流值。未經指導老師看過,不要使用三用電錶上的電流檔。

9. 調整 AMPLITUDE 旋鈕以改變電源供應器的輸出電壓，重覆步驟 8.數次。

10. 比照步驟 6，將 7～9 中交流電所測的結果繪製成圖。試著求出斜率 R_{fit}。

電阻的串聯與並聯

11. 取 1 kΩ 以上不同阻值之電阻器 2 個以上，並以歐姆計分別測量其電阻 R_1，R_2。

12. 將電阻器串聯，以歐姆計測量其總電阻，並與 $R_1 + R_2 + ...$ 比較。

13. 將電阻器並聯，以歐姆計測量其總電阻，並與 $(R_1^{-1} + R_2^{-1} + ...)^{-1}$ 比較。

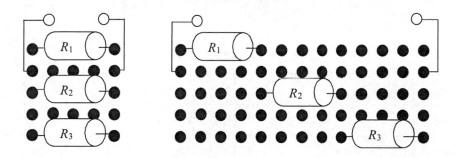

圖 6.1-13　利用 breadboard 作電阻的並聯(左圖)及串聯(右圖)的例子

週期訊號的實效電壓

14. 調整訊號產生器，使輸出電壓在 10 V 以下，頻率在 1 kHz 左右。由右下方的輸出接上。

15. 固定右上方 AMPLITUDE 旋鈕，變更輸出波形為正弦波、方波、三角波等。以交流伏特計分別測量其電壓值 $\mathrm{rms}(V_S)$，$\mathrm{rms}(V_\Pi)$，$\mathrm{rms}(V_\Lambda)$。

16. 以方波為 1，計算不同波形間電壓值的比值 $\mathrm{rms}(V_S)/\mathrm{rms}(V_\Pi)$，$\mathrm{rms}(V_\Lambda)/\mathrm{rms}(V_\Pi)$。

17. 改變 AMPLITUDE 旋鈕的位置，重覆步驟 15～16 數次，並求平均值。

五、問題

1. 如何用三用電表確定 1.5 V 乾電池是否有電？

2. 如何用三用電表確定 110 V 插座是否有電？

3. 查閱電工原理等書，說明直流伏特計如何修改為交流伏特計？

儀器 07：電阻器、電容器及電感線圈的參考資料

儀表 7.1 阻抗的 SI 輔助單位

電感 inductance：[henry]	H=Wb/A=$m^2 kg \cdot s^{-2} A^{-2}$
電容 capacitance：[farad]	F=C/V=$m^{-2} kg^{-1} \cdot s^4 A^2$
電阻 resistance：[ohm]	Ω = V/A = $m^2 kg \cdot s^{-3} A^{-2}$
導電率 conductance：[siemens]	S = Ω^{-1}
阻抗 impedance：[ohm]	Ω = V/A = $m^2 kg \cdot s^{-3} A^{-2}$

倍數接頭字根 M-(mega-，百萬)，k-(kilo-，千)，m-(milli-，千分之一)，μ- (micro-，百萬分之一)，n-(nano-，十億分之一)，p-(pico-，兆分之一)，f- (femto-，千兆分之一)

表 7.2 交流電路中阻抗的電壓－電流特性

種類	記號	I-V 特性	交流的複數表示	阻抗值
電阻器 R resistor	-\/\/\/-	I 與 V 同相位	$\tilde{V} = R\tilde{I}$	R
電感線圈 L inductor	-mm-	I 比 V 相位遲 $\pi/2$	$\tilde{V} = L\dfrac{d\tilde{I}}{dt} = i\omega L\tilde{I}$	$i\omega L$
電容器 C capacitor	-||-	I 比 V 相位早 $\pi/2$	$\tilde{V} = \dfrac{1}{C}\int \tilde{I}\, dt = \dfrac{1}{i\omega C}\tilde{I}$	$\dfrac{1}{i\omega C}$

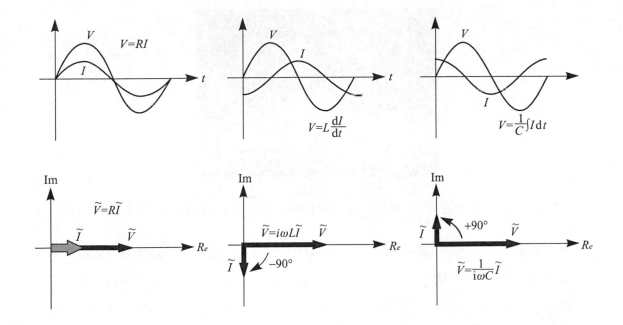

儀圖 7.1　上排為 *I-V* 特性，下排為其對應之相圖；由左至右分別為電阻、電感、電容

電阻器

1. 電阻器的數字標示法：電阻器常用碳電阻或碳與樹脂混合物來提供電阻，也有用金屬膜、金屬線圈及金屬氧化物膜作為電阻材料者。電阻的單位為 Ω。美英日的電阻器常以數字標示，且因為元件上難以標示小數點，以三位數標示時，頭兩位為真數，末位為 10 的次方數，即 $(10C_1+C_2)\times 10^{C_3}\ \Omega$。四位數標示時，頭三位為真數，末位為 10 的次方數，即 $(100C_0+10C_1+C_2)\times 10^{C_3}\ \Omega$，參考儀圖 7.3。

    另外也有利用輔助單位的標示法，例如

    <u>R22</u>=0.22 Ω，<u>2R2</u>=2.2 Ω，<u>22R1</u>=22.1 Ω，<u>220R</u>=220 Ω，<u>2K2</u>=2.2 kΩ，<u>22K1</u>=22.1 kΩ，<u>221K8</u>=221.8 kΩ，<u>2M21</u>=2.21 MΩ。

    有時會利用英文字來表示誤差範圍，詳見各廠商規定。

儀圖 7.2　數字標示法，R38 為 <u>1180</u>=118 Ω，R37 為 <u>1100</u>=110 Ω。(注意沒有 <u>0011</u>)

2.　電阻器的色環標示法：國產電阻器則常用色環標示，四環標示時頭兩環為真數，第三環為 10 的次方數，數字分別以(−2)銀(−1)金 0 黑 1 褐 2 紅 3 橙 4 黃 5 綠 6 藍 7 紫 8 灰 9 白來表示。最後一環為誤差，褐±1%，紅±2%，金±5%，銀±10%，無標±20%。C_3 與 C_4 的間隔稍大；而銀、金、黑色不可能出現在 C_1。五環標示時有效位數多一位。

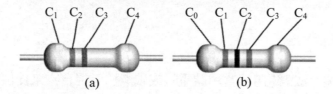

儀圖 7.3　色環標示法。(a)的電阻為 $(10C_1 + C_2) \times 10^{C_3} [\Omega] \pm C_4\%$。(b)的電阻為 $(100C_0 + 10C_1 + C_2) \times 10^{C_3} [\Omega] \pm C_4\%$

儀圖 7.4　各類型的電阻器

　　左 1.碳素電阻：第一位數黃代表 4，第二位數紫代表 7，次方色碼黃色代表 10^4，誤差值色碼金色代表±5%，所以這個電阻的阻值就是 47×10^4 亦即 470 kΩ 誤差±5%。

左 2.氧化金屬膜電阻：第一位數褐色代表 1，第二位數黑色代表 0，次方色碼紅色代表 100 亦即 10^2，誤差色碼金色也是±5%，所以代表的數值是 10×100 也就是 1 kΩ，誤差±5%。

左 3.金屬膜電阻：第一位數褐色代表 1，第二位數黑色代表 0，第三位數黑色代表 0，次方色碼橙色代表 10^3，誤差色碼褐色代表±1%，所以代表的數值就是 100×10^3 也就是 100 kΩ，誤差±1%。

中間及右邊為 6 個可變電阻，俗稱 volume，即調節揚聲器音量的旋鈕。旋轉紐可改變左～中相鄰接腳及中～右相鄰接腳的電阻值。

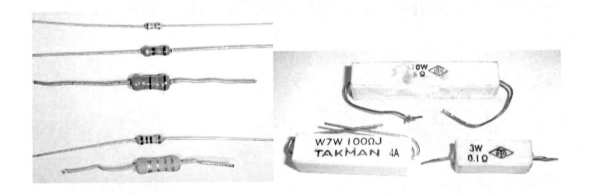

儀圖 7.5 電阻器的承載 watt 數：由左上開始為 1/8，1/4，1/2，1，右上為 10，7，3W

電容器

電容器在工業界有時稱 condenser，但在科學中現在慣稱 capacitor。取得電容器時，須注意以下的標示：

• 電容容量：這是標示著這一個電容的容量大小，如果錯用了不同數值的電容，雖然不一定會出事，但是卻已經偏離原先電路設計的本意。

- 電容耐壓：這是表示此一電容所能承受的最高峰值電壓，需要視電路的狀態選用足夠的耐壓品種，才不會因為電容耐壓能力不足，輕則電容被擊穿而報銷，重則電容爆裂，不可不愼！

- 電容極性：除了無極性金屬膜電容與陶瓷電容，雲母電容外，一般電容都有極性的分別，(長腳正，短腳負)極性搞錯接反了，小心炸電容的慘烈景況！

- 容量誤差：容量誤差代表此一型號電容的容量誤差值，誤差值越低代表您買到的電容容量與標示值越相近，大量使用時也表示整體能更趨一致。

- 電容耐溫：表示電容能承受的工作溫度極限，超過此一限制，電解液可能乾涸或減短壽命。

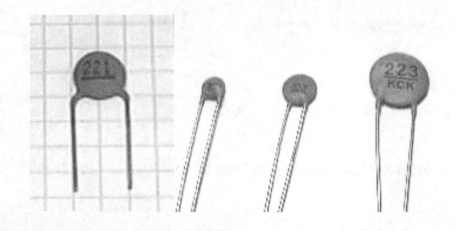

儀圖 7.6 陶瓷電容器，又稱為瓷餅電容。兩支接腳沒有極性的分別。左邊的電容標示為 221，代表其電容值為 22×10^1 pF = 220 pF(picofarad)

電容器常用的單位為 μF 或 pF，μF 多用於鋁電解電容，pF 多用於陶瓷電容、薄膜電容或積層電容。以三位數標示時，因為元件上難以標示小數點，頭兩位為眞數，末位為 10 的次方數。例如 pF 基準下：

221=n22=220 pF，222=2n2=2.2 nF，472=4n7=4.7 nF，6p8=6.8 pF，12p5=12.5 pF。

有時以英文字標示誤差，如 A 為±0.05%，B 為±0.1%，N 為±30%等。

承受電壓標示有時也有代號，如 1A 為 10 V，1C 為 16 V，1G 為 40 V 等。

以下舉 3 個例子：

1.　電容標示為 100 nFK 400V，表示容量 100 nF=0.1 μF，容量誤差 K=±10%，電容耐壓 400 V。

2.　標示 1.0 μF M，表示容量 1.0 μF，容量誤差 M=±20%，電容耐壓則標示在側面為 250 V。

3.　標示為 10 μF K 100V，表示容量 10 μF，容量誤差 K=±10%，電容耐壓 100 V。

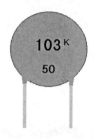

儀圖 7.7　電容 <u>103</u>=10000 pF=0.01 μF，<u>K</u> 為±10%，耐壓 50 V

儀圖 7.8　電解電容，容量 1000 μF，耐壓 35 V，耐溫 85°C，有白色(-)號側短腳的為負極

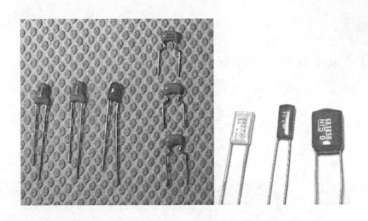

儀圖 7.9 左邊三顆是鉭固體電解電容,具有極性;右邊是積層電容,沒有極性,所以鉭質電容的接
　　　　 腳有長短的分別,而積層電容則沒有。右邊三顆是薄膜電容

電容的漏電流

　　我們會希望電容最好沒有漏電流;可是像鋁電解電容在工作時一定會產生漏電流。漏
電流大小約與帶電量成正比。

儀圖 7.10 各種可變電容。有一部份是收音機上調節頻道的旋鈕。俗稱 varicon

電感線圈

　　電感線圈稱爲 inductor 或 coil，常用的單位爲 μH 或 mH。除了有文字標示之外，也有用色環標示者，如儀圖 7.11 左上第 2 列，外型及讀法都與色環電阻相似，但經常將外殼作成青色與電阻區別。有時色環僅有 3 環，不標示誤差。

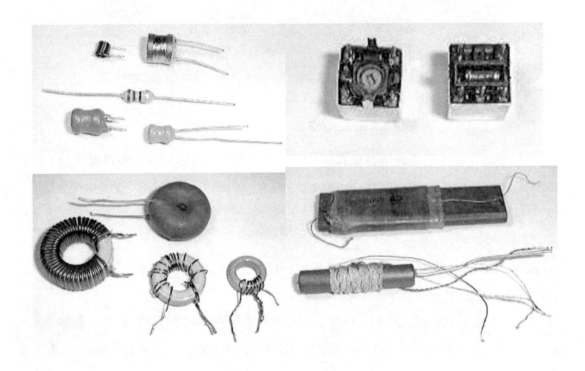

儀圖 7.11　各種電感線圈

儀器 08：訊號產生器

儀圖 8.1 Pintek FG-32 訊號產生器的面板

函數訊號產生器，用來產生各種電壓波形，以供電子學實驗使用。電路接通前，注意輸出端(OUTPUT，SYNC OUTPUT，OUTPUT PULSE 等)不可使之短路。普通物理實驗中，一般並不須要使用 INPUT。尤其在沒有接通電源的狀況下，有訊號進入訊號產生器，可能引起損壞。

在固緯 GW GFG-8015G 等訊號產生器，一般訊號輸出由 OUTPUT，只有脈衝訊號由 OUTPUT PULSE 輸出。DUTY 的 CAL 要轉到底。

在 FUNCTION 上所繪的波形，即輸出波形的種類。振盪的振幅由 AMPL 來調節，一般輸出最高到 V_{p-p}=20 V 或 40 V 左右。頻率則由 RANGE 來決定大概的範圍，由 FREQUENCY 旋扭來進一步調整。

Pintek 中的 Counter 或 Coupling 在一般實驗中用不到，將扳手扳到 INT 即可。

實驗 6.2　Kirchhoff 定律

預習習題

1.　試從方程式(6.2-1)，(6.2-2)，(6.2-3)，導出方程式(6.2-4)，(6.2-5)，(6.2-6)。

一、目的

　　將一個或兩個直流電源與三個電阻相連而得到一網路。分別量取電路中的電流與電位差，並與理論值比較，藉以驗證 Kirchhoff 定律。

二、原理

　　在簡單電路中電流與電壓的關係，由歐姆定律決定。但在較為繁複的電路中，若欲計算各部分電流，電壓與電阻的關係，則必須使用 Kirchhoff 定律，方才便利演算。Kirchhoff 定律又分為電流定律與電位差定律。

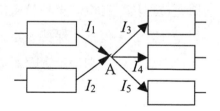

圖 6.2-1 Kirchhoff 電流定律

1.　電流定律(KCL)：從電路中任何一個接點來看，流入接點電流總流量等於流出電流總量。如果規定流入接點的電流總和為零。即 $\sum_{k} I_k = 0$。如圖 6.2-1 所示，有五電流交會於 A 點，I_1，I_2 是流入接點 A，I_3，I_4，I_5 是流出接點 A，所以 $I_1 + I_2 - I_3 - I_4 - I_5 = 0$。

其實正負或方向的規定是任意的，但對每一電路而言，所有的規定必須前後一致。假如流入接點的電流不等於流出的電流，那麼在接點上就要堆積越來越多的電荷了，所以電流定律顯而易見的必然成立的。

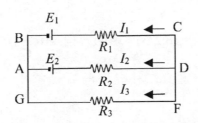

圖 6.2-2 Kirchhoff 電位差定律

2.　電位差定律(KVL)：電路中任何一個回路，其電動勢的總合等於電位降 IR 的總合，即 $\sum E = \sum IR$。以圖 6.2-2 為例來說明。回路 ABCDA 中 $E_1 - E_2 = -I_1R_1 + I_2R_2$，回路 GADFG 中 $E_2 = -I_2R_2 + I_3R_3$。

在求電動勢總合及電位差總合時，必須注意正負的問題。為了方便，一般規定在電動勢時升電位為正，降電位為負；在電位差時升電位為負，降電位為正。這種規定與電流正負的規定一樣是任意的，但是應保持一定，不能在解決問題時前後不一致。假如得到的答案中電流之值為負，則表示實際電流的方向與計算中假設的方向相反。

明白了 Kirchhoff 定律，則可應用此定律計算較複雜的電路。首先必須描繪一清晰電路圖，其次在每一電路上任意指定一個電流方向，因此即可從每一接點列出電流方程式，對每一回路列出電位差方程式，最後解此聯立方程式則可得出每一電流來。考慮圖 6.2-2 右圖的電路(忽略電池的內電阻)，設流經 DCBA，DA，DFGA 的電流各為 I_1，I_2，I_3 方向如圖所示，則對 D 點而言，依 KCL 得

$$I_1 + I_2 + I_3 = 0 \quad\ldots\ldots\ldots\ldots\ldots\ldots\ldots\ldots\ldots\ldots\ldots\ldots\ldots\ldots\ldots\ldots\ldots\ldots\ldots\ldots\ldots\text{(6.2-1)}$$

回路 ABCDA，依 KCL 得

$$E_1 - E_2 = -I_1R_1 + I_2R_2 = -V_1 + V_2 \quad\text{..(6.2-2)}$$

回路 ADFGA，依 KVL 得

$$E_2 = -I_2R_2 + I_3R_3 = -V_2 + V_3 \quad\text{..(6.2-3)}$$

從方程式(6.2-1)～(6.2-3)解得

$$I_1 = \frac{-(R_2+R_3)E_1 + R_3E_2}{R_1R_2 + R_2R_3 + R_3R_1} \quad,\quad V_1 = I_1R_1 = R_1\frac{-R_2E_1 - R_3E_1 + R_3E_2}{R_1R_2 + R_2R_3 + R_3R_1} \quad\text{......................(6.2-4)}$$

$$I_2 = \frac{-(R_1+R_3)E_2 + R_3E_1}{R_1R_2 + R_2R_3 + R_3R_1} \quad,\quad V_1 = I_2R_2 = R_2\frac{-R_1E_2 - R_3E_2 + R_3E_1}{R_1R_2 + R_2R_3 + R_3R_1} \quad\text{......................(6.2-5)}$$

$$I_3 = \frac{R_1E_2 + R_2E_1}{R_1R_2 + R_2R_3 + R_3R_1} \quad,\quad V_3 = I_3R_3 = R_3\frac{R_1E_2 + R_2E_1}{R_1R_2 + R_2R_3 + R_3R_1} \quad\text{...............................(6.2-6)}$$

如果圖 6.2-2 右圖中電池 E_2 短路(即 E_2=0)，則式(6.2-4)～(6.2-6)變為

$$I_1 = -\frac{(R_2+R_3)E_1}{R_1R_2 + R_2R_3 + R_3R_1} \quad,\quad V_1 = I_1R_1 = -R_1\frac{+R_2E_1 + R_3E_1}{R_1R_2 + R_2R_3 + R_3R_1} \quad\text{.........................(6.2-7)}$$

$$I_2 = \frac{R_3E_1}{R_1R_2 + R_2R_3 + R_3R_1} \quad,\quad V_1 = I_2R_2 = \frac{R_2R_3E_1}{R_1R_2 + R_2R_3 + R_3R_1} = V_3 \quad\text{.............................(6.2-8)}$$

$$I_3 = \frac{R_2E_1}{R_1R_2 + R_2R_3 + R_3R_1} \quad,\quad V_3 = I_3R_3 = \frac{R_2R_3E_1}{R_1R_2 + R_2R_3 + R_3R_1} = V_2 \quad\text{。.........................(6.2-9)}$$

三、儀器

三用電表，Kirchhoff 定律實驗裝置(包含兩組直流電源、三組電阻組、毫安培計和伏特計；也可以用 breadboard 及適當的電阻器、毫安培計和伏特計來作實驗)，連接線。

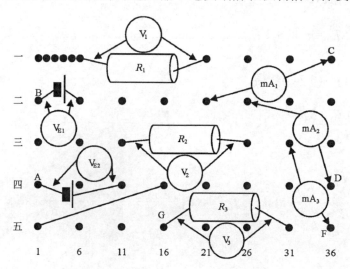

圖 6.2-3 利用 breadboard 連接 Kirchhoff 定律實驗中雙電源電路的例子。圖中省略沒有用到的直欄，像 2～5 直欄都沒有畫出來；為了避免元件或接線相近而短路，可間隔若干直欄來接。每一個電流計(mA₁)、(mA₂)及(mA₃)在不測量電流時須分別改用跳線直接連接，也就是以跳線分別將 21～36、26～36、31～36 連接起來，只在測定電流時將三根跳線分別以電流計取代。電壓則用三用電錶的兩根探針來測定；若使用沒有探針的電壓計可另外以接線接在與待測元件兩端相同直欄的插孔。

四、步驟

■注意事項

實驗時必須注意估算各分路電流的方向及大小，妥慎的將直流毫安培計的正負端子正確連接。避免電源的電路短路，或不經電阻直接接到毫安培計上。

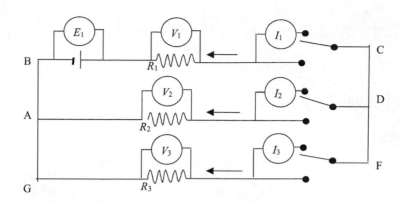

圖 6.2-4 單電源電路

單電源電路

1. 選擇一個直流電源，連接線路如圖 6.2-4 所示。

2. 任選一組電阻，在接上線路之前測其電阻值 R_1，R_2，R_3。

3. 使用伏特計並聯於電路，分別量得電源電動勢 E_1，及電位差 V_1，V_2，V_3；記錄時注意電位差增加的方向。

4. *使用毫安培計串聯於電路，分別量得電流 I_1，I_2，I_3。記錄時注意電流的方向。未經指導老師檢查，不要使用三用電錶上的電流檔。若沒有毫安培計，計算其電流值 $I = V / R$。

5. 分別驗證電位差定律及電流定律，並將量得的電流與計算值比較，且求其誤差。

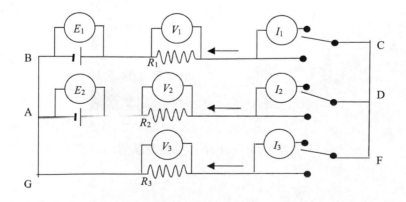

圖 6.2-5 雙電源電路

6. 連續 9 次取不同電阻值 R_1，R_2，R_3。重複步驟 3.～5.。

雙電源電路

7. 使用 2 個直流電源，連接線路如圖 6.2-5 所示。

8. 重覆單電源電路之步驟 3.～6.。

五、問題

1. 試計算電位差、電流在實驗值與計算值的誤差。

2. 假如將電池反向接通，則所得電位差與電流是否仍與本實驗相同？何故？

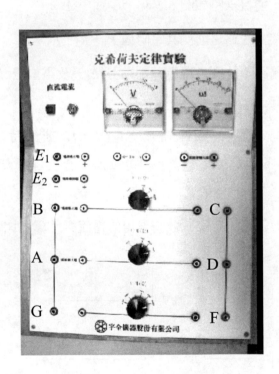

圖 6.2-6 Kirchhoff 定律實驗裝置

△ 實驗 6.3　磁　矩

一、目的

用磁力計測定磁棒的磁矩(magnetic dipole)以及地磁的水平強度。

二、原理

類似於點電荷之間的反平方力，磁極 q_{m1}，q_{m2} 之間的作用力亦有反平方力的性質，在 SI 單位的算式寫為

$$\overline{\mathbf{F}} = \frac{\mu_0}{4\pi}\frac{q_{m1}q_{m2}}{r^2}\hat{\mathbf{r}}$$

因此磁極 q_m 外空間中的磁通密度(magnetic flux density)為(單位 T=tesla=V-s/m^2)

$$\overline{\mathbf{B}} = \frac{\mu_0}{4\pi}\frac{q_m}{r^2}\hat{\mathbf{r}}$$

但由實驗的觀察中，並沒有發現單磁極(magnetic monopole)的存在，電磁學中是以電流為磁性的起源。因為所有的磁極都是成對出現，所以只能用磁偶極來作上述測試，再分析各極所受的力。對於距離 L 的一對磁極 $\pm q_m$，磁偶極 $\mu = q_m L$，向量形式為 $\bar{\boldsymbol{\mu}} = (\bar{\mathbf{r}}_N - \bar{\mathbf{r}}_S)q_m$，SI 單位是 A-m^2。而磁棒外的磁場強度為兩個磁極產生磁束密度的向量和，若設磁極 $\pm q_m$ 在 z 軸上，座標分別為 $\bar{\mathbf{r}}_N = \bar{\mathbf{0}}$，$\bar{\mathbf{r}}_S = -\hat{\mathbf{k}}L$，依疊加原理，

$$\overline{\mathbf{B}}(\bar{\mathbf{r}}) = \frac{\mu_0}{4\pi}\left[q_m\frac{\bar{\mathbf{r}}-\bar{\mathbf{r}}_N}{|\bar{\mathbf{r}}-\bar{\mathbf{r}}_N|^3} + (-q_m)\frac{\bar{\mathbf{r}}-\bar{\mathbf{r}}_S}{|\bar{\mathbf{r}}-\bar{\mathbf{r}}_S|^3}\right] = \frac{\mu_0}{4\pi}\left[\frac{\mu}{L}\frac{\bar{\mathbf{r}}}{|\bar{\mathbf{r}}|^3} - \frac{\mu}{L}\frac{\bar{\mathbf{r}}+L\hat{\mathbf{k}}}{|\bar{\mathbf{r}}+L\hat{\mathbf{k}}|^3}\right]$$

對於 z 軸上的點，磁棒對磁束密度的貢獻只有 z 分量，可以寫為

$$B_z(z) = \frac{\mu_0}{4\pi}\frac{\mu}{L}\left[\frac{1}{z^2} - \frac{1}{(z+L)^2}\right] \dots\dots(6.3\text{-}1)$$

若以圖 6.3-1 的裝置作測定，將磁棒置於地磁的垂直方向，則合成的磁束密度方向

$$\frac{B_z}{B_h} = \tan\theta \quad\text{..(6.3-2)}$$

其中 θ 可由磁針的偏轉角測得。B_h 是地磁的水平分量。將(6.3-2)代回(6.3-1)式，得

$$\frac{\mu}{B_h} = \frac{4\pi L \tan\theta}{\mu_0 \cdot \left[\dfrac{1}{z^2} - \dfrac{1}{(z+L)^2}\right]} \quad\text{..(6.3-3)}$$

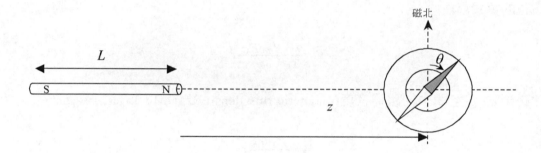

圖 6.3-1 測量 μ/B_h 的偏角磁力計。未放置磁鐵前，指南針的刻度先對準地磁子午線。

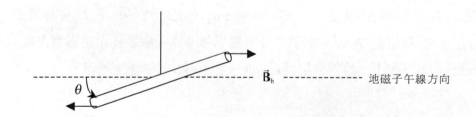

圖 6.3-2 測量 μB_h 的扭擺磁力計

　　若不知地磁的水平大小，還可以利用扭擺磁力計作測定。將磁鐵用力常數極小的線懸掛，則平衡靜止時位置沿南北方向，藉由磁力形成扭擺。當磁鐵偏轉一個小角度 θ，磁鐵所受的力矩為 $\vec{\tau} = (\vec{r}_N \times q_m \vec{B}_h - \vec{r}_S \times q_m \vec{B}_h) = \vec{\mu} \times \vec{B}_h$，大小為

$$\tau = -\mu B_{\mathrm{h}} \sin \theta \approx \mu B_{\mathrm{h}} \theta \quad\text{.................................(6.3-4)}$$

在 $\theta < 10°$ 近似式時誤差小於 1%。此時由轉動的運動方程式

$$\tau = I\alpha = I\frac{\mathrm{d}^2\theta}{\mathrm{d}t^2} \quad\text{.................................(6.3-5)}$$

若磁棒為寬 W 之長方柱，轉動慣量 $I = (L^2 + W^2)M/12$；若磁棒為直徑 ϕ 之圓柱，$I = \frac{ML^2}{12} + \frac{M\phi^2}{16}$。合併(6.3-4)，(6.3-5)式得

$$\frac{\mathrm{d}^2\theta}{\mathrm{d}t^2} + \frac{\mu B_h}{I}\theta \approx 0 \quad\text{.................................(6.3-6)}$$

比較簡諧運動的方程式，扭擺簡諧擺動的週期為

$$T = 2\pi\sqrt{I/\mu B_{\mathrm{h}}} \quad\text{.................................(6.3-7)}$$

因此

$$\mu B_h = \frac{4\pi^2 I}{T^2} \quad\text{.................................(6.3-8)}$$

由(6.3-3)，(6.3-8)式的值，相乘及相除可分別求出

$$\mu = \sqrt{(\mu B_{\mathrm{h}})\left(\frac{\mu}{B_{\mathrm{h}}}\right)} \quad\text{.................................(6.3-9)}$$

$$B_{\mathrm{h}} = \sqrt{(\mu B_{\mathrm{h}})\left(\frac{B_{\mathrm{h}}}{\mu}\right)} \quad\text{.................................(6.3-10)}$$

三、儀器

扭擺磁力計、偏角磁力計、磁棒、計時器、天秤。

四、步驟

注意事項

測量時附近不可有磁性物質。移除抽屜中的磁鐵、鐵製品、檢流計、附磁鐵的三用電表等。

1. 測量磁鐵的質量 m、長度 L、寬度或直徑，計算其轉動慣量。

2. 以力常數極小的細棉線將磁鐵水平懸掛在擺動磁力計內，調節磁力計之方向及水平螺絲，使磁鐵可以自由作小角度扭轉。若磁鐵完全靜止，可取另一磁鐵從遠方劃過，使其開始作小角度擺動。

3. 等磁鐵的擺幅小於 10° 時，以碼錶測週期 T，取 10 個以上的平均值。

4. 將轉動慣量 I 及週期 T 代入計算 μB_{h}。

5. 調整偏角磁力計的方向，使放置磁鐵的位置為東西向，垂直於地磁子午線。

6. 磁鐵沿東西方向放置並對準指南針，使指南針的偏轉約為 30° 左右。測量 z，θ 代入 (6.3-3) 式計算 μ / B_{h}。

7. 由 4 及 6 的結果分別解出 μ 及 B_{h}。

實驗 6.4　電磁學實驗雜項(順磁與反磁，電流鞦韆，感應起電，渦電流)

順磁與反磁

一、原理

當磁場加到某物質時，該物質上產生與磁場方向相同的磁化，稱為順磁性，即正的磁化率。順磁性通常由自旋或電子的軌道運動所引起。

當磁場加到某物質時，該物質上產生與磁場方向相反的磁化，稱為反磁性，即負的磁化率。反磁性一般起因於電子的軌道運動，而總和的結果恰為負的情形，例如各層電子填滿的惰性氣體。超導體則具備完全反磁性的特性。

二、儀器

Pasco 的磁性實驗組，包括三腳固定架、單擺固定桿、玻璃棒及中空鋁棒。

三、步驟

將反磁性材料(玻璃)或順磁性材料(鋁)棒懸掛在磁鐵組中間，使其能自由轉動。觀察棒狀材料受到吸引或排斥的情形。鋁棒特殊的形狀是為了減小渦電流。

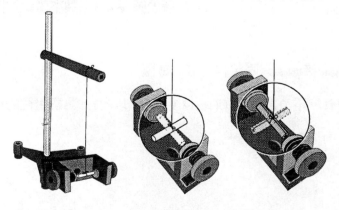

圖 6.4-1

電流鞦韆

一、原理

　　磁場中的帶電物體移動時，會受到 Lorentz 力的影響，偏移其方向。Lorentz 力以 SI 單位寫作 $\vec{F} = q\vec{v} \times \vec{B}$（若以 Gaussian cgs 單位要寫作 $\vec{F} = \dfrac{q}{c}\vec{v} \times \vec{B}$）。若將導線中的電流視為連續移動的電荷，則 $\vec{F} = I\int d\vec{l} \times \vec{B}$。在導線與磁場垂直的情形下，可以寫作 $F = I\ell B$，其中 ℓ 是導線的長度，而受力與電流大小、導線長度及磁場成正比。

　　本實驗利用簡易的器材，無法精確度量各物理量，以觀察現象為主。

二、儀器

　　Pasco 的電流鞦韆實驗組，包括三腳固定架、磁鐵組、電流鞦韆、單擺固定桿、電源。

三、步驟

1. 將單擺固定桿滑入單擺架上，並用螺絲固定於適當的高度。

2. 在固定桿的兩個孔下方穿入電流鞦韆，懸掛如圖 6.4-2。

3. 確定磁鐵的極性。將磁鐵組定並垂直放置如圖 6.4-3。調整磁鐵間距使鞦韆恰能在磁鐵間擺動。

4. 從電源以 banana 接頭插入固定桿上端的電極。

5. 調節電源，使直流電流逐漸增加(在 12 V，6 A 以內)。觀察鞦韆的移動。

6. 更換電流的方向，重覆步驟 5。

圖 6.4-2　電流鞦韆

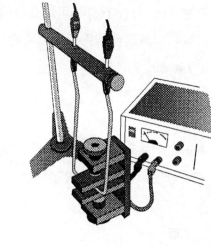

圖 6.4-3　電流鞦韆實驗

感應起電

一、原理

通過封閉回路中的磁通量有變化時，會產生電流以抵消磁通量的變化，並且與變化率成正比，是謂感應起電。磁通量的變化可由別的線圈上電流的變化引起，或是磁鐵的移動，封閉回路本身電流的變化亦可造成，以及封閉回路的移動。這些現象在 1831 年由 M.Faraday 所發現，由 F.E.Neumann 寫為數學的形式。

以定磁場中為例，導體在其中以速度 $\vec{v}$ 移動時，其中的電荷 q 受到 Lorentz 力 $q\vec{v}\times\vec{B}$ 作用，產生的起電力為

$$\mathrm{emf} = \oint \vec{v}\times\vec{B}\cdot d\vec{s} \quad\text{..(6.4-1)}$$

若考慮某一靜止回路，則在磁通量變化時，產生的起電力為

$$\mathrm{emf} = \oint \vec{E}\cdot d\vec{s} = -\frac{d\Phi_B}{dt} \;,\; \Phi_B = \int \vec{B}\cdot d\vec{s} \quad\text{..............................(6.4-2)}$$

以磁通量來考慮，(6.4-1)，(6.4-2)可以合併爲同一個式子，所以在 Maxwell 方程式中以同一個方程式來表現。渦電流即爲感應起電的一種。感應起電的方向與感應電流所受的力的方向，要滿足 Lorentz 力的關係。

二、步驟

1. 將 Pasco 的 Faraday 定律實驗片(附發光二極體的線圈)的線圈部份置於磁鐵組的二個磁鐵間隙中，在磁鐵的連心線上來回移動。注意磁極的方向。觀察發光的情形，並注意發光的顏色，即可知電流的流動方向(紅色爲逆時鐘，綠色爲順時鐘)。測出電流方向與移動方向的關係。

2. 將 Faraday 定律實驗片以垂直連心線的方向切過磁鐵間隙，觀察發光的情形。

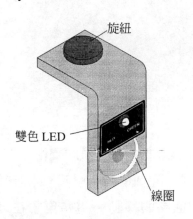

圖 6.4-4 Faraday 定律實驗片

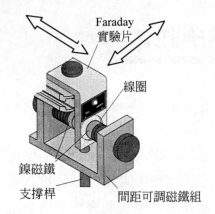

圖 6.4-5 Faraday 定律實驗

渦電流

一、目的

觀察渦電流所引起的阻尼效應。

二、原理

經時變化的磁場中的導體上，因電磁感應產生渦狀的電流，稱為渦電流，由 J.Foucault 所發現。因渦電流所產生的 Joule 熱為電能的損失。例如變壓器上輸出端未接通時，仍然有能量損失，除了鐵心中的磁滯現象中損失的能量外，多經由渦電流轉為熱能。為了減少渦電流，鐵心多以薄板相疊合，或以細線纏繞。

因為渦電流有減緩導體在磁場中運動的作用，也應用在制動裝置上。滑車軌的實驗中即利用磁鐵作為阻力的來源。

三、儀器

Pasco 的渦電流實驗組，包括三腳固定架、磁鐵組、鏟型單擺 3 種(梳型、多孔型、無孔鏟型)、單擺固定桿、計時器。

四、步驟

1.　將單擺固定桿滑入單擺架上，並用螺絲固定於適當的高度。

2.　在固定桿末端掛上 1 個鏟型單擺，如圖 6.4-6。

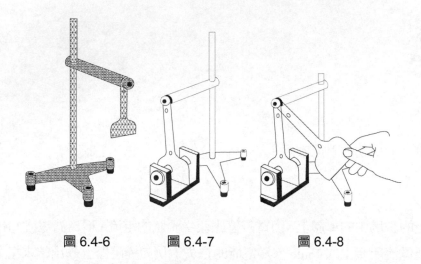

圖 6.4-6   圖 6.4-7   圖 6.4-8

3. 調節磁鐵間的距離,使其間有足夠的寬度讓單擺通過而不接觸磁鐵,如圖 6.4-7。

4. 用手將單擺提起一個小角度後,釋放單擺使其擺動,觀察單擺振幅減小的情形,並測定擺動一次所需的平均時間 T'。

5. 將磁鐵移走,重新測定周期 T。

6. 將單擺分別換成其他兩種,重覆步驟 4~5 比較振幅衰減的情形有無差異?

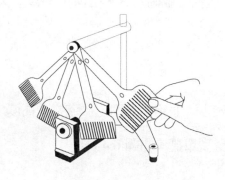

圖 6.4-9

7. 從有阻力時的準頻率 $\omega' = 2\pi / T'$ 及沒有阻力時的頻率 $\omega = 2\pi / T$,利用 $(\omega')^2 = \omega^2 - \beta^2$ 的關係,試著計算振幅衰減的情形。這裡的 $\beta = b / 2m$,b 是阻力與振動速率之間的比例常數。

實驗 6.5　電容的充放電

預習習題

1. 如圖 6.5-1 在 RC 電路中，直流電源電壓為 E，將線路接在 A 點上，當 $t = 0$ 時電容沒有充電。則最後電容上的電荷為 CE，0，還是 E/R？

2. 同上，電流的變化是由 0 增加到 E/R，始終保持 E/R，始終保持為 CE，還是由 E/R 減少到 0？

3. 在圖 6.5-4 的電路中，電容充電完之後當 $t = 0$ 時切斷接點 S，則以下哪些等於 $E\,e^{-t/RC}$，是電容兩端的電位差，伏特計兩端的電位差，還是電容上的電荷？

4. 寫出充電過程中，電荷與電流隨時間變化的方程式。

5. 寫出放電過程中，電荷與電流隨時間變化的方程式。

6. 若 RC 電路中，電容為 5.00 μF，電阻為 3.50 MΩ，則時間常數 RC 是多少(含單位)？

7. 取 5.00 μF 的電容，24.0 V 的電池，10.0 MΩ的電阻及內電阻為 12.0 MΩ 的伏特計，形成圖 6.5-4 的電路。在充電完後切斷接點 S，則過 25.0 s 後伏特計的讀數為何？

一、目的

研究電容的充放電，觀察以下的現象：

1. 充電所需的時間。

2. 元件上電壓隨時間的變化。

3. 電容的串聯與並聯。

二、原理

平行板電容 C 大小定義為蓄電量 Q 除以電壓 V，故電容器兩端的電壓 $V=Q/C$ 與蓄電量成正比。

將原有電位差

$$V_0 = Q_0 / C \dotfill (6.5\text{-}1)$$

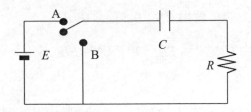

圖 6.5-1 說明 RC 充放電現象的電路。接上 A 時可以充電，接上 B 時可以放電

的電容兩端接上電壓 E 時，電容將被充電，直至電容上的電位差與外接電壓相等

$$V_f = Q_f / C = E \dotfill (6.5\text{-}2)$$

為止。充電時若線路上的電阻為 R，則

$$E = IR + Q / C$$

又電荷的變化即電流，$I = \mathrm{d}Q/\mathrm{d}t$，故

$$R\frac{\mathrm{d}Q}{\mathrm{d}t} + \frac{Q}{C} = E \dotfill (6.5\text{-}3)$$

整理方程式得

$$\frac{1}{EC-Q}\mathrm{d}Q = \frac{1}{RC}\mathrm{d}t$$

兩邊積分

$$\int_{CV_0}^{Q(t)} \frac{\mathrm{d}Q}{EC-Q} = \frac{1}{RC}\int_0^t \mathrm{d}t$$

得

$$\ln \frac{CV_0 - CE}{Q - CE} = \frac{t}{RC}$$

$$Q = CE + (CV_0 - CE)\mathrm{e}^{-t/RC} \quad\text{...}(6.5\text{-}4)$$

故電容兩端電位差 $V = Q/C$ 為

$$V = E + (V_0 - E)\mathrm{e}^{-t/RC} \quad\text{...}(6.5\text{-}5)$$

充電電流為

$$I = \frac{E - V_0}{R}\mathrm{e}^{-t/RC} \quad\text{..}(6.5\text{-}6)$$

當時間 $t \gg RC$ 趨於無窮時，$V \to E$，$I \to 0$。時間常數 RC 值愈大，充電也愈慢。若開始充電之前電容沒有蓄電，則以上各式 $V_0 = Q_0 = 0$，如圖 6.5-1(a)，

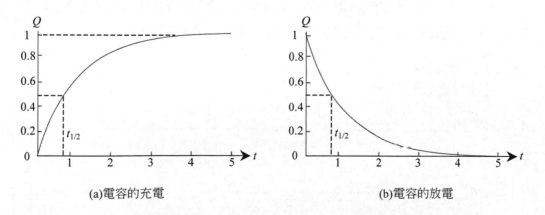

(a)電容的充電　　　　　　　　　　　　　(b)電容的放電

圖 6.5-2 電容的充電及放電，縱軸為蓄電量，單位 CE，橫軸為時間，單位 RC。

$t_{1/2}$ 為半衰期，$t_{1/2} = 0.69RC$

$$Q = CE \cdot (1 - e^{-t/RC}) \quad\text{...}(6.5\text{-}7)$$

$$V = E \cdot (1 - e^{-t/RC}) \quad\text{...}(6.5\text{-}8)$$

$$I = \frac{E}{R} e^{-t/RC} \quad\text{...}(6.5\text{-}9)$$

電荷或電壓充電一半所需的時間為 $1 - e^{-t_{1/2}/RC} = \dfrac{1}{2}$ ，即 $t_{1/2} = RC\ln 2$ 。

若將蓄電量 $Q_0 = CV_0$ 的電容兩端接於電阻上，電容將有放電現象。此時 $0 = IR + Q/C$，將 $E = 0$ 代入上面的解得

$$Q = Q_0\, e^{-t/RC} = CV_0\, e^{-t/RC} \quad\text{...}(6.5\text{-}10)$$

$$V = V_0\, e^{-t/RC} \quad\text{..}(6.5\text{-}11)$$

$$I = I_0\, e^{-t/RC} = \frac{-V_0}{R} e^{-t/RC} \quad\text{.......................................}(6.5\text{-}12)$$

當時間 $t >> RC$ 趨於無窮時，$V \to 0$，$I \to 0$。時間常數 RC 值愈大，放電也愈慢。若放電之前電容經過充分長時間的充電，上列 $V_0 = E$，如圖 6.5-2(b)，

$$Q = CE\, e^{-t/RC} \quad\text{...}(6.5\text{-}13)$$

$$V = E e^{-t/RC} \quad\text{..}(6.5\text{-}14)$$

$$I = -\frac{E}{R} e^{-t/RC} \quad\text{..}(6.5\text{-}15)$$

電荷或電壓放電一半所需的時間為 $e^{-t_{1/2}/RC} = \dfrac{1}{2}$，即 $t_{1/2} = RC \ln 2$。

補充：衰減為 90%所需時間為 $t_{90\%}=RC \ln(10/9)$

複數個電容作串聯時，整體的電容值為 $C = (C_1^{-1} + C_2^{-1} + C_3^{-1} + ...)^{-1}$。複數個電容作並聯時，整體的電容值為 $C = C_1 + C_2 + C_3 + ...$。詳細的說明請參閱大學物理學。

三、儀器

三用電表、電源供應器、breadboard、跳線、帶鱷口夾的接線、數百μF 以上的電容、數 kΩ以上的電阻若干、方格紙(學生自備)、伏特計。

四、步驟

■ 注意事項

懷疑電路有燒壞的可能，或無法確定是否為正確接法時，在接通前應請助教或教師檢查，以免短路發生危險，或是燒壞儀器。不論測量電流或電壓，在測量前先確認交、直流的種類，再估算對應的電流或電壓值，先將範圍調至較大值處，將探針接在所要測定的位置，確認電流或電壓值在安全範圍後，逐步將檔撥轉至最適當的範圍。測量電阻時應移除電路上歐姆計以外的電源。

三用電表在不用時應撥回 Off 處。類比式三用電表若沒有 Off 檔則可撥至 ACV 或 DCV 的高電壓檔(例如 1000 V)。使用完畢後切勿留置於歐姆檔，以免因短路等原因造成電池用盡。若發現有未歸檔者扣該組成績。接線、電纜及探針等在使用完畢後，不要用力捆成一團或打結，輕輕收好平放即可。

將三用電表當作電源

1. 取電容 C 及電阻 R 各 1 個，使時間常數 RC 約為數秒。

2. 將電容的 2 支腳相接觸，使其放電。

3. 將電容與電阻串聯,再接至歐姆計上充電。以文字描述計計錄充電過程,包括電阻值的變化。若充電太快或太慢,可嘗試更換電阻或電容值以利觀察。歐姆計輸出電壓的大小(約 9 V)及正負極(有些歐姆計 COM 為正,Ω為負)可以用伏特計來確定。

4. 將充電後電容的 2 支腳接至伏特計上放電。以文字描述計錄放電過程,包括電壓值的變化及電壓的極性。若放電過慢,可以仿照圖 6.5-4 並聯一個電阻。

5. 將電容的 2 支腳相接觸,使其放電,再測量 2 支腳的電位差。(S 斷路)

時間常數的測定

6. 調節電源適當的輸出電壓,如圖 6.5-4 接上電路,接上接點 S,讀取電壓值。

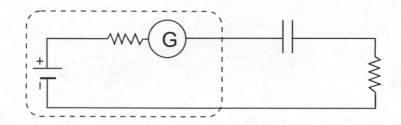

圖 6.5-3 用歐姆計將電容充電

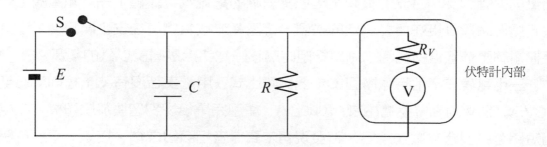

圖 6.5-4 *RC* 電路上電壓的測量

7. 在切斷接點 *S* 的同時,按下碼錶或計時器開始讀秒。

8. 在電壓下降的過程中,記錄電壓隨時間的變化。也可以選定特定的電壓值,讀取對應的秒數。如降到 9.5 V,9.0 V,8.5 V,8.0 V...時所須的時間。

9.　重覆 6～8 數次。

電容的串並聯

10.　將 2 個或更多電容串聯，以 6.～9.的要領測量放電過程，並推算出有效電容值。

11.　將 2 個或更多電容並聯，以 6.～9.的要領測量放電過程，並推算出有效電容值。

五、分析

時間常數的測定

1.　計算 $\ln(E/V)$。

2.　以 $\ln(E/V)$為縱軸，t 的測量平均值為橫軸，讀取斜率，並與 $1/RC$ 比較。注意若電阻值 R 較大時，要加上電壓計的內電阻作修正，即有效的電阻為 $(R^{-1} + R_V^{-1})^{-1}$。

電容的串並聯

　　方法與時間常數的測定同，但是要將電容值視為未知，由斜率的倒數 RC 算出電容的大小。與預測的結果比較。

六、問題

1.　如何用三用電表確定電容是否能用？

實驗 6.6　交流電路(LR.RC.LCR 電路)

預習習題

1.　在交流電路中，電阻上的電流與電位差之間相位的關係為：電流超前電位差 90°，電位差超前電流 90°，電流與電位差同相位，還是電流與電位差之間相差某個可能不為 90°的角度 ϕ？

2.　在交流電路中，電感上的電流與電位差之間相位的關係為：電流超前電位差 90°，電位差超前電流 90°，電流與電位差同相位，還是電流與電位差之間相差某個可能不為 90°的角度 ϕ？

3.　在交流電路中，電容上的電流與電位差之間相位的關係為：電流超前電位差 90°，電位差超前電流 90°，電流與電位差同相位，還是電流與電位差之間相差某個可能不為 90°的角度 ϕ？

4.　在交流電路中，電源上的電位差與電流與之間相位的關係為：電流超前電位差 90°，電位差超前電流 90°，電流與電位差同相位，還是電流與電位差之間相差某個可能不為 90°的角度 ϕ？

5.　極大值為 5.00 V 的電源，其實效值為何？

6.　2.50 mH 的電感上(內電阻可忽略)通以實效值 15.0 V，頻率 200 Hz 的電壓，則電流的實效值為何？

7.　純粹的電感及純粹的電阻串聯於未知的交流電壓上。電感兩端的實效電壓為 10.0 V，電阻兩端的實效電壓為 15.0 V，求未知的電壓值。

8.　阻值為 500 Ω的電阻器，與內電阻為 r，電感值為 L 的電感器串聯，接於實效值為 10.0 V，角頻率 ω 為 1000 rad/s 之電源上。電感器兩端的實效電位差為 4.73 V，而電阻器兩端的實效電位差為 6.57 V。求 L 及 r。

9. 由 RC 串聯而成的交流電路上，電源的電壓 V，電阻兩端的電位差 V_R，與電容兩端的電位差 V_C 之間，有何關係：

　　V 與 V_R 同相位，V_C 較 V_R 晚 $90°$；或是 V_R 與 V_C 成某個角度，V 較 V_C 早 $90°$；或是 V_C 較 V_R 晚 $90°$，V 較 V_R 晚某個角度；或是 V_R 較 V_C 晚某個角度，V_C 較 V 早 $90°$？

10. 若電容及電阻串聯於未知的交流電壓上。電容兩端的實效電壓為 10.7 V，電阻兩端的實效電壓為 12.6 V，求未知的電壓值。

11. 由 RC 串聯而成的電路上，電源角頻率 $\omega = 2000$ rad/s，$R = 300\ \Omega$，電容兩端的實效電壓為 4.76 V，電阻兩端的實效電壓為 6.78 V，則電容的值 C 為何？

12. 串聯 RC 電路上 $R = 500\ \Omega$，$C = 3.00\ \mu F$，測得的實效電壓分別為 $V_R = 8.07$ V，$V_C = 6.68$ V，則電流值 I 及其角頻率 ω 為何？

13. 串聯 LCR 電路上，電感器的內電阻為 $r = 200\ \Omega$，電感值為 $L = 150$ mH，電流的角頻率 $\omega = 1000$ rad/s，測得電感器兩端的實效電阻為 $V_{ind} = 10.87$ V，電阻器兩端的實效電阻為 $V_R = 4.65$，電容器兩端的實效電阻為 $V_C = 5.96$ V，則電源的電壓為何？

一、目的

　　觀察交流電路中，各元件上的電壓、電流之間大小與相角的關係，並測定電感器的內電阻。

二、原理

1. 實效電壓：一般交流伏特計或交流安培計所測得的值為其對時間的 rms 值，即對應於能量的實效值。此時電能為 $W = \mathrm{rms}(I)\mathrm{rms}(V)t$，對於實際應用來說較為方便。對於正弦波來說，$\mathrm{rms}(V) = V_{max}/\sqrt{2} = V_{p-p}/\sqrt{8}$。有關 rms 的詳細計算，參閱實驗 6.1 的說明。

　　另外在計算交流電流時，為了方便，常利用 Euler 的公式 $e^{i\omega t} = \cos\omega t + i\sin\omega t$。因為等速圓周運動的一維投影即為簡諧運動，故正弦波形可視為複數相空間中圓周運動的投影。例如

$$V = V_{max} \cos(\omega t + \phi_V) = \text{Re}(V_{max}\, e^{i\omega t + i\phi_V}) = \text{Re}(\tilde{V}) \text{ ,}$$

$$I = I_{max} \cos(\omega t + \phi_I) = \text{Re}(I_{max}\, e^{i\omega t + i\phi_I}) = \text{Re}(\tilde{I}) \text{ 。}$$

定義相空間中作圓運動的相量,則實際的值即為其在實數軸上的投影。對於電阻來說,$V = RI$,所以 $\tilde{V}_R = R\tilde{I}$。

2. 電感:螺線管上的電流有變化時,會產生自感(self-induction)的現象,兩端的電位差

$$V = L\frac{dI}{dt} \dotfill (6.6\text{-}1)$$

以交流輸入為例,設時間為 0 時電流的相位為 0,

$$I = I_{max} \cos(\omega t) = \text{Re}(I_{max}\, e^{i\omega t}) \dotfill (6.6\text{-}2)$$

微分後得電位差為

$$V = \omega L I_{max}[-\sin(\omega t)] = \omega L I_{max} \cos(\omega t + \pi/2) = \text{Re}(\omega L I_{max}\, e^{i\omega t + i\pi/2})$$

$$= \text{Re}(\omega L\, e^{i\pi/2} I_{max}\, e^{i\omega t}) = \text{Re}(i\omega L I_{max}\, e^{i\omega t}) \dotfill (6.6\text{-}3)$$

可知電感上的電位差的相位較電流的相位早 90°,也就是早 1/4 個週期。利用 6.6-2,6.6-3 式的關係,可以設定

$$\tilde{I} = I_{max}\, e^{i\omega t} \dotfill (6.6\text{-}4)$$

$$\tilde{V}_L = i\omega L I_{max}\, e^{i\omega t} \dotfill (6.6\text{-}5)$$

並且定義電感的複阻抗(complex impedance)為

$$\tilde{Z}_L = i\omega L \dotfill (6.6\text{-}6)$$

可以得到

$$\tilde{V}_L = \tilde{I}\tilde{Z}_L \quad \text{...(6.6-7)}$$

實際的電感器因常含有內電阻 r，其等效電路有如一個純粹電感與純粹電阻的串聯，其電位差為兩者的和，$V_{\text{ind}} = V_r + V_L = \text{Re}(\tilde{V}_r + \tilde{V}_L) = \text{Re}(\tilde{Z}_r\tilde{I} + \tilde{Z}_L\tilde{I}) = \text{Re}(\tilde{Z}_{\text{ind}}\tilde{I})$，可知複阻抗 $\tilde{Z}_{\text{ind}}$ 亦為電感 $\text{i}\omega L$ 與電阻 r 之和。

3. 電容：平行板電容 C 大小定義為蓄電量 Q 除以電壓 V，故電容器兩端的蓄電量與電壓成正比。又電荷對時間的變化量即為電流，$I = \dfrac{\text{d}Q}{\text{d}t}$，故

$$I = C\frac{\text{d}V}{\text{d}t} \quad \text{...(6.6-8)}$$

以交流輸入為例，設時間為 0 時電位差的相位為 $-\pi/2$，

$$V = V_{\max}\cos(\omega t - \pi/2) = \text{Re}(V_{\max}\,\text{e}^{\text{i}\omega t - \text{i}\pi/2}) = \text{Re}(V_{\max}\,\text{e}^{-\text{i}\pi/2}\text{e}^{\text{i}\omega t})$$

$$= \text{Re}(-\text{i}V_{\max}\,\text{e}^{\text{i}\omega t}) \quad \text{...(6.6-9)}$$

微分後得電流為

$$I = \omega C V_{\max}[-\sin(\omega t - \pi/2)] = \omega C V_{\max}\cos(\omega t) = \text{Re}(\omega C V_{\max}\,\text{e}^{\text{i}\omega t}) \quad \text{.........................(6.6-10)}$$

可知電容上的電位差的相位較電流的相位晚 90°，也就是晚 1/4 個週期。利用 6.6-9、6.6-10 式的關係，可以設定

$$\tilde{V}_C = -\text{i}V_{\max}\,\text{e}^{\text{i}\omega t} \quad \text{...(6.6-11)}$$

$$\tilde{I} = \omega C V_{\max}\,\text{e}^{\text{i}\omega t} \quad \text{...(6.6-12)}$$

並且定義電容的複阻抗為

$$\tilde{Z}_C = \frac{1}{\text{i}\omega C} \quad \text{...(6.6-13)}$$

可以得到

$$\tilde{V}_C = \tilde{I}\tilde{Z}_L \quad\text{...(6.4-14)}$$

對於由電阻、電感、電容串聯而成的電路，由

$$\tilde{V} = \tilde{V}_C + \tilde{V}_L + \tilde{V}_R \quad\text{...(6.4-15)}$$

可知整體的複阻抗恰為分別的複阻抗和

$$\tilde{Z} = \tilde{Z}_C + \tilde{Z}_L + \tilde{Z}_R = \frac{1}{\mathrm{i}\omega C} + \mathrm{i}\omega L + R \quad\text{....................................(6.4-16)}$$

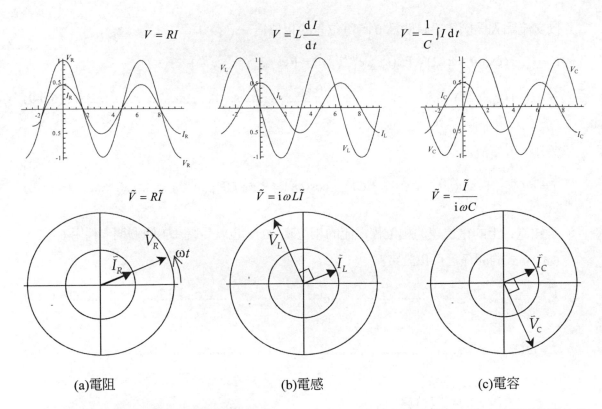

(a)電阻   (b)電感   (c)電容

圖 6.6-1 電阻、電感、電容的電流與電壓間的關係，以及在相空間中的關係。電流與電壓的單位並不相同，此處僅標示其相位關係及方向。

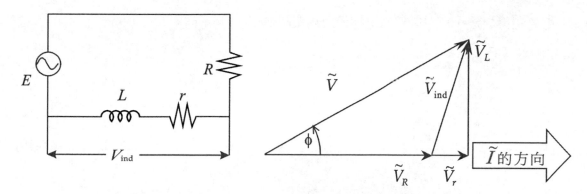

圖 6.6-2 LR 串聯電路，以及各元件的電位差在相圖上的關係。電感器的內電阻為 r

4.　串聯 LR 電路：將電阻器與電感器串聯於交流電源上，過了足夠長久的時間($t \gg L/R$) 後，電流值也變成正弦波的形式。當指數函數的成分消失後，可以利用前述的複數方法來計算，省去解微分方程式的麻煩。

　　由於通過所有元件的電流 $\tilde{I}$ 都一樣，通過電感成分的電位差較電阻成分的電位差早 1/4 週期，且大小分別為 $\tilde{V}_L = i\omega L\tilde{I}$ 與 $\tilde{V}_R = R\tilde{I}$。若電感有內電阻 r，可將之分離出來。若將電阻之電位差 $\tilde{V}_R + \tilde{V}_r$ 繪於水平方向，則電感之電位差 $\tilde{V}_L$ 在+90°方向上。串聯之後的電位差的和，恰為所有元件的相量和，電位差與電流之間的相位差為

$$\phi = \tan^{-1} \frac{\left|\tilde{V}_L\right|}{\left|\tilde{V}_R + \tilde{V}_r\right|} = \tan^{-1} \frac{\left|\tilde{Z}_L\right|}{\left|\tilde{Z}_R + \tilde{Z}_r\right|} = \tan^{-1} \frac{\omega L}{R+r} \quad\text{.................................(6.6-17)}$$

在實驗時，實際測得的電壓值是 $\mathrm{rms}(V)$，$\mathrm{rms}(V_{\mathrm{ind}})$ 與 $\mathrm{rms}(V_R)$。由三角形的餘弦定理可知

$$\left|\tilde{V}_{\mathrm{ind}}\right|^2 = \left|\tilde{V}\right|^2 + \left|\tilde{V}_R\right|^2 - 2\left|\tilde{V}\right|\left|\tilde{V}_R\right|\cos\phi$$

$$\phi = \cos^{-1} \frac{\left|\tilde{V}_R\right|^2 + \left|\tilde{V}\right|^2 - \left|\tilde{V}_{\mathrm{ind}}\right|^2}{2\left|\tilde{V}\right|\left|\tilde{V}_R\right|} = \cos^{-1} \frac{\mathrm{rms}(V_R)^2 + \mathrm{rms}(V)^2 - \mathrm{rms}(V_{\mathrm{ind}})^2}{2\,\mathrm{rms}(V)\,\mathrm{rms}(V_R)} \quad\text{....................(6.6-18)}$$

相角測得之後，可以計算出電感值及內電阻值

$$\left|\tilde{V}_L\right| = \left|\tilde{V}\right|\sin\phi$$

$$L = \frac{R}{\omega}\frac{\left|\tilde{V}_L\right|}{\left|\tilde{V}_R\right|} = \frac{R}{\omega}\frac{\mathrm{rms}(V_L)}{\mathrm{rms}(V_R)} \quad\text{.............(6.6-19)}$$

$$\left|\tilde{V}_r\right| = \left|\tilde{V}\right|\cos\phi - \left|\tilde{V}_R\right|$$

$$r = R\frac{\left|r\tilde{I}\right|}{\left|R\tilde{I}\right|} = R\frac{\left|\tilde{V}_r\right|}{\left|\tilde{V}_R\right|} = R\frac{\left|\tilde{V}\right|\cos\phi - \left|\tilde{V}_R\right|}{\left|\tilde{V}_R\right|} = R\frac{\mathrm{rms}(V)\cos\phi - \mathrm{rms}(V_R)}{\mathrm{rms}(V_R)} \quad\text{............(6.6-20)}$$

5. 串聯 RC 電路：將電阻器與電感器串聯於交流電源上，過了足夠長久的時間($t \gg RC$)後，電容蓄電量的平均值降為 0，電流值也變成正弦波的形式。當指數函數的成分消失後，可以利用前述的複數方法來計算，省去解微分方程式的麻煩。

　　由於通過所有元件的電流 $\tilde{I}$ 都一樣，通過電容器的電位差較電阻器的電位差晚 1/4 週期，且大小分別為 $\tilde{V}_C = \tilde{I}/(\mathrm{i}\omega C)$ 與 $\tilde{V}_R = R\tilde{I}$。若將電阻之電位差 $\tilde{V}_R$ 繪於水平方向，則電容之電位差 $\tilde{V}_C$ 在 $-90°$ 方向上。串聯之後的電位差的和，恰為所有元件的相量和，電位差與電流之間的相位差為

$$\phi = -\tan^{-1}\frac{\left|\tilde{V}_C\right|}{\left|\tilde{V}_R\right|} = -\tan^{-1}\frac{\mathrm{rms}(V_C)}{\mathrm{rms}(V_R)} = -\tan^{-1}\frac{\left|\tilde{Z}_C\right|}{\left|\tilde{Z}_R\right|} = -\tan^{-1}\frac{1}{\omega RC} \quad\text{................(6.6-21)}$$

在實驗時，實際測得的值是 $\mathrm{rms}(V)$，$\mathrm{rms}(V_C)$ 與 $\mathrm{rms}(V_R)$。由(6.6-13)，(6.6-14)式，電容的大小為

$$C = \frac{\tilde{I}}{i\omega\tilde{V}_C} = \frac{|\tilde{V}_R|/R}{\omega|\tilde{V}_C|} = \frac{1}{\omega R}\frac{|\tilde{V}_R|}{|\tilde{V}_C|} = \frac{1}{\omega R}\frac{\mathrm{rms}(V_R)}{\mathrm{rms}(V_C)} \dots\dots\dots(6.6\text{-}22)$$

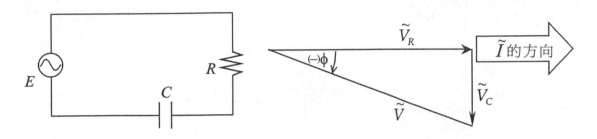

圖 6.6-3 RC 串聯電路，以及各元件的電位差在相圖上的關係

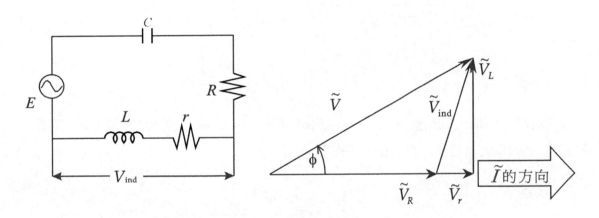

圖 6.6-4 LCR 串聯電路，以及各元件的電位差在相圖上的關係

6. 串聯 LCR 電路：將電阻器、電容器與電感器串聯於交流電源上，過了足夠長久的時間後，電流值變成正弦波的形式。當阻尼振盪的成分消失後，可以利用前述的複數方法來計算，省去解微分方程式的麻煩。

　　由於通過所有元件的電流 $\tilde{I}$ 都一樣，通過電容成分的電位差較電阻成分的電位差晚 1/4 週期，通過電感成分的電位差較電阻成分的電位差晚 1/4 週期。且大小分別為 $\tilde{V}_C = \tilde{I}/(i\omega C)$ 與 $\tilde{V}_R = R\tilde{I}$。若將電阻之電位差 $\tilde{V}_R$ 繪於水平方向，則電感之電位差 $\tilde{V}_L$

在+90°方向上，電容的電位差 $\widetilde{V}_C$ 在 −90°方向上。串聯之後的電位差的和，恰為所有元件的相量和，其相角與大小分別為

$$\phi = \tan^{-1}\frac{\left|\widetilde{V}_L - \widetilde{V}_C\right|}{\left|\widetilde{V}_R + \widetilde{V}_r\right|} = \tan^{-1}\frac{\left|\omega L - \dfrac{1}{\omega C}\right|}{\left|R + r\right|} \quad\text{.............................(6.6-23)}$$

$$\left|\widetilde{V}\right| = \sqrt{(\left|\widetilde{V}_R\right| + \left|\widetilde{V}_r\right|)^2 + (\left|\widetilde{V}_L\right| - \left|\widetilde{V}_C\right|)^2}$$

換算為實效電壓的值

$$\text{rms}(V) = \sqrt{[\text{rms}(V_R) + \text{rms}(V_r)]^2 + [\text{rms}(V_L) - \text{rms}(V_C)]^2} \quad\text{.......................(6.6-24)}$$

三、儀器

三用電表、電源供應器、breadboard、跳線、帶鱷口夾的接線、數百μF 以上的電容器、數 kΩ以上的電阻器若干、數 mH 的電感器。

四、步驟

■注意事項

懷疑電路有燒壞的可能，或無法確定是否為正確接法時，在接通前應請助教或教師檢查，以免短路發生危險，或是燒壞儀器。不論測量電流或電壓，在測量前先確認交、直流的種類，再估算對應的電流或電壓值，先將範圍調至較大值處，將探針接在所要測定的位置，確認電流或電壓值在安全範圍後，逐步將檔撥轉至最適當的範圍。測量電阻時應移除電路上歐姆計以外的電源。

三用電表在不用時應撥回 Off 處。類比式三用電表若沒有 Off 檔則可撥至 ACV 或 DCV 的高電壓檔(例如 1000 V)。使用完畢後切勿留置於歐姆檔，以免

因短路等原因造成電池用盡。若發現有末歸檔者扣該組成績。接線、電纜及探針等在使用完畢後，不要用力捆成一團或打結，輕輕收好平放即可。

　　交流伏特計能夠測量的頻率有上下限，輸入的頻率最好設在 100～10kHz 的等級。

交流 LR 電路

1. 取電感器與電阻器，串聯接於訊號產生器上，如圖 6.6-2。

2. 適當調整訊號產生器正弦波的振幅與頻率，使得 ωL 約與 R 的大小相等。例如 L=10 mH，R=100 Ω，可選 ω=10k Mrad/s，頻率為 1 kHz 左右。

3. 以三用電表量取電阻器、電感器兩端的電位差 rms(V_R)與 rms(V_{ind})，以及串聯後的電位差 rms(V)。

4. 更換不同的電阻器，重覆步驟 1～3。

交流 RC 電路

5. 取電容器與電阻器，串聯接於訊號產生器上，如圖 6.6-3。

6. 適當調整訊號產生器正弦波的振幅與頻率，使得 $1/\omega C$ 約與 R 的大小相等。例如 C=1 μF，R=100 kΩ，可選 ω = 1 k rad/s，頻率為 100 Hz 左右。

7. 以三用電表量取電阻器、電容器兩端的電位差 rms(V_R)與 rms(V_C)，以及串聯後的電位差 rms(V)。

8. 更換不同的電阻器，重覆步驟 5.～7.。

交流 LCR 電路

9. 取電感器、電容器與電阻器，串聯接於訊號產生器上，如圖 6.6-4。

10. 調整訊號產生器正弦波的頻率為約 100 Hz。

11. 以三用電表量取電阻器、電容器及電感器兩端的電位差 rms(V_R)，rms(V_C)，與 rms(V_L) 以及串聯後的電位差 rms(V)。

12. 更換不同的頻率，重覆步驟 11.。

五、分析

交流 LR 電路

1. 由訊號產生器顯示的頻率 f 計算角頻率 $\omega = 2\pi f$。

2. 計算串聯電位差與電流的相角差 ϕ。

3. 計算電感器的電感值 L 與內電阻值 r。計算其平均及平均標準差。

交流 RC 電路

1. 由訊號產生器顯示的頻率 f 計算角頻率 $\omega = 2\pi f$。

2. 計算串聯電位差與電流的相角差 ϕ。

3. 計算電感器的電感值 C。計算其平均及平均標準差。

交流 LCR 電路

1. 由訊號產生器顯示的頻率 f 計算角頻率 $\omega = 2\pi f$。

2. 利用前面所得到的 L 及 r 值，以(6.6-24)式計算電位差之和的大小，與實際量得的值比較。

六、討論

評價所用的元件中，標定值與實驗結果之間的誤差大小。

七、問題

參考實驗 7.4 在交流 LCR 電路的內容，說明爲何收音機調整頻道的旋紐是一個可變電容？$|V|$ 在何種頻率會有極大值？

實驗 6.7　Wheatstone 電橋與交流電橋

預習習題

1.　圖 6.7-1 中的電橋若處於電位平衡的狀態，此時哪幾項為真：未知電阻 R_2 上沒有電流；檢流計兩端沒有電位差；檢流計上沒有電流通過；R_1 與 R_3 上的電流相等；R_1 與 R_2 上的電流相等；R_1 兩端與 R_3 兩端的電位差相等；R_1 兩端與 R_2 兩端的電位差相等。

2.　實驗中使用電阻線，是利用下列哪一種特性：電阻大小與線長度相等；電阻大小與截面成正比；電阻大小與線長度成正比；電阻大小與線長度成反比。

3.　圖 6.7-1 右方的交流電橋，其平衡條件與頻率有何關係？

一、目的

利用電阻、電容及檢流計或電流計，組成 Wheatstone 電橋或交流電橋，並量測電阻線長度與電阻值的關係。

二、原理

1.　Wheatstone 電橋：Wheatstone 電橋是一種如圖 6.7-1 所示的電路接線形式，為一種測量電阻值大小的方法。利用市販的電阻箱或電橋，可以得到多位有效位數的精確電阻值。電路中ⓖ為檢流計，R_1～R_4 為電阻。此之所以稱為"電橋"，乃是由於檢流計ⓖ兩端連接 A，B 兩點位置，就好像有座橋般。當電橋兩端電位平衡時，A，B 兩點的電位相同，則檢流計兩端將無電位差，因此沒有電流通過檢流計，檢流計指針也就不會偏轉。假設，此時通過 R_1 和 R_2 的電流為 $I_1 = I_2 = I_{JAK}$，通過 R_3 和 R_4 的電流為 $I_3 = I_4 = I_{JBK}$。

因為 A，B 兩點的電位相同，所以

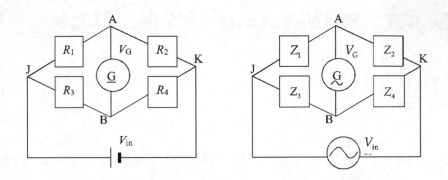

圖 6.7-1 Wheatstone 電橋(左)及交流電橋(右)電路圖

$$I_{\text{JAK}} R_1 = I_{\text{JBK}} R_3 \quad\text{...(6.7-1)}$$

$$I_{\text{JAK}} R_2 = I_{\text{JBK}} R_4 \quad\text{...(6.7-2)}$$

(6.7-1)、(6.7-2)兩式相除，得到

$$R_1 / R_2 = R_3 / R_4 \quad\text{...(6.7-3)}$$

或者

$$R_2 = \frac{R_1 R_4}{R_3} \quad\text{...(6.7-4)}$$

　　假如 R_2 是未知的，若可以調整出已知之電阻 R_1，R_3，R_4，使得無電流通過檢流計，那麼便可藉由(6.7-4)式推算出 R_2 之值了！

2. 交流電橋：將 Wheatstone 電橋的電源改為交流電源，且將電阻改為阻抗，並將直流檢流器改為交流檢流器，即形成交流電橋。利用實驗 6.6 中對交流阻抗電路的討論，可以推廣(6.7-1)～(6.7-4)式為

$$\tilde{I}_{\text{JAK}} \tilde{Z}_1 = \tilde{I}_{\text{JBK}} \tilde{Z}_3 \quad\text{...(6.7-1')}$$

$$\tilde{I}_{\text{JAK}} \tilde{Z}_2 = \tilde{I}_{\text{JBK}} \tilde{Z}_4 \quad\text{...(6.7-2')}$$

$$\tilde{Z}_1 / \tilde{Z}_2 = \tilde{Z}_3 / \tilde{Z}_4 \quad \text{...(6.7-3')}$$

$$R_2 = \frac{R_1 R_4}{R_3} \quad \text{...(6.7-4')}$$

若 $\tilde{Z}_3 = \dfrac{1}{i\omega C_3}$，$\tilde{Z}_4 = \dfrac{1}{i\omega C_4}$ 是電容，$\tilde{Z}_1 = R_1$，$\tilde{Z}_2 = R_2$ 是電阻，代入(6.7-3')式得

$$\frac{R_1}{R_2} = \frac{\tilde{Z}_1}{\tilde{Z}_2} = \frac{\tilde{Z}_3}{\tilde{Z}_4} = \frac{1/i\omega C_3}{1/i\omega C_4} = \frac{C_4}{C_3} \quad \text{...........................(6.7-5)}$$

三、儀器

直流電源、訊號產生器、三用電表(含小電流之交流電壓 ACmV、直流電壓 DCmV)、跳線若干、電容器及電阻器、電阻線。

四、步驟

■ 注意事項

先以三用電表上的電壓計測量，粗略調整電橋的平衡，再依次撥入低壓檔，提高電壓計的靈敏度，逐次調整電橋的平衡。

直流電橋

1. 取 1 kΩ 以上電阻器 2 個，測量其電阻值，分別接於 JA 及 AK。
2. 將電阻線以鱷口夾 B 連至電壓計上，電壓計另一端固定於接點 A，如圖 6.7-2。將 J，K 分別接上直流電源兩端。移動鱷口夾的位置，直至檢流計上讀數為 0。
3. 粗調完成後，逐步將電壓計撥至低壓檔，仿照步驟 2.作調節。
4. 測量 JB 及 BK 的長度 L_{JB} 及 L_{BK}。驗證是否 $\dfrac{R_1}{R_2} = \dfrac{R_{JB}}{R_{BK}} = \dfrac{L_{JB}}{L_{BK}}$。

5. 改變電阻器或可變電阻的電阻值，重覆步驟 1.～5.。

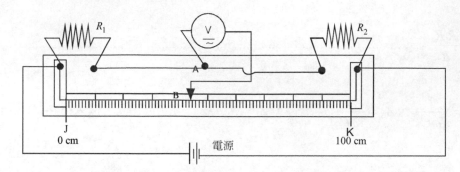

圖 6.7-2 Wheatstone 電橋。作交流電橋使用時應更換為交流電源及交流電壓計

交流電橋

6. 比照圖 6.7-2，取電容器 C_1，C_2 分別接在 JA 及 AK 間，取代原本的 R_1 及 R_2。

7. 將交流電壓計兩端分別接在 AB 上。

8. 接上訊號產生器，適當設定正弦波的輸出頻率約 100～10 kHz，並接在 JK 上。調整 2 個電阻間的比值，使電壓計上的讀數接近 0。

9. 逐次撥至低電壓檔，仿照步驟 8.作精密測定。驗證是否 $\dfrac{C_2}{C_1} = \dfrac{R_{JB}}{R_{BK}} = \dfrac{L_{JB}}{L_{BK}}$ 。

10. 改變頻率或使用的電容，重覆步驟 9.。

註記：電容器上常有漏電阻或串聯電阻等成分存在，若要更精確執行交流電橋的實驗，必需利用可變電阻。

五、問題

1. 想想看交流電橋除了測定電阻及電容值以外，還可以有哪些功能？

2. 若圖 6.7-2 中 B 的位置為 50.00±0.03 cm，則不確定度對 L_{JB}，L_{BK}，L_{JB}/L_{BK} 的計算有何影響？若 B 的位置為 10.00±0.03 cm 結果又如何？

3. 是否將電源電壓增大，就可以得到更精確的測定結果？電壓增大時有何副作用？

實驗 6.8　電位，電場，等位線與電力線

預習習題

1. 電力線的方向是從正電荷到負電荷，還是從負電荷到正電荷？

2. 何謂電位差？何謂等位線(等位面)？

3. 兩條不同的等電位線(等位面)會相交嗎？電力線會相交嗎？解釋其原因。

4. 電力線與等位線(等位面)所交的角度是幾度？

5. 將+10.0 μC 的電荷沿著+10.0 V 的等位線(等位面)上移動 1 m，作功爲多少？

6. 本實驗總共要準備幾張方格紙？

一、目的

畫出平面上電極間電場的等位線，並繪出與其垂直的電力線。

二、原理

1. 電場：一帶電體的鄰近空間會形成一作用力區域，稱爲電場，當另一個帶電體 q 到達電場時，即與電場們用而受力，受力的大小當然與庫侖定律所計算的相同。

$$F = K\frac{Qq}{r^2} \quad\text{..(6.8-1)}$$

Q，q 表各自的電荷量，r 是距離，K 即介質的特性，稱爲介電常數。在 SI 單位中力的單位爲 newton(N)，距離爲公尺(m)，電荷的單位爲 coulomb(C)。同時我們定義電場的強度爲 $E=F/q$，假使 q 是正電荷，電場強度的方向即作用力的方向。所以因電荷 Q 而產生的電場大小爲

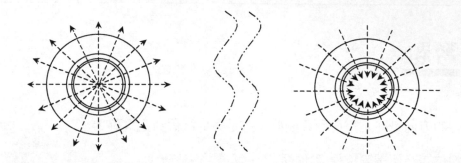

圖 6.8-1 薄導體平面上正負電極附近的電力線(箭號)，及等位線(同心圓)。電位(由外而內)為 1：2：
　　　　3：4 時，等位線的半徑比為 1.000：0.607：0.514：0.472。比較：若是空間中的電場，
　　　　等位面(圓球)的半徑比例為 1.000：0.500：0.333：0.250

$$E = K \frac{Q}{r^2} \quad\text{...(6.8-2)}$$

三維均勻介質中的電場強度與距離的平方成反比，但是在薄導體中的電場及電位分布
會受到導體形狀的局限，因此有關電場及電位分布的數學形式，平面上與空間中有所
不同。利用 Faraday 的電力線模型(Gauss 定律的雛形)，容易以直觀來看這個問題。

在 Faraday 的電力線模型中，電力線由正電荷出發至無限遠處或結束於負電荷。電力
線數目的疏或密顯示了電場的弱或強。均勻的電場其電力線是互相平行的。匯聚的電
力線，表示較強的電場。發散的電力線表較弱的電場。電場的方向即為電力線在該處
的切線方向。電力線的總數與電荷的大小成正比。在無限大平面導體上的微小正電
極，其電力線被局限在平面上，由電極接點出發後即沿直線向四周均勻幅射出去。若
考慮一個半徑為 r 的圓，其圓心為點電荷所在，圓的圓周為 $2\pi r$，因為對稱性使圓周
上各處的電力線密度均相同。若電力線總數為 $+2\pi k$，則電力線密度為 k/r；半徑增加
為 r' 時，電力線密度減少為 k/r'；由此可知電場強度與距離成反比

$$E = k/r \quad\text{...(6.8-3)}$$

2. 電位差及電場：電荷處於電場中將受到力的作用，所以要移動電荷從電場的一點到另一點需要作功。電場爲保守場，故作功是與移動的路徑無關，只是此兩點位置的函數 $q \cdot [V(P_2) - V(P_1)]$。所以可定義兩點間的電位差爲

$$V(P_2) - V(P_1) = W / q \quad\text{...(6.8-4)}$$

式中 V 爲電位差，

$$W = -q \int_{P_1}^{P_2} \vec{\mathbf{E}} \cdot \mathrm{d}\vec{\mathbf{r}} = q \cdot [V(P_2) - V(P_1)] \quad\text{...(6.8-5)}$$

爲 q 電荷從一點 P_1 到另一點 P_2 抵抗電力時移動所需之功。我們也在理論上定義小電荷 q 從無窮遠到某一點所需作之功除以 q 即爲此點的電位，也就是把無窮遠地方的點當做電位是零。工業上的實用定義則是以接地電位爲零。

若 P_1 至 P_2 的移動沿 x 方向，則(6.8-5)式可改爲 $-q \int_{x_1}^{x_2} E_x \, \mathrm{d}x = q \cdot [V(P_2) - V(P_1)]$。又 P_1 與 P_2 非常接近時，電場的 x 分量與電位的關係可寫爲 $E_x \Delta x = -\Delta V$，$E_x = -\lim\limits_{\Delta x \to 0} \dfrac{\Delta V}{\Delta x} = -\dfrac{\partial V}{\partial x}$。由於 y 軸及 z 軸上也有類似的情形，電位差與電場的關係用向量形式表示爲 $\vec{\mathbf{E}} = -\overline{\mathbf{grad}}V = (-\dfrac{\partial V}{\partial x}, -\dfrac{\partial V}{\partial y}, -\dfrac{\partial V}{\partial z})$。

自由電子在導體中是可移動的，所以當電導體放於電場中，電子就會流動而構成電流，一直到導體內每一點的電位都相同，就停止電子的流動，除非電源供應器一直供應電動勢，才能保持電流的繼續不斷。電子受到電動勢的加速，其加速方向即爲電場方向；但電子在常溫下的金屬中一方面作擴散運動一方面受到電場作用，故以一般的宏觀尺度來看，在恆定電流的導體之中，電流流線即爲電力線。

3. 等位面及等位線：在電場中可以找很多點，它們的電位都相同。連接這些點而成的面，稱爲等位面。依照電位差的定義可知電荷在等位線或等位面上移動，必不作功。若在通以電流的薄金屬板上，因爲絕大部分的電力線都被局限於二維空間中，所以將電位相同的點連接後，可以得到等位線。

4. 電力線與等位面(或等位線)的關係：因爲電荷在等位面上移動不需作功，所以電荷將沒有受到沿等位面方面方向的力，是故，電力線無論在何處必與等位面垂直。依此，只要能畫出等位線或等位面即可畫出電力線來。而等位線或等位面是較易測得的。

無限大的薄板上有正負二個電極接點，且接點的電阻爲零時，根據前面 6.8-3 式，正電極附近的電場可寫爲

$$E_+ = +k / r_+ \quad\text{..(6.8-3')}$$

利用電位的定義，由電場積分後可以算出電位與距離的關係

$$V_+ = \int -E_+ \mathrm{d}r_+ = -k \ln r_+ \quad\text{...(6.8-6)}$$

同理，對於平面上的負電極附近，其電場的強度爲

$$E_- = -k / r_- \quad\text{...(6.8-7)}$$

電位與距離的關係爲

$$V_- = \int -E_- \mathrm{d}r_- = +k \ln r_- \quad\text{...(6.8-8)}$$

由於電位的疊加原理，若於不同的兩點上同時存在符號相反絕對值相同的電荷，其電位爲(6.8-6)與(6.8-8)的總和

$$V = V_+ + V_- = k(-\ln r_+ + \ln r_-) = k \ln \frac{r_-}{r_+} \quad\text{.....................(6.8-9)}$$

r_+，r_- 分別爲平板上某點到 $+Q$ 及 $-Q$ 的距離。這可在本實驗中兩個點電極的連線上驗證。若以點電極的連線爲 x 軸，負極的座標爲 x_-，正極的座標爲 x_+，則連線上某點 x 的電位爲 $V = k(\ln|x - x_-| - \ln|x_+ - x|)$。考慮等位線的意義，在同一條等位線上的電位等於某一個定值，由(6.8-9)可以得知同一條等位線上 r_+ / r_- 爲常數。滿足這樣條件的幾何圖形恰好爲圓；但是當 $r_+ = r_-$ 時則爲兩電荷間的中線。由於電力線與等位線互相垂直，可知每一條電力線的圖形恰爲通過兩電極的圓弧，如圖 6.8-2。

在有限大小的平板導體上，由於受到導體邊緣的限制，電流的流線被擠壓而與邊緣平行，等位線則與邊緣垂直，如圖 6.8-3。

注意事項

注意空間中的一對正負電荷間的等位面並不是圓球形的，參照 Halliday：
Fund. of Phys. 7ed 的圖 24-3(c)

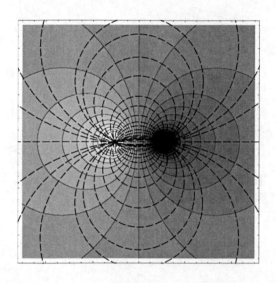

圖 6.8-2 無限平面上正負電極附近的等位線(實線)及電力線(虛線)。電位的高低以濃淡表示

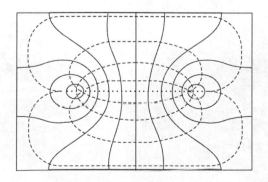

圖 6.8-3 接上正負電極之有限大薄金屬板上的電力線(虛線)與等位線(實線)的關係

5. 等位線的測定：基本上利用一個電壓計及一個直流電源即可進行本實驗，參考圖 6.8-4 左圖，當 PQ 兩點間沒有電位差時，電壓計讀數為 0，可知 PQ 兩點在同一條等位線上。但是為了作等間隔的電位測定，本實驗利用 Wheatstone 電橋原理來測量等位線。若要進一步確定其電位，可以將 P 點移至 Wheatstone 電橋的另一邊上。利用 Wheatstone 電橋的原理，當檢流計上讀數為零時，電阻的關係為 $\dfrac{R_{AP}}{R_{BP}} = \dfrac{R_{AQ}}{R_{BQ}}$，且 P 點與 B 點的電位差為 $\dfrac{ER_{BP}}{R_{AP} + R_{BP}}$。此處的 E 是指 AB 間的電位差。掃描整個導體板，可以找到所有與 P 相同點位的 Q_1，Q_2，…點，進而連出等同於 P 點電位的等位線。

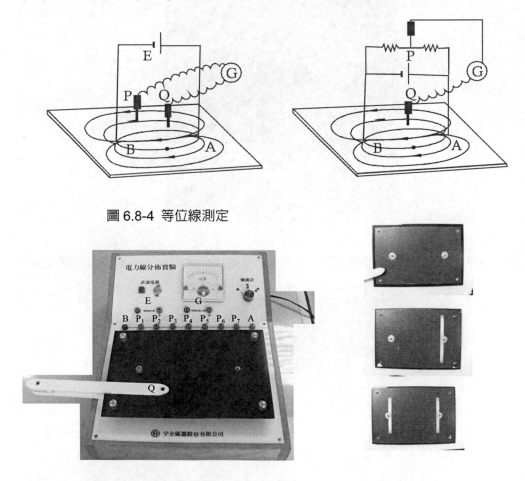

圖 6.8-4 等位線測定

圖 6.8-5 等位線測量用的電橋及待測碳板。測量時碳紙面朝下

三、儀器

　　等位線測量儀分為主體、碳質畫板與 U 形探針。主體中有一電源供應供應直流電，一檢流計附粗、細調節器，一組電阻的串聯。共有不同形狀電極的畫板 6 種，圖 6.8-5 中為代表性的 3 種畫板。可另外準備電阻線或可變電阻代替電阻串聯。

　　另外有三用電錶及方格紙(學生自備)，用來作電場的測定。

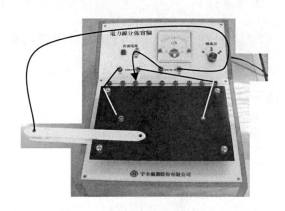

圖 6.8-6 等位線測定時的接線。電橋的一側可用測定儀上的串聯電阻或可變電阻

四、步驟

■ 注意事項

　　實驗時注意接線是否確實，探針是否觸碰在碳質畫板上，勿加上過大的力量於探針上，以免刮傷碳質畫板。

測定等位線並繪出電力線

1.　先將電極接在充當電橋其中一側的電阻串列或電阻線上，電阻串列的接點由正到負為 B，P_1，P_2，P_3，P_4，P_5，P_6，P_7，A。測定各點與 B 之間的電位差 V_1，V_2，V_3，V_4，

V_5，V_6，V_7，V_8。若使用電阻線，可自由調整想要繪製的電位，例如依次將鱷口夾依動總長的 $1/n$，即依序將探針接於電阻線 $2/n$，$3/n$，…，i/n，…，$(n-1)/n$ 處，當作 P_1。

2. 將有兩個點電極的碳質畫板安裝在等位線測量儀上，反面固定一張紙。將碳質畫板的電極接上直流電源，畫板因電阻降壓關係產生不同的電位。

3. 將畫板的電極與測定儀上的電阻串列並聯如圖 6.8-6 左所示，先將檢流計的(—)端接在想要繪製的電位 V_1 對應接點 P_1 上，再將檢流計的(+)端接在 U 型探針上。

4. 檢流計撥到粗調，由 U 型探針找出畫板上能使檢流計讀數為零的位置 Q_{1j}，即與 P_i 點相同電位的位置。再將檢流計撥到細調，尋找精確的位置。宇全的實驗儀器可透過 U 型探針上的小孔用筆在紙上作記號。

注意 U 型探針的金屬接點要保持接觸在碳質部分；若覺得使用 U 型探針有困難，也可將碳質部分朝上，直接以探針在畫板上尋找等位點，再讀取畫板上的座標，另外描繪於方格紙上。

5. 連接所有對應於 P_1 的等電位點 Q_{1j} 即成等位線。記得要將該等位線的電位標記於圖上。

6. 依序將 P_2，P_3，……，P_7 點接在檢流計的(—)端上(若使用可變電阻時，逐次調節 R_{AP} 與 R_{BP} 使 P 點電壓為想要繪製的電力線所對應的電壓)，重覆步驟 4.~5.，分別繪出各個不同電位的等位線。

7. 在繪出等位線的紙上，繪製電力線。電力線可以依原理判斷，繪出由正極出發，垂直通過每一條等位線的曲線。若要以實驗的方法繪製，可將探針沿著板上某一點周圍繞一個很小的圓，檢流計讀數極大與極小的方向即為電力線通過該點時的方向。

8. 取  3 塊畫板所量得的圖形，測量等位線之間沿著對稱軸的距離，並計算電場的平均強度 $<E> = |\Delta V / \Delta x|$。

測定電位並計算電場

9.　將碳質畫板翻轉，碳紙面朝上。兩個電極保持與電源相連的狀態。

10.　格紙一張，在縱方向及橫方向每 2 cm 或 4 cm 輕輕挖一個小孔，使這些小孔成爲一個方陣。小孔不要太大，使三用電錶的探針能夠觸到碳紙表面即可。

11.　將三用電錶撥至適當的檔位(20 V)，量取電源的電壓。

12.　將挖好小孔的方格紙固定於碳質畫板上。

13.　將三用電錶負端接觸電源負極，正端通過小孔接觸碳質畫板，量取畫板上某一點的電位 $V(x,y)$，另取一張方格紙記錄電壓在對應位置的點(x,y)旁邊。座標原點可以取在最左下角的點上。

14.　利用所記錄的電位 $V(x,y)$算出電場的大小：利用數值微分的原理，將每兩個相鄰的電壓相減，分別算出每個小方格中平均電場的 x 分量 $E_x = \dfrac{V(x+\Delta x, y) - V(x, y)}{\Delta x}$ 及 y 分量 $E_y = \dfrac{V(x, y+\Delta y) - V(x, y)}{\Delta y}$，記錄在對應的小方格中。

15.　以小孔形成的小方格正中間爲起點，取適當的長度當作電場強度單位(V/m)，用箭頭畫下電場 (E_x, E_y)的方向及大小。取長度的要領是使電極的末端附近所有箭頭的 2 個分量都小於小孔間隔的大小，如此可以減少箭頭重疊的情形。

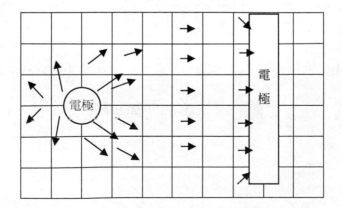

五、問題

1. 若將電源換爲交流電源，檢流計換爲交流用檢流計來作實驗，結果有何不同？

2. 爲何本實驗是測量等位線，而不是測量等位面？

3. 薄導體上平行電極間的等位線，與平行板電容器間的等位面，有何相似及不同？

4. 薄導體上點電極附近的等位線，無限長均勻電荷附近的等位面，有何異同？

六、參考資料

　　對於比較有趣的三種電極，簡介如下：(a)平行電極，在中央部份等位線平行與電極，而電力線則垂直連接兩邊的電極。類似於空間中的平行板電極。(b)T 形電極，在尖端有電荷集中的現象，電力線及等位線密集，類似於避雷針的尖端。(c)匚形電極，類似於金屬杯(法拉第冰桶)，電力線幾乎不會進入深處。等位線約略平齊於入口處。

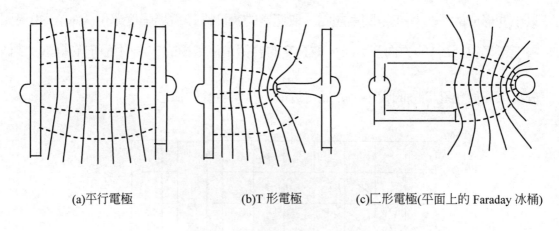

(a)平行電極　　　　　　　(b)T 形電極　　　　　　(c)匚形電極(平面上的 Faraday 冰桶)

圖 6.8-7　三種電極形狀的畫板

七、利用 Octave 繪製電位與電場分佈圖形

雖然 MatLab 有 mesh 與 quiver 指令，分別能夠繪製三維立體網狀圖形與向量場，但是該軟體需要花錢購入，在此我們介紹相容性頗高的 Octave，指令名稱一樣分別是 mesh 與 quiver。

1.　Octave 的下載

想要瀏覽 Octave 相關資訊，可以到 GNU Octave 閱讀相關的英文說明(網址「https://www.gnu.org/software/octave/」)，並下載其中的批次檔。

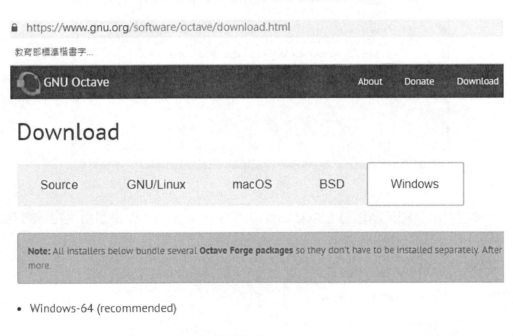

圖 6.8-8　是從[Download]網頁中選取 Windows 版的例子。

如果我們下載第 1 個 Octave5.1.0 版的 64 bit 的 exe 直接安裝檔，會看到如圖 6.8-9 的檔案 octave-5.1.0-w64-installer.exe，用滑鼠左鍵雙擊等方法打開檔案。

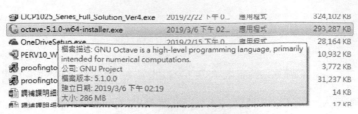

圖 6.8-9

　　打開之後，首先在出現的保全對話窗裡允許安裝，若尚未安裝適當的 Java 版本，亦允許安裝 Java。

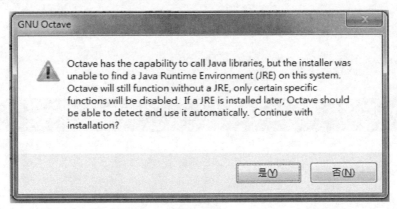

圖 6.8-10

　　接下來在對話窗裡連續按約 3 次[Next>]，然後按[Install]。如果想指定特殊的安裝場所，可以在按[Install]之前先利用[Browse...]指定好。

圖 6.8-11　　　　　　　　　　　　圖 6.8-12

可以選擇在安裝結束後，自動啓動 Octave。

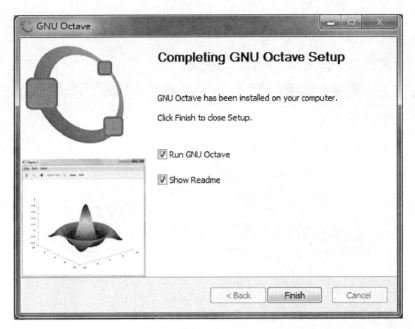

圖 6.8-13

按約 2 次[Next]之後，再按[Finsih]，即結束首次啓用說明，開始執行程式。

圖 6.8-14

圖 6.8-15

2. 練習輸入矩陣

Octave 程式開始執行後，會出現如下的視窗。

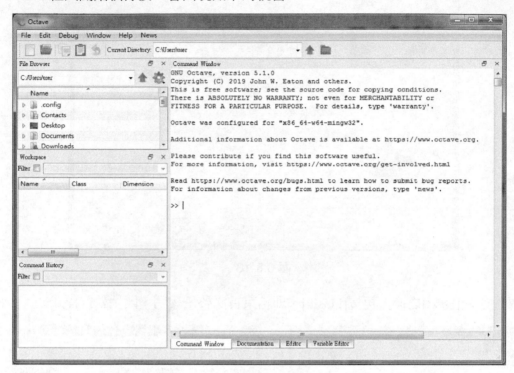

圖 6.8-16

我們在指令對畫框裡出現的「>>」之後鍵入「z = [0 2 1; 3 2 4; 4 4 4; 7 6 8]」，再按
[Enter]，則會出現如下的畫面。

```
>> z = [0 2 1; 3 2 4; 4 4 4; 7 6 8]
z =

   0   2   1
   3   2   4
   4   4   4
   7   6   8
```

圖 6.8-17

程式回饋了所輸入的矩陣內容。可以看出在 Octave 或 MatLab 裡面，鍵入矩陣時，矩
陣前後分別以半形左右方括號「[」以及「]」告知，並在矩陣前方以半形等號(=)把整個矩
陣指定給矩陣 z。

我們再試著輸入以下的指令。

指令	說明
w = [1,1,1;	按[Enter]換列
2,2,2;	按[Enter]換列
3,3,3;	按[Enter]換列
4,4,4]	按[Enter]換列

將會出現如以下的畫面。

```
>> w=[1,1,1;
2,2,2;
3,3,3;
4,4,4]
w =

   1   1   1
   2   2   2
   3   3   3
   4   4   4
```
圖 6.8-18

圖 6.8-18 我們可以看出在 Octave(或 MatLab)裡面，鍵入矩陣時，同個橫列(row)裡的各元素之間，可以用空白隔開，也可以用半形逗點隔開。每個橫列之間，則用半形分號(;)來隔開。至於很長的命令，為了自己閱讀或鍵入方便，在中間按下[Enter]來換列，會被程式所忽略，不會造成影響。

```
>> w+z
ans =

    1    3    2
    5    4    6
    7    7    7
   11   10   12

>> z-w
ans =

  -1   1   0
   1   0   2
   1   1   1
   3   2   4
```
圖 6.8-19

圖 6.8-19 接下來可以試著利用 Octave 進行基本的矩陣運算，例如加法、減法。

```
>> 2*z
ans =

    0    4    2
    6    4    8
    8    8    8
   14   12   16
```
圖 6.8-20

圖 6.8-20 也可以計算純量乘以矩陣的結果。

3. 利用 mesh 指令繪製電位分佈的三維立體網狀圖形

　　利用前述已經鍵入的矩陣 z，我們可以利用 mesh 指令繪製三維立體網狀圖形。矩陣 z 的每個元素 z_{ij} 都會被繪製成橫座標 i、縱座標 j 處高z_{ij}的圖形，並且把相鄰的點用直線連起來，整個形成曲面上的網狀圖。只要鍵入「mesh(z)」，即可在蹦現的新視窗裡輕鬆得到圖形。

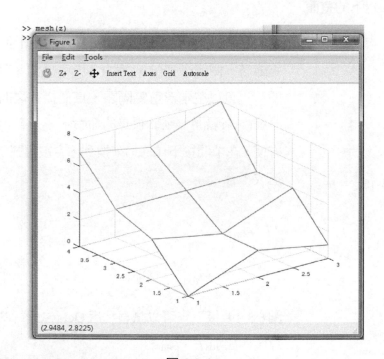

圖 6.8-21

　　但是在我們的電位實驗裡，相鄰的點之間的距離並不是 1 m。因此得要用更複雜的指令，讓圖形裡的數據點出現在指定的地方。例如有同學每隔 0.04 m 就量 1 次電位差，我們分別設定所有數據格子點的橫座標與縱座標。首先我們處理橫座標，鍵入「xj=linspace(0,0.16,5)」，按[Enter]之後程式的回饋如下。

```
>> xj=linspace(0,0.16,5)
xj =

   0.00000    0.04000    0.08000    0.12000    0.16000
```

圖 6.8-22

我們可以看出數據的範圍從 0 到 0.16，總共有 5 個數據，換言之就是有 4 個間隔，因此 相 鄰 數 據 之 間 的 差 就 是 0.04。 數 據 點 較 少 時 ， 也 可 以 直 接 鍵 入「xj=[0,0.04,0.08,0.12,0.16]」，效果相同。之後再處理縱座標，鍵入「yi=linspace(0.24,0,7)」，按[Enter]之後程式的回饋如下。

```
>> yi=linspace(0.24,0,7)
yi =

   0.24000   0.20000   0.16000   0.12000   0.08000   0.04000   0.00000
```

圖 6.8-23

我們可以看出數據的範圍從 0.24 降到 0，總共有 7 個數據，換言之就是有 6 個間隔，因此相鄰數據之間的差也是 0.04。由大降到小的原因是因為矩陣橫列(row)編號增加的方向向下，恰好與 y 軸向上的方向相反。

接下來我們把 xj 當作由左到右各縱行(column)數據所對應格子點的橫座標，把 yi 當作由上到下各橫列(row)數據所對應格子點的橫座標，再利用 meshgrid 指令把 xj 與 yi 等 2 個數據列交織，定義所有格子點的座標。鍵入「[xij,yij]=meshgrid(xj,yi)」，回饋如下。

```
>> [xij,yij]=meshgrid(xj,yi)
xij =

   0.00000   0.04000   0.08000   0.12000   0.16000
   0.00000   0.04000   0.08000   0.12000   0.16000
   0.00000   0.04000   0.08000   0.12000   0.16000
   0.00000   0.04000   0.08000   0.12000   0.16000
   0.00000   0.04000   0.08000   0.12000   0.16000
   0.00000   0.04000   0.08000   0.12000   0.16000
   0.00000   0.04000   0.08000   0.12000   0.16000

yij =

   0.24000   0.24000   0.24000   0.24000   0.24000
   0.20000   0.20000   0.20000   0.20000   0.20000
   0.16000   0.16000   0.16000   0.16000   0.16000
   0.12000   0.12000   0.12000   0.12000   0.12000
   0.08000   0.08000   0.08000   0.08000   0.08000
   0.04000   0.04000   0.04000   0.04000   0.04000
   0.00000   0.00000   0.00000   0.00000   0.00000
```

圖 6.8-24

　　我們發現程式建構了 2 個矩陣，第 1 個矩陣 xij 是所有格子點的橫座標，所以由左往右遞增；第 2 個矩陣 yij 則是所有格子點的縱座標，所以由上往下遞減。我們試著利用這 2 個包含格子點座標資訊的矩陣來繪製真正的位能分佈圖，利用以下實際測得的電位分佈數據。底下附的圖是另外利用 Excel 的內建功能所繪製的。

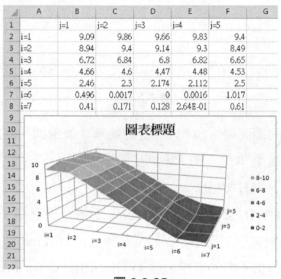

圖 6.8-25

　　我們在 Octave 裡面鍵入所有的電位數據，指定到矩陣 V 裡面，如下圖。按照一般直角座標系第一象限的習慣，左下角電位對應的格子點在原點上，愈往右橫行對應的格子點橫座標愈大，愈往上直列對應的格子點縱座標愈大。

```
>> V=[9.09,9.86,9.66,9.83,9.4;
8.94,9.4,9.14,9.3,8.49;
6.72,6.84,6.8,6.82,6.65;
4.66,4.6,4.47,4.48,4.53;
2.46,2.3,2.174,2.112,2.5;
0.496,0.0017,0,0.0016,1.017;
0.41,0.171,0.128,2.64E-01,0.61]
V =

   9.09000   9.86000   9.66000   9.83000   9.40000
   8.94000   9.40000   9.14000   9.30000   8.49000
   6.72000   6.84000   6.80000   6.82000   6.65000
   4.66000   4.60000   4.47000   4.48000   4.53000
   2.46000   2.30000   2.17400   2.11200   2.50000
   0.49600   0.00170   0.00000   0.00160   1.01700
   0.41000   0.17100   0.12800   0.26400   0.61000
```

圖 6.8-26

接著我們鍵入「mesh(xij,yij,V)」，即可輕鬆得到三維立體網狀圖形。

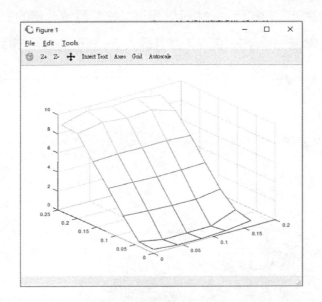

圖 6.8-27

如果想要更換視角，可以按下視窗左上角裡的旋轉功能(↻)，利用出現的手掌形游標(✋)旋轉圖形，到想要觀察的角度為止。例如下圖裡的視角。

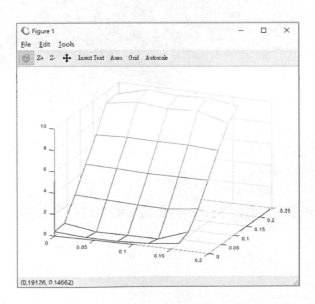

圖 6.8-28

4. 利用 surf 指令繪製電位分佈的三維立體網狀表面圖

　　除了空白的網狀之外，若利用 surf 指令，還可以繪製電位分佈的三維立體網狀著色表面圖形。流用前述的數據 xij、yij、與 V，並且鍵入 surf(xij,yij,V)，得到的結果如下圖。

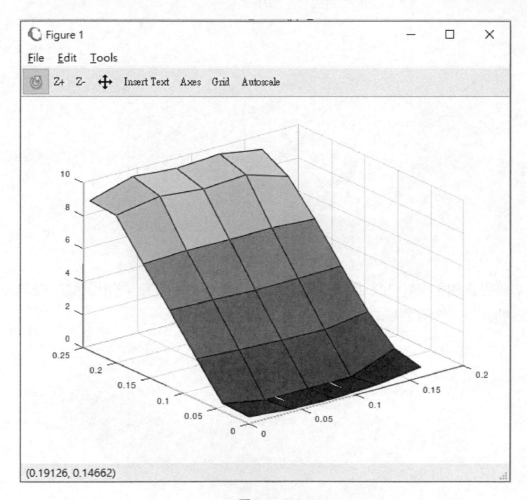

圖 6.8-29

　　我們一樣可以利用旋轉功能，把圖形轉到想要觀察的視角方向。

5.　利用 contour 指令繪製等位線

　　Octave 具有分析數據分佈，並且用內插推算等高線的能力。我們流用前面已經鍵入好的電位分佈矩陣 V 當作例子。只要輸入簡單的指令「contour(V,7)」，程式就會自動依據電位變動的範圍，繪出 7 條等位線。

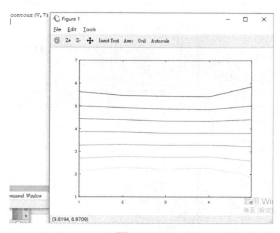

圖 6.8-30

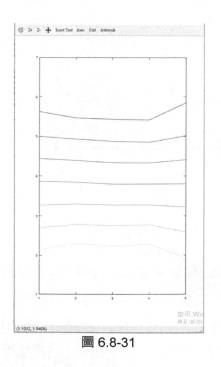

圖 6.8-31

　　圖 6.8-31 由於圖形的縱軸刻度間隔明顯只有橫軸間隔的一半，可以把鼠標移至圖形框下方邊上，用滑鼠左鍵執行拖放，可以適當把圖形拉長成接近 1：1 的樣子。

　　此外 contour 指令還可以指定所繪的等位線所對應的電位值。如此就可以比較程式分析的等位線，是否與實驗所量到的等位線類似。

　　例如我們要求程式繪製電壓 $V = 2, 4, 6, 8$ 等等的電位所對應的等位線，鍵入「contour(V,[2,4,6,8])」，即可得到對應的 4 條等位線。下圖已經調整過縱橫的比例，利用熒幕擷取的功能貼在 Word 等處即可。

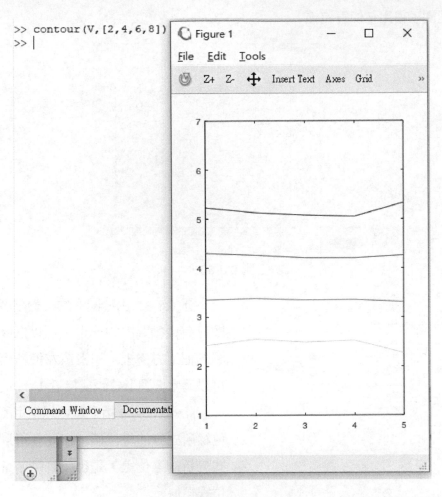

圖 6.8-32

　　圖形完成之後，可以直接用螢幕擷圖的方式擷圖。例如在 Windows 裡可以按[PrtScm]鍵複製，再貼到小畫家上處理；在 MacOS X 裡則可以按住[Cmd]-[Shift]不放同時按[4]，再用滑鼠與滑鼠左鍵選擇要擷圖的範圍(＊雖然在視窗上可以選擇[File]>[Save]，再指定存檔的位置、圖形格式與檔名存檔，但儲存的圖形保持了原本的比例，因此不建議使用)。

6.　利用 gradient 指令計算梯度或電場分佈

　　Octave 裡的 gradient 指令，能夠用數值分析的方法，計算某個小格裡的平均梯度，因此可以利用來計算電場分佈。例如我們流用之前已經鍵入的電位分佈矩陣 V，且知相鄰的格子點在橫與縱方向上的距離都是 0.04，則我們可以簡單鍵入「[Ex,Ey]=gradient(-V,0.04,-0.04)」，即可利用數值微分，輸出電場在每個格子點附近的 2 個分量。由於要取負梯度，我們在電位矩陣前加上負號。後面 2 個參數分別是往 x 方向與 y 方向移動到相鄰格子點時，座標的遞增量，由於 y 方向與矩陣橫列(row)編號的增加方向相反，因此多個負號。

```
>> [Ex,Ey]=gradient(-V,0.04,-0.04)
Ex =

  -19.2500000    -7.1250000     0.3750000     3.2500000    10.7500000
  -11.5000000    -2.5000000     1.2500000     8.1250000    20.2500000
   -3.0000000    -1.0000000     0.2500000     1.8750000     4.2500000
    1.5000000     2.3750000     1.5000000    -0.7500000    -1.2500000
    4.0000000     3.5750000     2.3500000    -4.0750000    -9.7000000
   12.3575000     6.2000000     0.0012500   -12.7125000   -25.3850000
    5.9750000     3.5250000    -1.1625000    -6.0250000    -8.6500000

Ey =

   -3.7500    -11.5000    -13.0000    -13.2500    -22.7500
  -29.6250    -37.7500    -35.7500    -37.6250    -34.3750
  -53.5000    -60.0000    -58.3750    -60.2500    -49.5000
  -53.2500    -56.7500    -57.8250    -58.8500    -51.8750
  -52.0500    -57.4787    -55.8750    -55.9800    -43.9125
  -25.6250    -26.6125    -25.5750    -23.1000    -23.6250
   -2.1500      4.2325      3.2000      6.5600    -10.1750
```

圖 6.8-33

　　Octave 計算梯度時，使用格子點的前後或左右等 2 個相反方向的相鄰格子點對應的函數值(電位等)相減再除以這 2 個格子點間的距離(所以是格子常數的 2 倍)。因此比較接近於格子點附近的梯度(也就是說，電位的負梯度較接近格子點上的電場值)。

　　整個平面上的電場分佈算出來之後，還可以進一步利用 quiver 指令繪製向量圖。在以下的段落會說明。

7. 練習利用 quiver 指令繪製單一箭頭

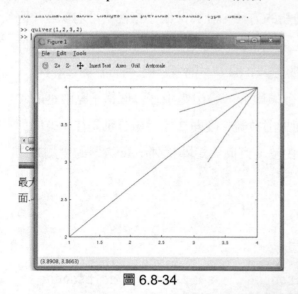

圖 6.8-34

圖 6.8-34 我們在指令對畫框裡出現的「>>」之後鍵入「quiver(1,2,3,2)」，則會出現如下的畫面。

圖 6.8-35 我們發現起點是在座標$(1, 2)$處，終點則在$(1, 2) + (3, 2)$處，也就是$(4, 4)$。如果我們再進一步鍵入如下圖裡的指令，可以得到下圖的 4 個箭頭。

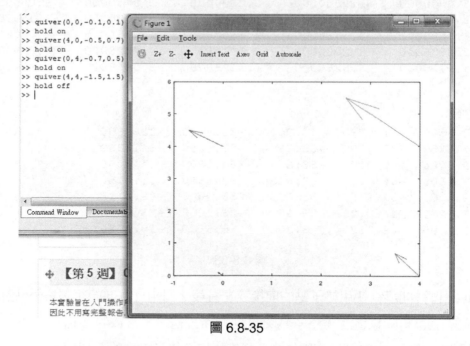

圖 6.8-35

仿照這樣的格式，耐心輸入，就可以把整個電場向量場的圖形繪製出來。可自行注意調整箭頭長度的比例尺，以免箭頭與太多其它箭頭交叉，妨礙判讀。但是當數據點較多時，這樣逐列輸入還是比較麻煩，下段介紹更自動化的方式，繪製整個向量場。

8.　利用 quiver 處理整批向量場數據

　　事實上 Octave 還有自動處理整批向量場數據的功能，也能夠自動選擇比例尺，或是人工指定比例尺。

　　首先用右圖裡的格式，將所有的數據定義成 1 個矩陣 v。每個橫列(row) 有 4 個元素，依序分別是 x 座標、y 座標、E_x、與 E_y。每個橫排之間以半形分號(;)隔開，不論換行(按[Enter])或不換行效果是一樣的。矩陣前後分別以半形左右方括號「[」以及「]」告知，並在矩陣前方以半形等號(=)把整個矩陣指定給矩陣 v。底下則會自動回饋顯示所輸入的內容。

　　*下方的數據只是模擬的數據，並非真實實驗測定的結果。可以注意到頭 2 直行裡 x 與 y 座標的數據皆是 0、0.04、0.08、0.16...等的系列，以 0.04 為間隔，也就是模擬 4 cm 間隔的結果。

```
Command Window
>> v=[0,0,-4.615384615,-3.076923077;
0,0.04,-5.747126437,-2.298850575;
0,0.08,-6.550218341,-0.873362445;
0,0.12,-6.550218341,0.873362445;
0,0.16,-5.747126437,2.298850575;
0,0.2,-4.615384615,3.076923077;
0.04,0,-4.977375566,-4.524886878;
0.04,0.04,-7.006369427,-3.821656051;
0.04,0.08,-8.8,-1.6;
0.04,0.12,-8.8,1.6;
0.04,0.16,-7.006369427,3.821656051;
0.04,0.2,-4.977375566,4.524886878;
0.08,0,-4.697986577,-6.711409396;
0.08,0.04,-8.235294118,-7.058823529;
0.08,0.08,-13.20754717,-3.773584906;
0.08,0.12,-13.20754717,3.773584906;
0.08,0.16,-8.235294118,7.058823529;
0.08,0.2,-4.697986577,6.711409396;
0.12,0,-2.752293578,-9.174311927;
0.12,0.04,-6.666666667,-13.33333333;
0.12,0.08,-23.07692308,-15.38461538;
0.12,0.12,-23.07692308,15.38461538;
0.12,0.16,-6.666666667,13.33333333;
0.12,0.2,-2.752293578,9.174311927;
0.16,0,0.99009901,-9.900990099;
0.16,0.04,2.702702703,-16.21621622;
0.16,0.08,20,-40;
0.16,0.12,20,40;
0.16,0.16,2.702702703,16.21621622;
0.16,0.2,0.99009901,9.900990099
]
v =

     0.00000     0.00000    -4.61538    -3.07692
     0.00000     0.04000    -5.74713    -2.29885
     0.00000     0.08000    -6.55022    -0.87336
     0.00000     0.12000    -6.55022     0.87336
```

圖 6.8-36

接下來鍵入如上圖的指令，即可輕鬆得到 5×6=30 個點的向量場的圖形。其中 v(:,1)、v(:,2)、v(:,3)、v(:,4)分別表示取出矩陣 v 的第 1 欄(column)、第 2 欄、第 3 欄、第 4 欄，也就是統合取出所有的 x 座標、y 座標、E_x、與 E_y。

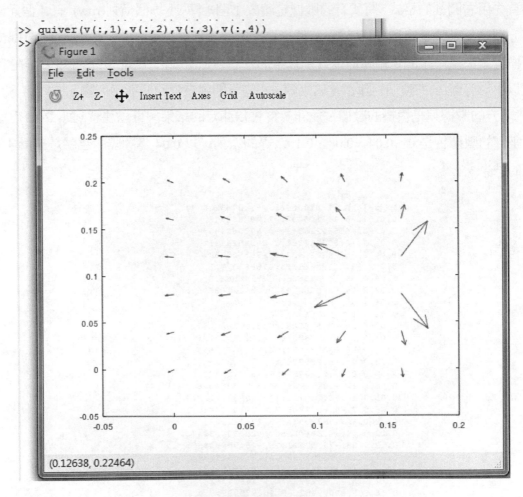

圖 6.8-37

我們發現程式輸出的圖形裡，縱軸與橫軸刻度的比例不是 1：1(例如每 0.1 m 的間隔，橫軸上顯然超過縱軸上的 1.5 倍)。此時我們可以將鼠標移到圖形視窗下方的邊框上，利用滑鼠左鍵進行拖放下拉，即可適當調整成接近 1:1 的圖形。

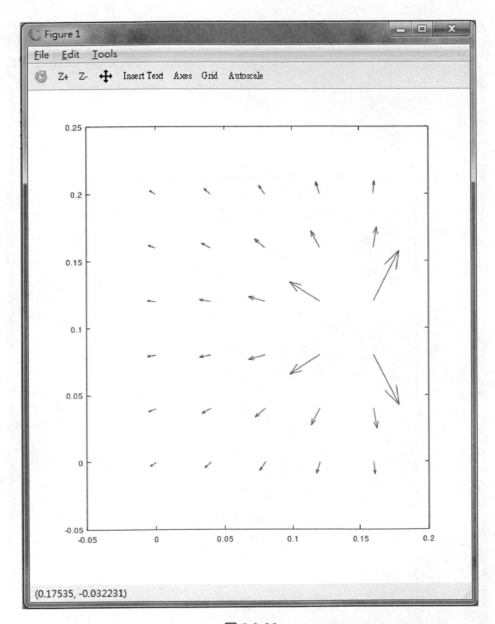

圖 6.8-38

　　如果我們覺得上圖自動選定放大比例的圖形，雖然滿足箭頭不互相交叉，但是有部份箭頭略嫌太小，想要自行指定電場向量在圖上的比例尺，只要增加 1 個參數指定放大比例即可。我們試行錯誤，發現指定放大 5 倍時箭頭間會有點交疊，3 倍時的圖形看起來比較清晰，也沒有箭頭重疊，如下圖。

```
>> quiver(v(:,1),v(:,2),v(:,3),v(:,4))
>> quiver(v(:,1),v(:,2),v(:,3),v(:,4),5)
>> quiver(v(:,1),v(:,2),v(:,3),v(:,4),3)
>>
```

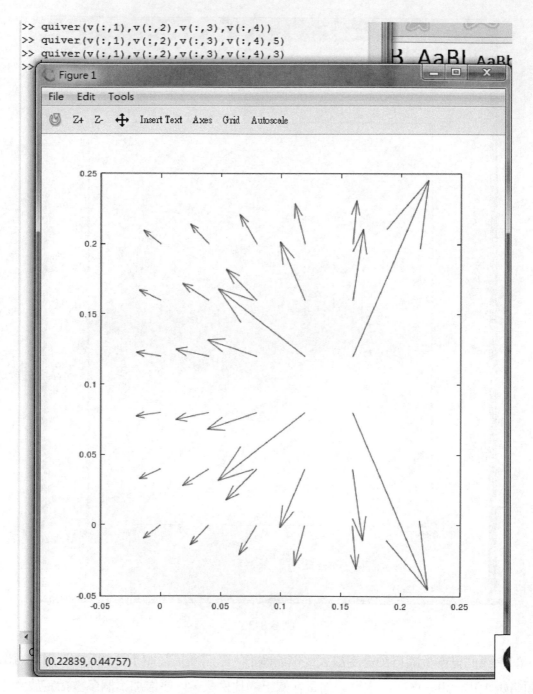

圖 6.8-39

9.　實際從電位分佈分析出電場分佈並輸出圖形

　　以上我們已經介紹所有繪製電場向量所需要的指令，接下來我們把整個流程整理如下。在指令與指令之間以半形分號隔開，程式就會省略途中的回饋。

指令	說明
V=[9.09,9.86,9.66,9.83,9.4; 8.94,9.4,9.14,9.3,8.49; 6.72,6.84,6.8,6.82,6.65; 4.66,4.6,4.47,4.48,4.53; 2.46,2.3,2.174,2.112,2.5; 0.496,0.0017,0,0.0016,1.017; 0.41,0.171,0.128,2.64E-1,0.61];	以矩陣的形式鍵入電位的分佈；
[Ex,Ey]=gradient(-V,0.04,-0.04);	計算負梯度(即電場向量)，其 x、y 分量分別代入 Ex 與 Ey 等 2 個矩陣裡，後面 2 個參數分別是 x 方向與 y 方向的遞增量，由於 y 方向與矩陣橫排編號的增加方向相反，因此多個負號；
xj=linspace(0,0.16,5);	計算所有格子點的 x 座標，從 0 到 0.16 共 5 個格子點；
yi=linspace(0.24,0,7);	計算所有格子點的 y 座標，從 0.24 到 0 共 7 個格子點(習慣上 y 軸的方向與矩陣橫列編號的順序剛好相反)；
[xij,yij]=meshgrid(xj,yi);	交織前述 2 個座標值向量 xj 與 yi，輸出所有格子點的座標，分別代入 xij 與 yij 等 2 個矩陣裡；
quiver(xij,yij,Ex,Ey)	繪製電場向量的分佈圖。

　　輸出結果如次頁圖形，已經用滑鼠拖放邊框，調節成縱橫 2 軸刻度約為 1：1 的樣子。

```
>> V=[9.09,9.86,9.66,9.83,9.4;
8.94,9.4,9.14,9.3,8.49;
6.72,6.84,6.8,6.82,6.65;
4.66,4.6,4.47,4.48,4.53;
2.46,2.3,2.174,2.112,2.5;
0.496,0.0017,0,0.0016,1.017;
0.41,0.171,0.128,2.64E-1,0.61];
>> [Ex,Ey]=gradient(-V,0.04,-0.04);
>> xj=linspace(0,0.16,5);
>> yi=linspace(0.24,0,7);
>> [xij,yij]=meshgrid(xj,yi);
>> quiver(xij,yij,Ex,Ey)
>> |
```

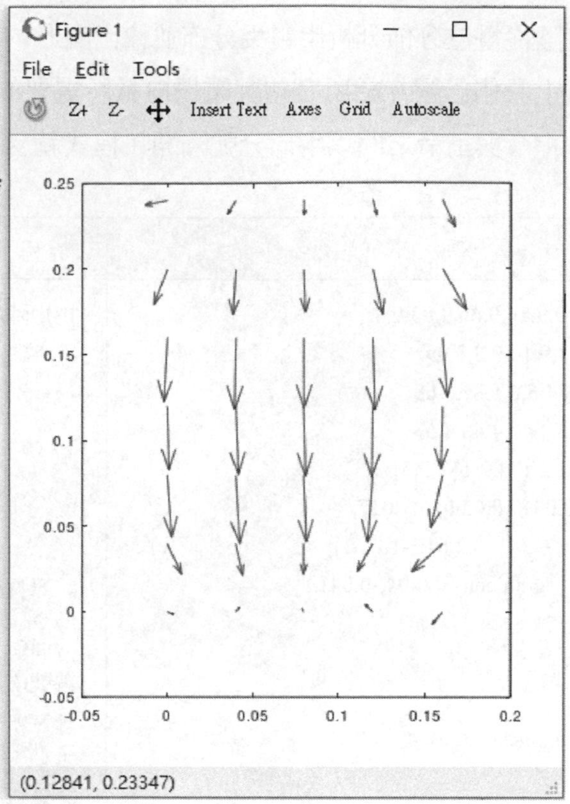

圖 6.8-40

可以看出所計算的電場，在中央部份大約是均勻的，大小與方向都約略一致；靠近邊緣處因邊緣效應而有變化。

如果我們想要一口氣處理完前面各段介紹過的立體化電位分佈圖、數值計算出的等位線圖、數值計算出的電場圖等 3 個圖，可以利用
「

figure(3);quiver(xij,yij,Ex,Ey);

figure(1);surf(xij,yij,V);

figure(2);contour(V,[2,4,6,8])

」

這樣的命令格式。輸出時所有的圖都完全疊在一起，只能看到第 3 個圖，用滑鼠拖放移開即可。

```
>> figure(3);quiver(xij,yij,Ex,Ey);
>> figure(1);surf(xij,yij,V);
>> figure(2);contour(V,[2,4,6,8])
>>
```

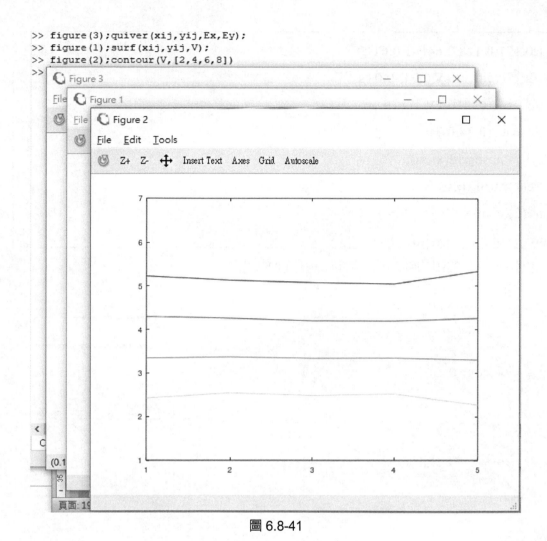

圖 6.8-41

　　用滑鼠整理後，可在畫面上同時看到這 3 張圖。所以這個實驗所使用的 7 個指令，可以全部整理在一起，如下所示。

V=[9.09,9.86,9.66,9.83,9.4;
8.94,9.4,9.14,9.3,8.49;
6.72,6.84,6.8,6.82,6.65;
4.66,4.6,4.47,4.48,4.53;
2.46,2.3,2.174,2.112,2.5;
0.496,0.0017,0,0.0016,1.017;

```
0.41,0.171,0.128,2.64E-1,0.61];
[Ex,Ey]=gradient(-V,0.04,-0.04);
xj=linspace(0,0.16,5);
yi=linspace(0.24,0,7);
[xij,yij]=meshgrid(xj,yi);
figure(1);surf(xij,yij,V);
figure(2);contour(V,[2,4,6,8]);
figure(3);quiver(xij,yij,Ex,Ey)
```

　　整理好 3 張輸出的圖之後，可以得到如下的畫面。

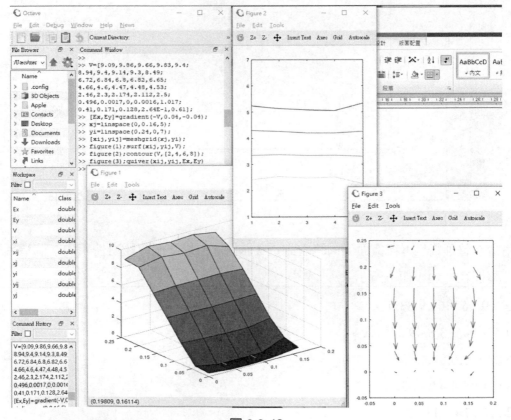

圖 6.8-42

實驗 6.9　靜電實驗

一、目的

　　觀測在物體「感應起電」和「接觸起電」兩種現象；並觀察導體球和平行面板的電荷分佈。

二、原理

　　靜電實驗主要目的是研究靜電荷及其相關特性，圖 6.9-1 所示為本實驗所用的電荷偵測器是靜電計(electrometer)以及法拉第冰桶(Faraday Ice Pail，原始設計者是 Michael Faraday，故名)。法拉第冰桶為兩層金屬網構成的圓柱組成。外層圓柱稱為保護層(shield)，接地時可消除殘存電荷以及 AC 電場；內層圓柱為桶層(pail)。當一帶電物體放入桶內，但不接觸桶子，將會感應相同大小的電荷於桶外。

　　連接靜電計於保護層和桶層，即可量測二者之間的電位差，進而得知帶電物體之電荷大小和電荷的極性。

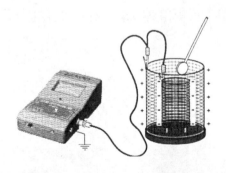

圖 6.9-1 Pasco 的法拉第冰桶

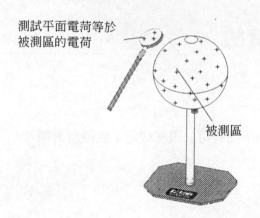

測試平面電菏等於
被測區的電荷

被測區

圖 6.9-2

此外，藉由一鋁面棒(稱爲 proof plane)和帶電導體物接觸，此鋁面將獲得和接觸面相同的電荷分佈(圖 6.9-2)，因此將此棒放入法拉第冰桶，亦可由靜電計得知導體於接觸的電荷分佈大小。

三、儀器

法拉第冰桶(Faraday Ice Pail)、靜電計(electrometer)、鋁面棒、藍色面的測試棒、白色面的測試棒、導體球一對、導平行板電容及座、靜電產生電源供應器(electrostatics voltage source)、連接線。

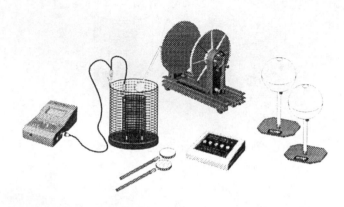

圖 6.9-3 Pasco 的靜電實驗組

四、步驟

1. 法拉第冰桶及靜電計架設：

    (1) 使用法拉第冰桶之前必須先接地，將殘存的電荷消除。方法如圖 6.9-4 所示，即在同時間用同一隻手指接觸冰桶的內、外桶，然後由內桶先移開，再由外桶移開；或直接由接線接地。

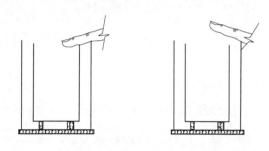

圖 6.9-4

將鱷口夾連接法拉第冰桶的內桶及外桶於靜電計，如圖 6.9-1 所示。

將靜電計於接地端接地，打開電源，輕壓一下電荷計的 ZERO 按鍵，此時冰桶和靜電計將同時接地消除殘存的電荷。

按下靜電計的 ZERO 鍵，若指針不是位於中間零點，請將電源關閉，利用螺絲起子微調校正至零點。

此靜電計所量的是電位差，可選擇的滿格範圍有 3、10、30、100 V，每項實驗的開始，請先將範圍選擇至 100 V，然後再調至適當的範圍。一般來說，量測的過程在滿格的 1/3 至 2/3 之間可得較為精準的數據。實驗結束後，請再將範圍選擇至 100 V，以保護儀器。

■ 注意事項

因台灣濕度較高導致靜電不易產生且易流失，請務必打開冷氣除濕，以利實驗進行。

藉由接地消除殘存的電荷為本實驗的重要步驟，為達精確的實驗結果，進行每一項實驗前請確實執行。

執行本次實驗，亦請執行者接地消除殘存的電荷，以避免影響實驗結果。

2. 感應起電：

(1) 確實將法拉第冰桶及靜電計接地。

(2) 將藍色面及白色面的測試棒的面、絕緣頸部、棒身(參考圖 6.9-5)分別接觸法拉第冰桶的外桶，使得棒上殘存的電荷確實移除。若效果不佳，可能是太乾燥，可對絕緣頸部及棒身稍稍呼氣，稍微潤濕，使殘存電荷快速接地移除。

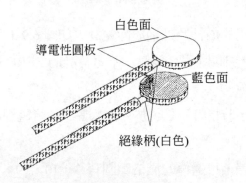

圖 6.9-5 兩種測試棒

(3) 兩手分別握住各一個測試棒的棒身，將測試棒的藍色面和白色面互相摩擦。

(4) 將二測試棒分開，互相遠離(手仍握住，避免和任何金屬接觸)，將其一藍色面的摩擦棒放入冰桶中(約低於 1/2 高)，但不接觸冰桶，記錄靜電計的讀數及電荷極性。

(5) 移開藍色面的試棒，記錄靜電計的讀數(是否為零？)。

(6) 重覆 2 之步驟(1)，在將白色面的試棒棒放入冰桶中(約低於 1/2 高)，但不接觸冰桶，記錄靜電計的讀數及電荷極性。

(7) 移開白色面的試棒棒，記錄靜電計的讀數(是否為零？)。

(8) 重覆 2 之步驟(1)～(7)共 5 次，步驟*(4)和(6)的結果有何關係？並討論誤差。

3. 接觸起電：

(1) 重覆步驟 2，但試棒棒放入冰桶中要接觸冰桶。

(2) 比較 2 和 3 的結果。

4. 導體球電荷分佈：

(1) 確實將法拉第冰桶及靜電計接地。

(2) 將二個導體球分開約 10 cm。如圖 6.9-6 所示，其中一導體球連接至靜電產生電源供應器中之 2000 V 電源，電源供應器的 COM 端接地(和靜電計連接同一接地端)。另一導體球亦接地於同一接地端。

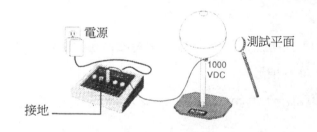

圖 6.9-6

(3) 開啟電源供應器開關，使接地導體球感應起電。

(4) 鋁面棒接地，將鋁面棒接觸接地導體球，然後把鋁面棒放入冰桶中(約低於 1/2 高)，但不接觸冰桶，記錄靜電計的讀數及電荷極性。

(5) 選擇適當的點，重覆 4 之步驟(1)和(4)，並描繪導體球電荷分佈的情形。

(6) 關閉電源供應器電源，將 2000 V 之導體球移近接地導體球約 1 cm。打開電源供應器電源，重覆 4 之步驟(1)～(5)。(測試點需和 4 之步驟(4)、(5)相同)

(7) 關閉電源供應器電源，將 2000 V 之導體球移離接地導體球大於 10 cm。打開電源供應器電源，重覆 4 之步驟(1)～(5)。(測試點需和 4 之步驟(4)、(5)相同)

5. 平行板電容電荷分佈：

   (1) 確實將法拉第冰桶及靜電計接地。

   (2) 將兩平行板相距約 5 cm，其一金屬板連接至靜電產生電源供應器中之 2000 V 電源端，另一金屬板接至 COM 端。

   (3) 開啓電源供應器開關。鋁面棒接地，將鋁面棒接觸金屬板任一點，然後把鋁面棒放入冰桶中(約低於 1/2 高)，但不接觸冰桶，記錄靜電計的讀數及電荷極性。

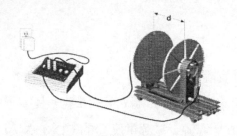

圖 6.9-7

   (4) 選擇適當的點(金屬板內、外側都必須考慮)，重覆 5 之步驟(1)和(3)，並描繪金屬板電荷分佈的情形。

   (5) 將兩平行板相距約 10 cm，重覆 5 之步驟(1)〜(4)。

五、問題

1. 爲什麼法拉第冰桶的外桶會感應與待測物相同大小的電荷？

2. 根據你的步驟 2 之實驗結果，藍色面及白色面的摩擦棒摩擦後何者帶正電？何者帶負電？電荷是否守恆？並討論誤差原因。

3. 步驟 2 和步驟 3 的結果有何不同？並說明原因。

4. 試著將你可蒐集的物品(例如：尺、木棒、衣服…)，利用步驟 2 列出一個順序：前者和後者摩擦，前者帶正電。

5. 步驟 4 中，接地導體球爲何帶電？若不接地，電荷分佈會如何？

6. 步驟 5 中，影響金屬板電荷分佈的原因爲何？

實驗 6.10　同軸電纜接線，鱷口夾線與香蕉接頭的製作

一、目的

練習將 BNC 接頭或兩個鱷口夾接在同軸電纜上，製作香蕉-香蕉接線，鱷口夾－鱷口夾接線，BNC-BNC 電纜及 BNC-雙鱷口夾電纜等接線，以提供電學實驗之用。

二、原理

同軸電纜的構造由軸心向外依序為金屬軸心，內部絕緣層，金屬網，外部絕緣層。內部的金屬軸心上通過主要的訊號，周圍的金屬網通常會接地，可以減少外部的電磁波訊號侵入軸心導線，也可以減少高頻訊號的散失。有時人們還會用具有兩層金屬網的六層構造來加強保護訊號。

三、器材

三用電錶、斜口鉗、尖嘴鉗、銲槍、銲錫、膠帶、BNC 端子的材料數個、鱷口夾的材料數個、多索或單索電線、同軸電纜。

四、步驟

鱷口夾端子的製作

1.　取一般多索或單索電線，套入黑色或紅色的軟塑膠套。將電線剪去一段絕緣層，注意不要將內部導線剪斷，將露出的導線過鱷口夾的小孔(圖 6.10-1)。

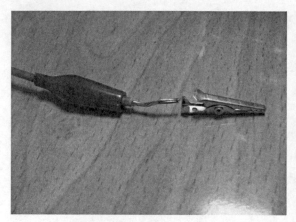
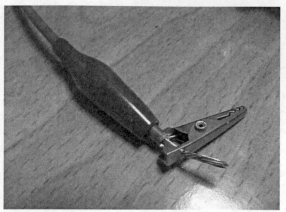

圖 6.10-1

2. 將導線纏繞在鱷口夾上,可用銲錫加強導線與鱷口夾的固定。將軟塑膠套拉上包住一半的鱷口夾(圖 6.10-2)。

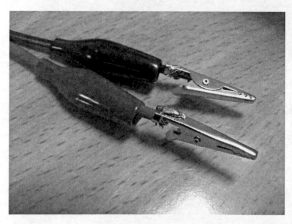
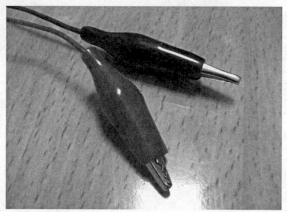

圖 6.10-2

鱷口夾－鱷口夾線的製作

[第 6 部有關電路實驗的準備]

3. 剪取 0.2～1 公尺多索或單索電線,兩端依 1～2 的步驟接上同樣顏色的鱷口夾。

4. 量取兩端之間的電阻,若電阻不為 0,褪下軟塑膠套,查出接觸不良的地方,並重新製作。

香蕉－香蕉線的製作

[實驗 7.2 的準備]

5. 剪取 0.2～1 公尺多索或單索電線，套入黑色或紅色的硬塑膠管。將電線剪去一段絕緣層，注意不要將內部導線剪斷，將露出的導線塞進香蕉接頭的小孔。

6. 以銲錫固定導線，將硬塑膠管旋上即告完成。

7. 待兩端依 5～6 的部驟裝上同樣顏色的香蕉接頭後，量取兩端之間的電阻，若電阻不為 0，旋下硬塑膠管，查出接觸不良的地方，並重新製作。

BNC 端子的製作

8. 剪取同軸電纜約 1 公尺，套入 BNC 端子的硬塑膠護套(圖 6.10-3)。

圖 6.10-3

9. 切去一段最外側的黑色絕緣層，小心不要切斷其內的網狀金屬層(圖 6.10-4)。

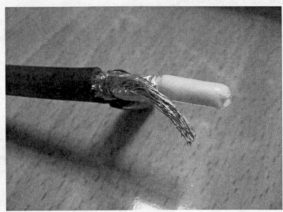

圖 6.10-4

10. 將露出的網狀金屬層及其內的金層箔片連同軸心外的白色絕緣層切去一半，小心不要切斷其內的軸心導體(圖 6.10-5)。

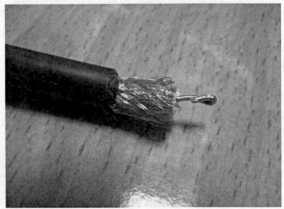

圖 6.10-5

11. 將軸心導體向後對折，塞入 BNC 接頭軸心內的空洞(圖 6.10-6)。

圖 6.10-6

12. 可以用銲錫加強軸心的固定。將 BNC 外側的接地端夾住露出的金屬網(圖 6.10-7)。

 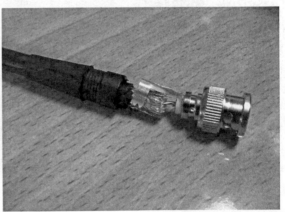

圖 6.10-7

13. 可用銲錫加強金屬網與 BNC 端子間的固定。將硬塑膠護套拉上套住 BNC 端子即告完成(圖 6.10-8)。

圖 6.10-8

BNC-BNC 電纜的製作
[實驗 7.1 的準備]

14. 在電纜的兩端重覆 8～13 的步驟。

15. 以三用電錶檢查兩端的 BNC 外緣接地部份之間的電阻是否為 0。如果不是,將 BNC 端子護套拉下,檢查接觸不良的原因,重心固定或重新加上銲錫。

16. 以三用電錶檢查兩端的 BNC 外緣接地部份與軸心之間的電阻是否為無限大。如果不是,將 BNC 端子護套拉下,檢查短路的原因,除去造成短路的金屬網,箔片或銲錫。

17。以三用電錶檢查兩端的 BNC 軸心之間的電阻是否為 0。如果不是,查出接線有問題的 BNC 端子,將 BNC 接頭拆下重新製作軸心的連接。

BNC－雙鱷口夾電纜的製作
[第 6 部及第 7 部大部份交流電路實驗的準備]

18. 依 1～2 的步驟,製作兩條不同顏色的鱷口夾。

19. 依 8～13 的步驟完成同軸電纜其中一端的 BNC 端子。

20. 切去另一端外部的絕緣層，注意不要切斷其內的金屬網.注意不要切斷其內的金屬
　　網。將金屬網扭成一束(圖 6.10-9)。

圖 6.10-9

21. 將軸心外的絕緣層切去一半，將金屬網扭成的地線端與軸心導體的火線端分別彎曲成
　　鉤狀。將紅色與黑色鱷口夾的接線切出一段裸露的金屬線，將金屬線彎成鉤狀。將紅
　　色鱷口夾的金屬線鉤在同軸電纜露出的軸心上，且將黑色鱷口夾的金屬線鉤在同軸電
　　纜金屬網扭成的導體束上。將兩組互相鉤住的電線分別扭轉成麻花狀(圖 6.10-10)。

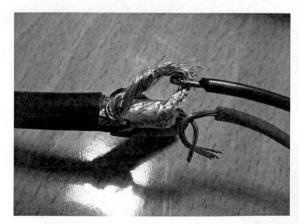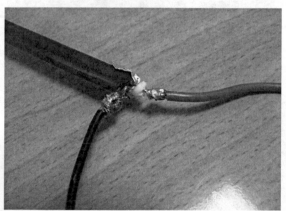

圖 6.10-10

22. 可用銲錫加強接點的固定。以膠帶分別貼住固定，確保兩條線之間沒有互相接觸，即告完成(圖 6.10-11)。

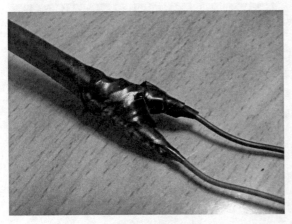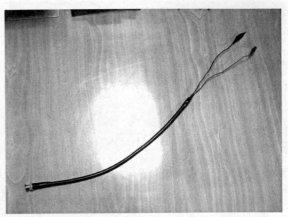

圖 6.10-11

23. 以三用電錶檢查BNC外緣接地的部份與黑色鱷口夾之間的電阻是否為0，並檢查BNC軸心的部份與紅色鱷口夾之間的電阻是否為 0，再檢查兩鱷口夾之間電阻是否為無限大。若有問題，修正發生問題的部份。

 ## 實驗 6.11　電子荷質比

一、目的

利用電場加速電子產生電子束，再令電子束在磁場中作圓運動，測定其運動並計算電子的電荷質量比 e/m。

二、原理

在高溫的陰極上產生的熱電子，電荷為 e [C]，質量為 m [kg]，速度約為 0，受到 V [V]的電壓加速，使電子的速率為 v [m/s]，當速率遠小於光速時，則由位能轉換成動能的式子 $mv^2/2 = eV$，故速率可表示為

$$v = \sqrt{\frac{2eV}{m}} \text{ 。} \quad \text{...(6.11-1)}$$

　　當電子在均勻磁通密度 $\overline{\mathbf{B}}$ 的磁場中運動，依 Lorentz 力定律荷電粒子所受的力在 SI 制可用 $\overline{\mathbf{F}} = e\overline{\mathbf{v}} \times \overline{\mathbf{B}}$ 表示，若速度 $\overline{\mathbf{v}}$ 與磁通密度 $\overline{\mathbf{B}}$ [T]垂直，則荷電粒子所受的力大小恰為

$$F = evB$$

此時 $\overline{\mathbf{F}}$ 與 $\overline{\mathbf{v}}$ 在同一平面上，且互相垂直，其運動軌跡為一圓。維持半徑為 r 的圓周運動，所需的向心力為

$$m\frac{v^2}{r} = evB \quad \text{...(6.11-2)}$$

由(6.11-1)，(6.11-2)兩式可得電子的荷質比 e/m 為

$$\frac{e}{m} = \frac{2V}{B^2 r^2} \quad \text{..(6.11-3)}$$

　　為了要得到均勻的電場，通常使用 Helmholtz 線圈，利用兩個半徑為 R 的圓環線圈，平行置於間隔為 R 的地方，通上相同方向的電流 I [A]，則在沿中心軸的對稱中心附近磁通密度變化不大。若線圈的匝數為 N，依 Biot-Savart 定律得磁通密度為

$$B = \left(\frac{4}{5}\right)^{3/2} \frac{\mu_0 NI}{R} = 9.00 \times 10^{-7} \frac{NI}{R} \quad \text{......................................(6.11-4)}$$

其中真空中的磁通率 μ_0 為 $4\pi \times 10^{-7}$ Wb-A^{-1}m^{-1}。將磁通密度代入(6.11-3)式，得荷質比為

$$\frac{e}{m} = \frac{125VR^2}{32\mu_0^2 N^2 I^2 r^2} = 2.47 \times 10^{12} \times \frac{VR^2}{N^2 I^2 r^2} \quad \text{...(6.11-5)}$$

e/m 其公認值約為 1.76×10^{11} C/kg。

圖 6.11-1 附有箱子的一體化電子荷質比實驗儀。左邊第二個旋鈕調節加速電壓，數值 0～300 V
顯示於左側的伏特計；右上角的旋鈕調節線圈的電流方向，右下角的旋鈕調節線圈的電
流大小，數值 0～3 A 顯示於右側的安培計；右下角的扳手為電源開關

三、儀器

電子荷質比實驗組，含電子束射線管球，Helmholtz 線圈，高壓電源供應器，低壓直
流電源供應器，木箱或遮光布。若非一體化設計之電子荷質比實驗組，需槍形或香蕉形連
接線數條。

四、注意事項

有些電子荷質比實驗組的管球是可以迴旋活動的，不要自行去旋轉以免鬆脫，若要調
整角度請通知擔任指導者協助。

圖 6.11-2　實驗時電子束呈現圓形

五、步驟

1.　將 Helmholtz 線圈軸心的方向置於東西向，儘量減少地磁水平分量的影響。有強磁性的物品儘量移走。

2A.　若非一體化設計之電子荷質比實驗組，將線圈電流調節鈕向左旋到底，使電流為最小，再將直流電源及直流安培計串聯。對封入少量氫氣的管球，利用真空管用的電源接上 6.3 V 的電源加熱，當電子槍的加熱器成為紅熱狀態時，將電子束的加速電壓通上 200 V，此時會有淡青色的電子束產生，射擊到管球表面。

2B.　若為一體化設計之子荷質比實驗組，接上 AC 110 V 的總電源，並接上電源開關; 將加速電壓調至約 250 V 左右，等待數十秒即有電子束由電子束管內底部射出; 調結線圈電流調節鈕即可改變輸入線圈之電流值 0～3 A，其值可由安培計直接讀出。

3.　固定加速電壓，適當決定線圈上電流的方向，逐漸增加線圈上的電流，此時電子的軌道呈圓形。隨著電流的增加磁束密度亦增加，電子軌道的半徑會縮小。若電子的軌道不在平面上而呈螺旋形，請擔任指導者協助調整電子束管球的方向，使電子束與磁場垂直。

4. 讀取電子束形成的圓的直徑，記錄此時的加速電壓及線圈電流等條件。

5. 逐漸增加線圈電流，每次增加約 0.1 A。重覆步驟 4。

6. 固定線圈電流，每次減少加速電壓約 50 V，重覆步驟 4。

六、數據分析

1. 由實驗裝置的常數，包括 Helmholtz 線圈的半徑(約 0.14 m)及線圈的匝數(約 140 圈)，將各種 V，I，r 條件下的數據代入，分別求出 e/m。

2. 當加速電壓為定值時，以軌道半徑 r 為橫軸，線圈電流 I 為縱軸，將關係畫在方格紙上。

七、問題

1. 查閱資料，說明 Helmholtz 線圈組的對稱中心上磁場強度的計算過程。

2. 離開對稱中心點約 $R/4$ 時，磁場強度會有 0.5%左右的變化。實驗時電子的軌跡偏離中心，電子所受到的磁場與中心點的磁場會有些不同，試由實驗數據評估其影響。

3. 當電子的初速與磁場不平行時，推算電子的軌跡會是哪種形狀？

實驗 6.12　弦振盪與交流電的頻率

一、預習習題

請預習 4.9 的內容，並回答該節的習題。

二、目的

利用弦振盪中駐波現象的原理，測定電流的頻率。

三、原理

弦上駐波產生的原理請參考實驗 4.9 中的說明。當線密度 μ 的弦被加上張力 P 時，弦上的橫波傳遞的速率為

$$v = \sqrt{P/\mu} \quad\text{...(6.12-1)}$$

若弦長度為 l，對應於 n 個波腹的駐波，其波長為

$$\lambda_n = \frac{2l}{n} = \frac{v}{f_n} \quad\text{...(6.12-2)}$$

此時以 f_n 的頻率施加振動的力，弦上會產生與振動力共鳴而顯現駐波。也就是說，產生駐波時，

$$f_n = \frac{1}{\lambda_n}\sqrt{\frac{mg}{\mu}} = \frac{n}{2l}\sqrt{\frac{mg}{\mu}} \quad\text{...(6.12-3)}$$

當長度及方向為 $d\vec{r} = \vec{i}dx$ 的導線上有電流 I 向正 x 方向流過時，若導線的垂直方向 y 有磁束密度 $\vec{B} = \vec{j}B$，則導線會受到沿 z 方向的力 $d\vec{F} = Id\vec{r} \times \vec{B} = \vec{k}IBdx$ 作用。若電流為交流電，則導線 $d\vec{r}$ 因受到週期性的力作用，也會有產生簡諧振盪的傾向。若交流電的頻率 f 恰與某一個駐波狀態的波長 f_n 相同，則整條弦會顯現駐波振動的現象。

　　如果使磁束密度有周期性的變化，用來吸引一條鐵磁性鋼弦，也會有振動的情形。但因不論磁束的方向為何，鐵磁性弦都會被吸引，所以施力的頻率是磁束變化頻率的 2 倍。

四、儀器

　　交流電源或訊號產生器，馬蹄形磁鐵(可用一對磁鐵代替)，電磁鐵，細銅線(裸銅線，不能用漆包線)，細鋼線，滑輪(選擇摩擦力小且能導電者)，導電固定支架，砝碼，BNC-鱷口夾或香蕉-鱷口夾接線。

五、步驟

1. 切一段約 1 m 長的銅線，測其長度至 mm.，並測其質量至 mg。計算其線密度。

2. 取相同材質的銅線約 1 m，一端以導電體固定，一端跨在導電滑輪上，末端掛上砝碼。

3. 將 BNC 接在訊號產生器的輸出上，另一端的 2 個鱷口夾分別夾在導電固定端及導電滑輪上。調整輸出振幅，確認有適當的電流流過。

4. 將馬蹄形磁鐵或永久磁鐵組置於線的一端。儘量不要置於張開的線一半或 1/3, 1/4,…長度處。

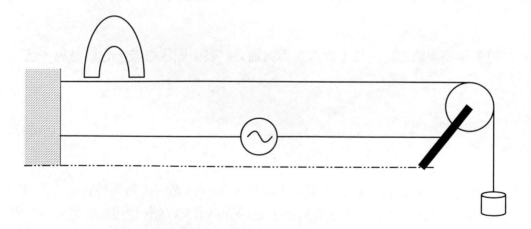

圖6.12-1 實驗配置

5.　由 10 Hz 開始，慢慢調整交流電的頻率。頻率未接近共振頻率時，銅線不會有反應，須耐心條整。若久久未能調節出共振頻率，利用 6.12-3 式估算共振頻率再於其附近尋找。

6.　若有共振反應，計算對應的波長，並與 6.12-3 式的條件比較。

7.　重覆 4~5，找出各種不同的振動模式，記錄其振動頻率。

8.　將細銅線換成磁性細鋼線，並將永久磁鐵換成電磁鐵。重覆步驟 1.求其線密度。

9.　取相同材質的鋼線約 1 m，一端固定，一端跨在滑輪上，末端掛上砝碼。

10.　將 BNC 接在訊號產生器的輸出上，另一端的 2 個鱷口夾分別夾在電磁鐵的兩接頭。調整輸出振幅，確認有適當的電流流過。

11.　將電磁鐵置於線的一端。儘量不要置於張開的線一半或 1/3, 1/4,…長度處。

12.　重覆步驟 4~6。

六、數據分析

參考實驗 4.9 的方法。

實驗 6.13　光電效應

一、預習習題

1.　若改變光源強度，截止電壓是否會隨著改變？

2.　若入射光的頻率低於光電管的截止頻率，增大光源強度能否產生光電流？

3.　下列哪些正確：光電子數目與入射光強度成比例；光電子最大動能與入射光強度無關；光電子最大動能隨入射光頻率線性增加；光電子最大動能與產生光電子的金屬種類無關。

二、目的

利用光電管測定各種波長光線所對應的光電流截止電壓，並算出 Planck 常數。

三、原理

當光照在物質上時，物質內部的電子吸收光子而成為較高能量的狀態，有時會超越物質表面的位能而向外逸出。若電子的質量為 m，逸出電子最大速度為 v，入射光的頻率為 v，則入射光能量與逸出電子的動能之間，有 Einstein 關係式

$$hv = \varPhi + \frac{1}{2}mv^2 \quad\text{..(6.13-1)}$$

其中 $h = 6.626 \times 10^{-34}$ J-s 為 Planck 常數；$\varPhi$ 是該物質特有的常數，稱為功函數。由 Einstein 關係式可知，當每個光子的能量 $hv < \varPhi$ 時，電子無法獲得足夠的動能離開物質。因此滿足 $hv_0 = \varPhi$ 的光頻率 v_0 稱為臨界頻率。用臨界頻率以上的短波長光照在金屬上，放出的光電子數與光強度成比例，此為光電效應。將光的強度轉換為電流強度的裝置有光電管及太陽電池。

光電管具真空管的構造，陰極為半球形或半圓筒形。

在光電管中加上反向電壓，可以減少電子的動能，阻止電子到達陽極。使光電流恰為

零的反向電壓稱爲截止電壓 V_0。此時

$$hv = \varPhi + eV_0 \quad\text{..(6.13-2)}$$

$$V_0 = \frac{1}{e}(hv - \varPhi) \quad\text{..(6.13-3)}$$

入射光的頻率 v 與截止電壓 V_0 成線性關係。利用斜率 h/e 及電子電荷 $e = 1.6 \times 10^{-19}$ C 可以算出 Planck 常數。

四、儀器

光電效應實驗組(CK7110)：內含微安培計，固定電阻，直流電源，直流伏特計，交流伏特計，外接眞空光電管及燈泡組；濾色片。
CK7110 的說明：

1. 光電管電源：供應光電管的正，反向電壓，有粗調及微調。

2. 直流伏特計：數字顯示光電管兩端的電壓。

3. 直流安培計：數字顯示光電管中的光電流，微安培(μA)及奈安培(nA)自動切換，有小數點表示微安培，無小數點表示奈安培。

4. 燈泡電源：無應光源的電源，可調整燈泡亮度。

濾色片： O-54: 遮斷 5.56×10^{14} Hz 以上頻率(5400 Å)。Y-50: 遮斷 6.00×10^{14} Hz 以上頻率(5000 Å)。Y-44: 遮斷 6.82×10^{14} Hz 以上頻率(4400 Å)。L-42: 遮斷 7.14×10^{14} Hz 以上頻率(4200 Å)。黑色不透光。

五、步驟

1. 使用三芯連接線，分別連接光電管及燈泡至電源盒。將電源盒插上 110 V 插座。

2. 適當調整燈泡亮度，並在實驗中固定此一亮度。

3. 將黑色不透光片放入光電管及燈泡之間,調整光電管的偏壓為 0,再調整直流安培計的讀數為 0。

4. 取出不透光片,取一濾色片放入光電管及燈泡之間,此時可見安培計上有讀數,即為光電流的大小。將偏向電壓往負方向調整,直到安培計上讀數為 0,記錄此時的截止電壓 V_0。

5. 更換濾色片,重覆步驟 4。

六、數據分析

繪製濾光頻率及截止電壓的關係圖形,依 6.13-3,由斜率求出 Planck 常數。

實驗 6.14　磁回轉效應

一、預習習題

設計方法，求出由纖維懸掛的細鐵棒或細鐵管的轉動慣量 I，以及纖維的轉動回復力常數 $\kappa = \tau / \theta$，並讀出細鐵棒或細鐵管磁化狀態改變後的最大旋轉幅角。

二、目的

利用簡單的道具，觀察磁化時角動量的改變。

三、原理

生活周遭常見的物質皆是由中性或帶電的原子構成，帶電的原子稱之為離子。原子的構造包括集中於中央的原子核，集合了所有的正電荷及大部份的質量，以及外圍作繞核運動的電子。在微小的原子中，基本粒子的行為無法完全以古典力學解釋，必須要用到量子力學；其結果顯示電子只能在某些特定軌道上運行，這些軌道分別對應某個特定的能量及角動量。能量的大小主要是與主量子數(principal quantum number)n 有關，n=1 即原子科學中所謂第 1 殼層 K，n=2 即所謂第 2 殼層 L，n=3 即所謂第一殼層 M，n=4 即所謂第 4 殼層 N。角動量與軌道角動量子數(orbital angular-momentum quantum number)l 有關，l=0 即所謂 s 軌域，l=1 即所謂 p 軌域，l=2 即所謂 d 軌域，l=3 即所謂 f 軌域。對於某一殼層中 l 的限制是 $l = 0,1,...n-1$。角動量在磁場方向的投影量與軌道磁量子數(orbital magnetic quantum number)m_l 有關，對於某一軌域中 m_l 的限制是 $m_l = -l, -l+1,... -1,0,1,...l-1,l$。軌道角動量在磁場方向的投影量為 $L_z = m_l \hbar$，恆為 Planck 常數除以 2π(即 $h/2\pi$)的整數倍。當電子在原子的軌道中運行，就構成彷彿微小的電流回路，產生磁矩，該磁矩投影在磁場方向上的大小為 $\mu_z = -\dfrac{e}{2m}L_z = -m_l\dfrac{e\hbar}{2m} = -m_l\mu_B$，SI 單位為[J/T]=[A-m^2]。Bohr 磁子

$$\mu_B = \frac{e\hbar}{2m} = 5.788\times10^{-5} \text{ eV/T} = 9.274\times10^{-24} \text{ J/T}。$$

　　原子中除了原子核具有固有的磁矩外，磁性的主要來源是電子固有的磁矩及電子的繞核運動而來。電子本身具有固有的角動量，在初期量子論模型中被想像爲正在自轉的電荷分佈，所以稱之爲電子的自旋(spin)；電子自旋亦對應於某一角動量，該角動量在磁場方向的投影量 $S_z = m_s \hbar$。量子數 m_s 只有兩種可能，當 $m_s = +1/2$ 稱爲向上(up)的自旋，而 $m_s = -1/2$ 稱爲向下(down)的自旋。電子固有的磁矩大小在磁場方向的投影量則爲

$$\mu_z = -2.00232 \frac{e}{2m} S_z \approx -2m_s \frac{e\hbar}{2m} = -2m_s \mu_\mathrm{B} \text{。}$$

　　電子的自旋對鐵的磁性占有很大的貢獻。鐵的原子量爲 55.845 u，合 9.7058×10^{-27} kg，孤立的鐵原子其電子填充狀態爲 $1s^2 2s^2 2p^6 3s^2 3p^6 4s^2 3d^6$，3d 的 6 個電子自旋投影量總和爲 $4\mu_\mathrm{B}$ (5 up,1 down)。但固態中的鐵原子以體心立方排列，電子分佈於能帶中，有更多的電子磁矩相消，每個鐵原子平均分到 $2.2\mu_\mathrm{B}$。其它如鈷的金屬爲 $1.7\mu_\mathrm{B}$，鎳的金屬爲 $0.6\mu_\mathrm{B}$。

　　磁性體的磁化與載子(例如電子)的角動量變化有關，所以磁性體的磁化狀態改變時磁性物質會有回旋的現象，稱爲磁旋轉效應(gyromagnetic effect)。若將可以沿軸自由旋轉的強磁性體，沿旋轉軸加上磁場，磁性體會有旋轉的現象，稱爲 Einstein-de Haas 現象。將轉動慣量爲 I 的圓柱形磁旋轉體附上反射鏡，掛在角度回復力常數爲 κ 的纖維上，以線圈通上電流，產生向上的磁場，並使旋轉體靜止。此時將電流及磁場方向反轉，將磁性體向相反方向磁化，則載子的角動量投影量也跟著反轉，依角動量守恆，磁性體因內部電子所給予的角衝量(角動量的變化)產生旋轉的現象，可由鏡面的旋轉觀察。由能量守恆 $(\Delta L)^2 /(2I) = \kappa \theta_{max}^2 / 2$，因角衝量 ΔL 產生的旋轉角幅度爲 θ_{max}，則 $\Delta L = \theta_{max} \sqrt{\kappa I}$。若摩擦力較小，磁性體會有往覆振動的現象。

四、儀器

　　Helmholtz 線圈或螺線管一對，電源，鐵針或細鐵管，掛鐵管的線，游標尺，天秤，標定鐵管角度的細線及量角器，或反光貼紙及雷射光源及量尺。

五、步驟

參考原理的說明，設計實驗步驟。

六、數據分析

計算磁性體內鐵原子的總數，並將角衝量的大小除以 Bohr 磁子，將兩者互相比較。

實驗 6.15　電池的內電阻與電動勢

一、目的

用直流電路最基礎的知識，對電池的內電阻及電動勢作簡易測定。

二、原理

電池的正負電極之間利用化學物質提供穩定的電位差，此電位差又被稱為電動勢 (EMF: electromotive force; 起電力)。將電池接通負荷電路時，若將電流調大，外部所得的電池端電壓 (terminal voltage) 會變小。這是因為電池內部的材料具有內電阻的緣故。

一般電路實驗中經常利用電位器 (potentiometer) 作為可變電阻，因此電位器也一般被通稱為可變電阻器 (variable resistor)。圖 6.15-1 上方是直線滑動式，隨著中間的滑動端位置變化，接通的電阻絲位置跟著改變，左下方固定端至滑動端 (可由滑動端的導電桿子的兩端接線) 或滑動端至右下方固定端的電阻亦會變化。為了更輕便使用，亦有體積較小的旋轉式電位器，其中將電阻絲纏繞在 C 形環上，再讓中間的接腳連至滑動端。電阻及可變電阻的符號如圖 6.15-2。

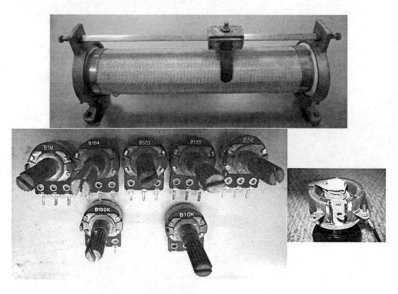

圖 6.15-1 各種電位器 (可變電阻)，上方是直線滑動式，左下方的 7 個是旋轉式，右下方則顯示旋轉式電位器的內部構造。相鄰的 2 個端子 (左中或中右) 分別可當作可變電阻使用。左右最外側的 2 個端子之間的電阻是固定的，例如下方由左到右的電位器最大電阻分別是 1 MΩ (B1M)、100 kΩ (B104 或 B100K)、50 kΩ (B503)、10 kΩ (B103 或 B10K)、5 kΩ (B5K)。

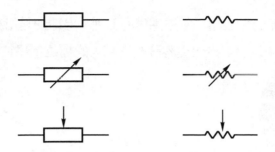

圖 6.15-2 各種電阻的符號。左排與右排分別是歐日式符號與美式符號。左上與右上是固定電阻的符號，左中與右中是只有 2 接點的可變電阻 (rheostat 或稱 variable resistor) 的符號，左下與右下是有 3 個接點的電位器的符號。電位器的相鄰 2 接點亦可當作可變電阻用。

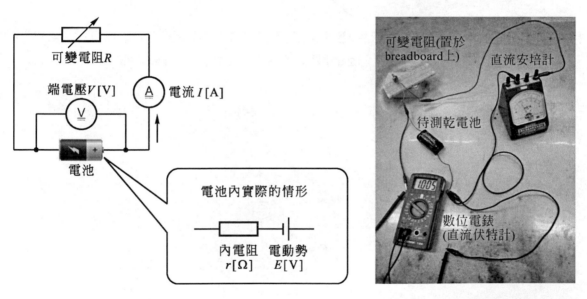

圖 6.15-3 左：實驗等效電路圖。右：實驗裝置。

　　用直流電路簡易測定電池內電阻及電動勢，基本的接法如圖 6.15-3。直流伏特計用來測電池端電壓，與其並聯的電路上有安培計與可變電阻 (或電位計的相鄰 2 接腳) 串聯。但很多同學在中學不常有機會練習使用安培計，生手很容易將傳統類比或數位安培計燒毀；此時可改成先單獨用歐姆計測定電阻，接上電池後再用伏特計來測定電壓，最後用 Ohm 定律計算電流；或是改用夾線式安培計 (clamp-on ammeter 或簡稱 clamp meter；鉗式電流計) 直接測感應磁場並轉換成電流，如圖 6.15-4。夾線式安培計測直流時多半應用了

Hall 效應的原理；測交流時則應用了電磁感應的原理。但即使是用夾線式安培計，仍要先估計電流大小，確定範圍適合之後再從容許範圍較大的檔位依序往小範圍撥轉。

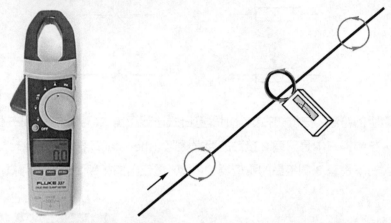

圖 6.15-4 左：夾線式安培計。右：夾線式安培計的操作。這種安培計是以測定磁場換算成電流值，不需要串聯在待測電路上，因此不需將原有的電路切斷，操作較爲簡便。

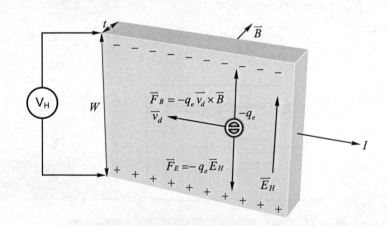

圖 6.15-5 Hall 效應的說明。載子帶負電荷的導體中有許多逆著電流方向的導電載子 (若載子帶正電荷則順著電流方向)，平均漂移速度 $\vec{v}_d$；當導體受到與電流垂直方向的磁場 $\vec{B}$ 作用時，帶電荷且自由移動的載子會受到在漂移速度與磁場外積方向的 Lorentz 磁作用力，並造成導體中載子的濃度差，因而建立內部的橫向電場，其橫向 Coulomb 電作用力恰與橫向 Lorentz 磁作用力抵消，使載子仍順著或逆著原來的電流方向移動。將橫方向的位移與電場的內積積分可得橫方向兩側的電位差，即 Hall 電壓 V_H，與各參數的關係是 $V_H = WE_H = IB/(nqt)$，其中 n 是載子濃度，q 是每個載子所帶的電荷，t 是導體在磁場方向的厚度。圖例的負電荷載子以導電電子 $q = -q_e$ 作說明。若是以電洞導電的材料，則 Hall 電壓的高低方向相反。

考慮 6.15-3 圖中的電路，並假定內電阻當負載電流達到 I 時，電池的內電阻對應於電位降 rI，由外部量到的電池端電壓 $V = E - rI$，將所測得的端電壓 V 對電流 I 作圖，即可得如圖 6.15-6 的圖，再由圖形讀出負斜率 r 得到內電阻，並讀出截距 E 得到電動勢的值。

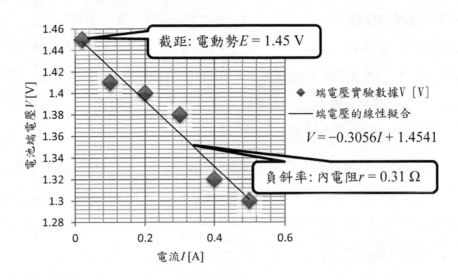

圖 6.15-6　由電池的輸出電壓及輸出電流的實驗數據，得到內電阻及起電力的值。

三、儀器

具有直流伏特計與歐姆計功能的數位多功能電錶 (傳統的 d'Arsonval 線圈指針式三用電錶亦可)，電阻絲，可變電阻 (可利用旋轉式電位計)，固定電阻若干，待測電池數個 (可放入附接線的電池盒固定)。

*依教學方便可提供直流安培計 (夾線用磁場式、串聯用數位式、串聯用指針式電錶皆可)。

四、步驟

1. 選取某一段長度的電阻絲，或可變電阻，或數個特定的固定電阻，測量其電阻 R。由於一般新的鎳氫或鎳鎘電池的內電阻在 1 Ω以下，碳鋅錳電池則在 10 Ω以下，舊的鎳氫或鎳鎘電池的內電阻在 10 Ω以下，碳鋅錳電池則在 100 Ω以下，儘可能選擇與其接近的數量級。需注意用歐姆計測電阻時電阻器不可接在任何外部電源上。最好將待測電阻從其他的電路中分離出來，單獨接在歐姆計上，可參照圖 6.15-7。(*當然電池的內電阻也無法用歐姆計直接量出。)

2. 將裝置接成如圖 6.15-8 (無安培計) 或 6.15-3 (有安培計)，測量電池兩端 (即電阻兩端) 的端電壓，也就是輸出電壓 V。利用歐姆定律計算出電流 I 的值 (如果同學們熟悉安培計的用法，不會誤將安培計燒毀，或者實驗室中有夾式安培計，可以試著用圖 6.15-3 的方法直接測定電流 I)。

3. 換另 1 個電阻，重覆步驟 1~2，取得 5 種以上不同電阻所對應的電壓及電流值。

4. 仿照圖 6.15-6，將數據繪圖，由斜率及截距分別讀出起電力 E 及內電阻 r 的值。

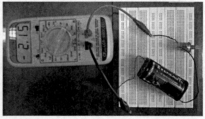

圖 6.15-7 左：歐姆計正確的使用方法，歐姆計的 2 端直接接到待測電阻上，歐姆計 (內含特定規格電池) 與待測電阻所形成的電路上不要有別的電源或待測對象以外的電阻 (未形成電路的接線或元件則不會影響讀數)。如果是指針式歐姆計，每次換檔位都必需重新校正 0 Ω的位置。右：錯誤的使用方法，電路上有額外的電源或其他元件。雖然較低壓的電源不一定會燒壞歐姆計，但是會使讀數不正確，圖例中甚至有負號出現。

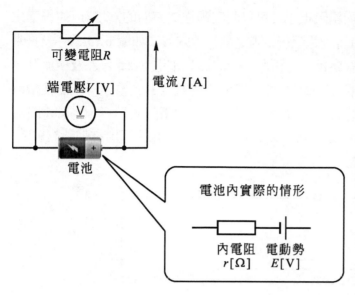

圖 6.15-8　將圖 6.15-3.的電路省略安培計時的實驗裝置。

五、參考資料

　　電池的端電壓在較大的電流處電壓值會下降，$I\text{-}V$ 特性圖形上至某個電流處電壓就截止了，無法提供該值以上的電流，該電流值即所謂的短路電流 (short current)。通常電池舊了以後內電阻會變大，且化學藥品消耗後電動勢也會減少，例如下圖 6.15-9 的數據所示。

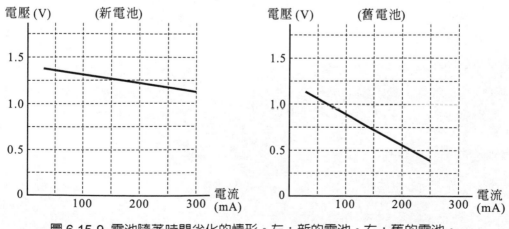

圖 6.15-9　電池隨著時間劣化的情形。左：新的電池。右：舊的電池。

　　檢流計 (galvanometer) 相當於內電阻很小且可以測定順逆 2 方向的安培計。如果學生能夠正確使用檢流計，利用電位計 (可變電阻絲) 測定電動勢的方法如圖 6.15-10。先將某個穩定的直流電源 E 接在整條電阻絲 AB 上，再用已知的標準電池 E_1 接上 A 及檢流計，尋找能使檢流計不偏轉的位置 C_1；接著把電池 E_1 切換至待測電池 E_2，重新尋找能使檢流計不偏轉的位置 C_2。由於沒有電流流通，測得的電壓皆不受內電阻的影響。均質電阻絲的電阻值與長度成正比，因此可由 $E_1/E_2 = R_{AC_1}/R_{AC_2} = L_{AC1}/L_{AC_2}$，直接算出電動勢的值。

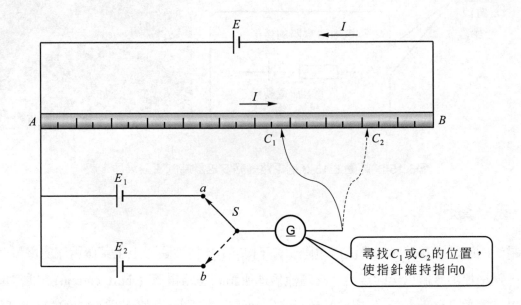

圖 6.15-10 用電位計 ACB 測定未知電池 E_2 的起電力。

第 **7** 部

示波器

實驗 7.1　示波器的使用

預習習題

1.　一般的示波器及訊號產生器，關上開關與拔下插頭，哪一個要先執行？

2.　對於正常的示波器而言，若要正確讀出電壓的數值，應將 CH1[X]及 CH2[Y]的 CAL 轉到何處？是 CH1[X]的向左轉到底，CH2[Y]的 CAL 向右轉到底；還是 CH1[X]及 CH2[Y]的 CAL 都逆時鐘轉到底；還是 CH1[X]及 CH2[Y]的 CAL 都向正上方；還是 CH1[X]及 CH2[Y]的 CAL 都順時鐘轉到底？

3.　對於正常的示波器而言，若要正確讀出時間的長度，應將 TIME VAR 的 CAL 轉到何處？是逆時鐘轉到底，還是向正上方；還是順時鐘轉到底？

4.　若示波器縱方向有 8 格，橫方向有 10 格，則以下的旋扭上所有的刻度對應到的交流訊號 $V_{p\text{-}p}$ 最大範圍為何？

Volts/div	5 V	2 V	1 V	.5 V	.2 V	.1 V	50 mV	20 mV	10 mV	5 mV
Y 方向 $V_{p\text{-}p}$										
X 方向 $V_{p\text{-}p}$										

5.　若要完整顯示 $V_{p\text{-}p}$ 為 2 V 的垂直訊號，且要放到最大，應該要設哪一個 volts/div？

6.　若示波器橫方向有 10 格，則以下的旋扭上所有的刻度對應到的週期最長範圍為何？對應到的最小頻率為何？

Time/div	.5 s	.2 s	.1 s	50 ms	20 ms	10 ms	5 ms	2 ms	1 ms	.5 ms
最大週期										
最小頻率										
Time/div	2 ms	1 ms	50 μs	20 μs	10 μs	5 μs	2 μs	1 μs	.5 μs	.2 μs
最大週期										
最小頻率										

7. 若要完整顯示 1 kHz 的波形恰好 1 週期，應該要設哪一個 time/div？

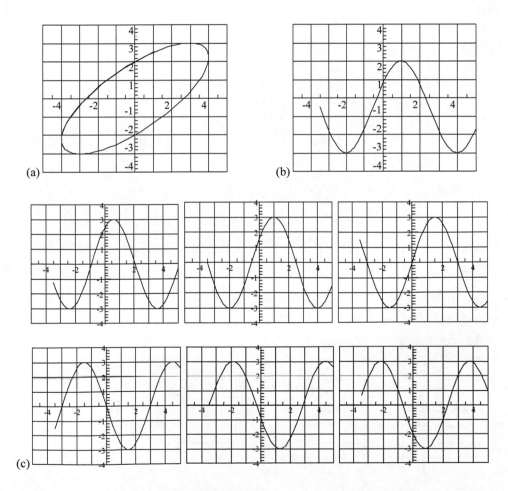

圖 7.1-1 (a)Lissajous 圖形的例子。(b)～(c)正弦波的例子。

8. 若圖 7.1-1(a)中橫向的 volts/div 為 1 V，縱向的 volts/div 為.2 V，求 CH1[X]及 CH2[Y] 訊號分別的振幅，兩者之間頻率的比例，及兩者之間的相位差。

9. 若圖 7.1-1(b)中橫向的 time/div 為 50 ms，縱向的 volts/div 為.1 V，求訊號的振幅及週期。

10. 在圖 7.1-1(c)中哪些的 trigger-level 是正的？哪些的 trigger-level 是 0？哪些的 trigger-level 是負的？哪些的 trigger-slope 是正的？哪些的 trigger-slope 是負的？

11. 在方格紙上繪製或用電算機打印參數圖形 $x = 2\cos(2\pi t + \frac{\pi}{6})$，$y = \cos(2\pi t + \frac{\pi}{3})$。

一、目的

熟悉示波器的原理和操作。

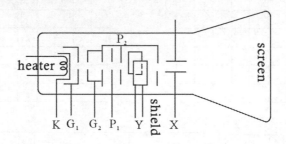

圖 7.1-2 靜電偏向型 CRT 的說明。G₁ 為第一柵極，較陰極 K 電位為低，用來控制電子束，調整亮度。G₂ 為第二柵極，用來加速電子流。P₁ 為第一陽極，用來聚焦電子束。P₂ 為第二陽極，用來加速電子束。至此稱為電子鎗，可產生細電子流。X 及 Y 分別為左右及上下的偏向用電場。電子最後打在螢光屏上產生亮點。藉由 X 及 Y 偏向電場，可將訊號的起伏轉為亮點的移動。

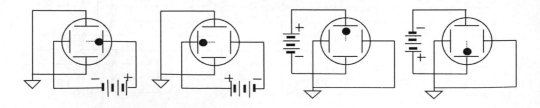

圖 7.1-3 X，Y 偏壓為定值時，CRT 螢光屏上亮點的偏移。

二、原理

　　示波器(oscilloscope)是實驗室中不可或缺的基本儀器。無論物理學、化學、工程或醫學，任何訊號只要能轉變成電子訊號，大都可以用是波器來顯示。用陰極射線管(CRT)所製成的電視機及電算機螢光屏也是利用類似的原理在動作。本實驗介紹最簡單形的示波器，其內部結構最主要由陰極射線管及相關的電子線路和附件組成。圖 7.1-2 說明 CRT 構造。

$$V_x = -V_{\max} + \frac{2V_{\max}t}{T} \ \ \text{if} \ \ 0 \le t \le T \ \text{，} \ V_x(t \pm T) = V_x(t) \ \text{，}$$

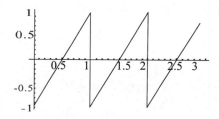

圖 7.1-4　鋸尺波。胡琴、小提琴弦的振動模式與此相似，故音色有別於撥弦樂器。

　　CRT 中的電子束，受到 X 或 Y 偏向電場的作用，撞擊螢光屏的位置會隨著改變，且偏移的距離 $y = q_{\mathrm{e}}EL^2/(2m_{\mathrm{e}}v_x^2)$ 與偏向電場及偏向電壓成正比。其原理可參考 Haliday：*Fund. of Phys.* 7ed 中 22-8 節的說明。利用這個原理，若在 X 方向上輸入鋸尺波，則螢光屏上的亮點會沿著水平線重覆由左到右週而復始的等速移動。(家用的 CRT 電視即為將 X，Y 方向分別加上週期不同的鋸尺波，電子束撞擊的亮點會週期性地掃描整個畫面)。利用鋸齒波的水平掃描，即可將垂直輸入訊號對時間的關係呈現於畫面上。例如有一週期函數為

$$y = y_{\mathrm{m}} \cos \frac{2\pi t}{T} = y_{\mathrm{m}} \cos \frac{2\pi [t \pm n]}{T} = y_{\mathrm{m}} \cos \frac{2\pi [t - T \operatorname{int}(t/T)]}{T}$$

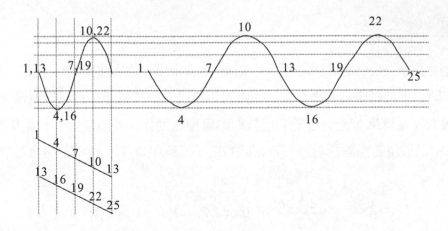

圖 7.1-5 利用鋸尺波顯示穩定波形的原理說明

利用週期同為 T 的鋸尺波

$$x = k[t - T\,\text{int}(\frac{t}{T})]$$

可將原來的訊號轉換為

$$y = y_{\text{m}} \cos(\frac{2\pi x}{kT})$$

x 是在螢光幕上讀到的長度，可以乘上常數 k 換算回時間的長度。

雖然將水平掃描的週期調節成與輸入訊號的週期相同，可以顯示穩定的波形；但示波器顯示時採用觸發同期的方法，當輸入訊號的電壓及斜率到達某個條件時才開始掃描，亦可截取到穩定波形，且免去找尋輸入訊號週期的問題。

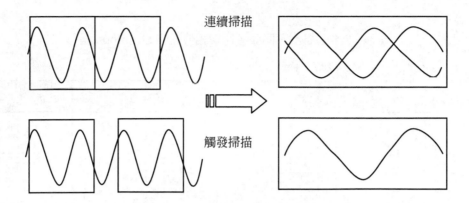

圖 7.1-6　示波器觸發及訊號同步的原理。對於相同的週期性訊號，因觸發的條件不同，會看到不同的波形。若設定觸發電壓不在波形的範圍內，示波器就不作同步的動作，每次掃描完後立即截取下一段波形，只能看到不斷變化的波形。若觸發電壓在波形範圍內，每次掃描完後並不立即截取下一段波形，待輸入電壓符合設定，亦符合斜率為正(或斜率為負)的要求，才掃描下一段波形。因為相同的波形重疊的結果，看到的是恆定的波形。(若掃描頻率過低，看到的是沿相同軌跡移動的點)。

表 7.1-1　對於同樣訊號，因各種不同觸發截距與觸發斜率的圖形

	Level 為負	Level 為 0	Level 為正
Slope 為負			
Slope 為正			

1.　Lissajous 圖形：當物體沿著 x，y 方向分別作簡諧運動，且兩個方向的週期或頻率恰為簡單整數比 m/n，則在有限的時間裡(m，n 的最大公約數乘以 x 或 y 方向的週期)，物體會回到原處，且重覆原來的軌跡繼續移動。利用會漏沙的平面複擺可以繪出這種圖形。另一個簡便的方法是利用示波器及訊號產生器，只要將水平輸入改為外接，啟動 XY 模式即可。表 7.1-2 為各種 Lissajous 圖形。

表 7.1-2 各種不同頻率比與相位差的 Lissajous 圖形

$$x = x_\mathrm{m} \cos 2\pi f_x t, \; y = y_\mathrm{m} \cos(2\pi f_y t + \phi)$$

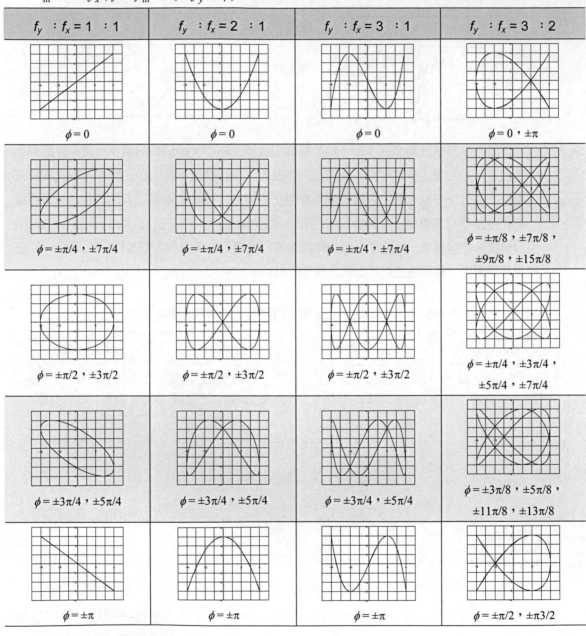

$f_y : f_x = 1 : 1$	$f_y : f_x = 2 : 1$	$f_y : f_x = 3 : 1$	$f_y : f_x = 3 : 2$
$\phi = 0$	$\phi = 0$	$\phi = 0$	$\phi = 0 \,,\, \pm\pi$
$\phi = \pm\pi/4 \,,\, \pm7\pi/4$	$\phi = \pm\pi/4 \,,\, \pm7\pi/4$	$\phi = \pm\pi/4 \,,\, \pm7\pi/4$	$\phi = \pm\pi/8 \,,\, \pm7\pi/8 \,,$ $\pm9\pi/8 \,,\, \pm15\pi/8$
$\phi = \pm\pi/2 \,,\, \pm3\pi/2$	$\phi = \pm\pi/2 \,,\, \pm3\pi/2$	$\phi = \pm\pi/2 \,,\, \pm3\pi/2$	$\phi = \pm\pi/4 \,,\, \pm3\pi/4 \,,$ $\pm5\pi/4 \,,\, \pm7\pi/4$
$\phi = \pm3\pi/4 \,,\, \pm5\pi/4$	$\phi = \pm3\pi/4 \,,\, \pm5\pi/4$	$\phi = \pm3\pi/4 \,,\, \pm5\pi/4$	$\phi = \pm3\pi/8 \,,\, \pm5\pi/8 \,,$ $\pm11\pi/8 \,,\, \pm13\pi/8$
$\phi = \pm\pi$	$\phi = \pm\pi$	$\phi = \pm\pi$	$\phi = \pm\pi/2 \,,\, \pm\pi3/2$

對於頻率比為 $1:1$ 的 Lissajous 圖形，可以利用來讀出相位差。若 $y = y_m \sin(\omega t + \phi)$，$x = x_m \sin(\omega t)$，當 x 為 0 時 $\omega t = 2n\pi$，此時 $y = \pm y_m \sin \phi$；將這兩個 y 值相減，除以 $2y_m$，可得 $\sin\phi$ 的值。同理，x 軸上也可作相同的分析，如圖 7.1-8。

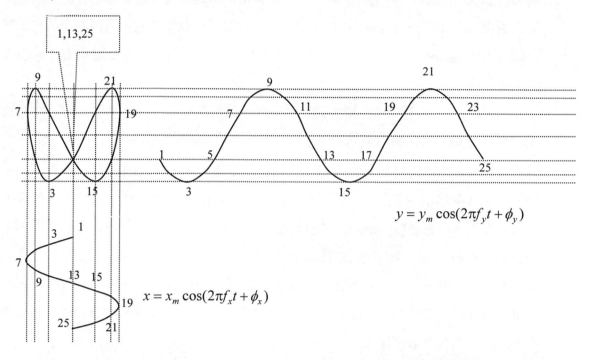

$$y = y_m \cos(2\pi f_y t + \phi_y)$$

$$x = x_m \cos(2\pi f_x t + \phi_x)$$

圖 7.1-7 Lissajous 圖形的解釋，f_x/f_y=2。數字 1～25 即對應不同的時間點。

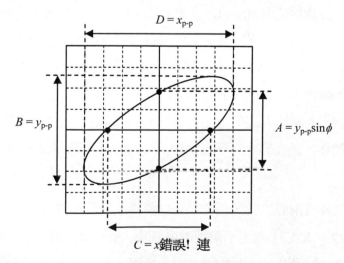

$$D = x_{\text{p-p}}$$
$$B = y_{\text{p-p}}$$
$$A = y_{\text{p-p}}\sin\phi$$
$$C = x\text{錯誤! 連}$$

圖 7.1-8 利用 Lissajous 圖形測量相位差。$A/B = C/D = \pm\sin\phi$

2. 示波器的輸入：主要有兩組，一為垂直輸入，另一為水平輸入。CH1[X](或作 CHA[X])垂直輸入及 CH2[Y](或作 CHB[Y])垂直輸入。輸入模式分為 DC，AC 與 GND 三種。選 DC(direct current)位置時，交流和直流訊號可以參雜進入。如果不想要直流訊號，可以選擇 AC(alternate current)位置，讓輸入訊號經過一個電容器，濾掉直流成份。若選擇 GND(ground)位置時，由於將輸入端接地因此可以觀察輸入電壓為零時的基線(baseline)位置。

　　示波器大都具有標準訊號，通常為方波，供校準輸入訊號靈敏度之用。示波器及訊號產生器之細部構造隨機型而不同，使用時請直接參考原廠操作手冊。

3. 時基模式：在時基模式時，CH1(當 vertical mode 為 CH1 時)或 CH2(當 vertical mode 為 CH2 時)輸入訊號經放大器放大後，輸送到陰極射線管(CRT)的 Y 偏折板，使電子束產生偏折。由靈敏度(volts/div)和靈敏度微調 CAL 可以決定輸入的電壓值在畫面上對應的格子數。當 vertical mode 為 dual 時，CH1 及 CH2 輪流被送出，故畫面上可以同時看到兩者的波形。當 vertical mode 為 ADD 時，會將原來在 CH1 及 CH2 模式時分別在螢光屏上對應的 y 座標 y_{CH1}，y_{CH2} 相加後，在 $y_{CH1}+y_{CH2}$ 值所對應的位置會產生波形，即對兩個波形作加法。

　　時基產生器所產生的鋸尺波被送入 X 偏折板，使 CRT 電子束由左向右做水平掃描，掃描頻率可以由掃描率 time/div 決定。為了得到穩定波形，掃描必須與輸入訊號同步，觸發(trigger)線路的目的在使訊號到達某個水平(level)及斜率(slope)(+或−)才開始掃描，觸發源 source 可以用內源(訊號源 line)或外源(external)來觸發。若輸入為週期訊號，重覆不斷掃描同一個波形時，因為螢光體發光及視覺暫留的原理，眼睛所看到的是穩定的波形。當輸入波形上任何一點都不能滿足設定的電壓值及斜率時，示波器放棄觸發的動作，螢光屏上持續不斷作水平的掃描，在 auto mode 下只能看到重疊的紊亂波形。

4. XY 模式：如果要看兩個訊號的頻率或相位關係，旋轉至 X-Y(或按下 X-Y 鍵，同時 vertical mode 設為 X-Y)，則水平偏折不用時基訊號掃描，而由水平輸入 CH1[X]送進一個訊號，與 Y 輸入的另一訊號 CH2[Y]，畫面上形成 X-Y 訊號之關係圖。

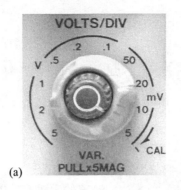 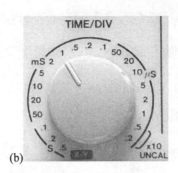

(a)　　　　　　　　　　　　(b)

圖 7.1-9 (a)電壓的放大倍率(電壓靈敏度)與(b)水平掃描速度(時基靈敏度)的調整旋扭

三、儀器

示波器，訊號產生器 2 臺及連接用的 BNC 電纜及鱷口夾電纜數條。

四、步驟

▌注意事項

1　請養成習慣！插入電子儀器 AC 電源之前，一定要先將電源開關置於 "關"
("Off") 的位置。拔 AC 電源插頭之前亦同。
2　示波器及其他儀器不用時，請隨手將其電源關掉，一則可節省用電，另則
可以延長儀器壽命。實驗前請作好預習，實驗時間不要太長。

基本操作

1. 將視波器電源線插頭插入 110 V 交流電源座。

2. 撥或轉"power"(電源開關)使電源接通，此時 LED 會亮。

3. "trigger-source"(觸發源選擇)定在外源(EXT)位置。CH1[X]及 CH2[Y]的 volts/div(輸入
靈敏度)調至最大值(5 V/div)位置。

4. 等數分鐘，讓儀器進入穩定的工作狀態。

5. "time/div"旋扭轉至 X-Y。有的機型應按下 X-Y 鍵，並將 vertical mode 撥至 X-Y 狀態。

6. 調整"CH2[Y]-position▲ ▼"(垂直位置)及"position ◀ ▶"(水平位置)，使亮點對準螢光幕中央位置。

7. 調整"intensity"(強度)及"focus"聚焦鈕，以得到適當亮度及清晰的亮點。亮度以能看清楚為原則，不宜過亮，以延長螢光幕及電子鎗的壽命。過亮的點停留在螢光幕上將留下永久的陰影。

檢查放大器靈敏度

8. "CAL 2 V_{p-p} 1 kHz" 校準信號為±1 V 的方波，利用帶鱷口夾或帶鉤的電纜，將訊號接到"CH2[Y]-1 MΩ//25 pF"的 BNC 端子上(不要與旁邊的 ext trig 用的 BNC 端子弄錯！)，並將輸入模式放在 AC 位置。

9. 調整"CH2[Y]-volts/div"(垂直靈敏度)至適當位置(如.5 V/div)，此時螢光幕上應可看到兩個光點。

10. 將 CH2[Y]-volts/div 中央的微調鈕順時鐘方向轉到"cal"位置，此時亮光點間的格子數乘以 volts/div 靈敏度應為校準電壓值 2 V。

11. 如果測量值誤差超過±5%，請與指導教師及管理員聯繫，以便調整或送修，千萬不要自己作調整。

12. 將校準訊號改接到"CH1[X]-1 MΩ//25 pF"的 BNC 端子上。保持為 X-Y 模式。

13. 調整"CH1[X]-volts/div"(垂直靈敏度)至適當位置(如.5 V/div)，此時螢光幕上應可看到兩個光點。將 CH1[X]-volts/div 中央的微調鈕順時鐘方向轉到"cal"位置，此時亮光點間的格子數乘以 volts/div 靈敏度應為校準電壓值 2 V。

檢查時基靈敏度

14. 將校準方波送入垂直輸入，旋轉 time/div 或按一下 X-Y 鍵使其跳出 X-Y 模式至時基模式。將校準信號利用帶鱷口夾或鉤的電纜，將其接到 CH2 的 BNC 端子上(※不要與旁邊的 ext trig 用的 BNC 端子弄錯！)，並將 CH2 的輸入模式放在 AC 位置。

15. vertical mode 撥至 CH2 狀態。將微調鈕沿順時針方向轉到"cal"，調整時基掃描率至適當位置，時基微調 sweep variable(或 time/div-variable)亦轉至"cal"，此時應看到方波訊號。一般示波器的校準方波之頻率為 1 kHz，故此時週期在螢光屏上 1 週期的寬度格子數乘以靈敏度應為 1 ms。若掃描圖形不穩定，試調 trigger 的整觸發設定。

16. 每一週期的間隔刻度乘靈敏度為方波的週期(即頻率倒數)，如果測量值誤差超過正負 5%，也請與指導教師及管理員聯繫，以便調整或送修。

X-Y 操作－Lissajous 曲線

　如果水平輸入和垂直輸入同時接上正弦電壓訊號，而且兩個輸入頻率成簡單整數比，則電子束在螢光幕上掃描的軌跡會成 Lissajous 曲線(Lissajous curve)。

17. 將訊號產生器輸出之正弦波訊號接到示波器的 Y 輸入，將另一臺訊號產生器之正弦波訊號接到示波器的 X 輸入。

18. 保持 time/div 轉至 X-Y。有的示波器要按下 X-Y 鍵，並將 vertical mode 撥至 X-Y 狀態。

19. 小心調整正弦波訊號之振幅及頻率，以得到簡單的封閉曲線，並與表 7.1-2 比較。做出 1：1，2：1，3：1，3：2 等不同頻率比的圖形。類比式訊號產生器難以使波形剛好為整數比，儘量調節使圖形變化緩慢。

20. 描繪某一瞬間的圖形並記錄正弦波頻率。並描述出現圖形在 7.1-2 表中的順序。

21. 將訊號改為方波，重複步驟 19，觀察兩個方波垂直掃描而成的圖形。

22. 將 X 輸入訊號改為三角波，Y 輸入訊號改為正弦波，並將頻率調低至數 Hz 左右。重複步驟 19，觀察示波器上的圖形。

同步功能的測試

23. 將 time/div 旋扭轉離 X-Y 或保持 X-Y 鍵跳出，即時基掃描狀態。

24. 定"trigger-mode"(觸發模式)在"auto"(有些示波器爲"fix")位置。將"slope"(觸發斜率)推入或拉出，設在"+"的位置。

25. 定"trigger-source"(觸發源選擇)在"CH2"的位置。

26. 將訊號產生器之正弦波訊號接到 CH2。vertical mode 撥至 CH2 狀態。

27. 調整"time/div"(掃描頻率)及"CH2-volts/div"(垂直靈敏度)，適當調整觸發條件 trigger 的 level 及 slope，直到看到穩定的正弦波形。利用"position ◀ ▶"(水平位置)將波形向右調整，直到可以看到波形的最左端。

28. 向左(−)旋轉"trigger-level"(觸發水平)到能夠看到穩定波形的極限，用方格紙繪出正弦波的波形，並標示方格紙上單位。

29. 向右旋轉"trigger-level"(觸發水平)到正中間的位置，用方格紙繪出正弦波的波形，並標示方格紙上單位。

30. 向右(＋)旋轉"trigger-level"(觸發水平)到能夠看到穩定波形的極限，用方格紙繪出正弦波的波形，並標示方格紙上單位。

31. 將"trigger-slope"(觸發斜率)拉出或推入，設在"−"的位置。重覆步驟 28～30。

頻率測定

32. 依步驟 23～27 接上訊號。將訊號產生器頻率範圍定在"×1k"上，調整頻率鈕改變頻率，利用示波器測量 10 個不等頻率，和訊號產生器上顯示之頻率做比較。由 volts/div 及 time/div 的數字分別乘以螢光幕上縱座標及橫座標的格數，讀出正弦波之週期及電壓振幅(注意此時微調皆應在標示"CAL"的位置！)以測量值作爲縱軸，頻率表上讀數爲橫軸座圖，做出校正曲線。如果該直線的斜率不爲 1，或未通過原點，設法找出原因。

33. 將訊號產生器設定在"×100"～"×1M"不同的頻率範圍，重複步驟 32。注意基線 (baseline)與波形之相對位置。

五、問題

1. 如果在觀察 Lissajous 曲線時，水平與垂直各輸入一個方波，則在螢光幕上看到什麼 圖形？請解釋之。

2. 同上，但水平與垂直各輸入一個三角波，則在螢光幕上看到什麼圖形？

3. 試舉例說明 Lissajous 曲線，在實驗上的各種用途。

儀器 09：示波器

GOS-620

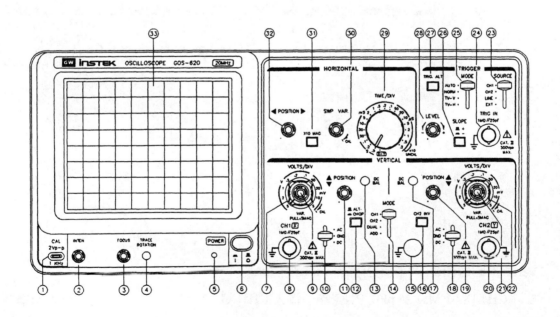

儀圖 9-1 GOS-620 20MHz 示波器的面板

1. CRT(螢幕)：

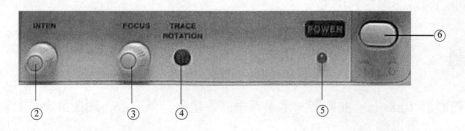

⑥ POWER 儀器主電源開關：LED⑤燈亮，指示示波器運作中。

② INTEN：調整掃描圖形亮度(intensity)。

③ FOCUS：調整焦距得清晰畫面。

④ TRACE ROTATION：校正水平基線與 CRT 標格線間，因受磁場影響而產生的傾斜度。

㉝ 螢光屏：示波區(filter)。

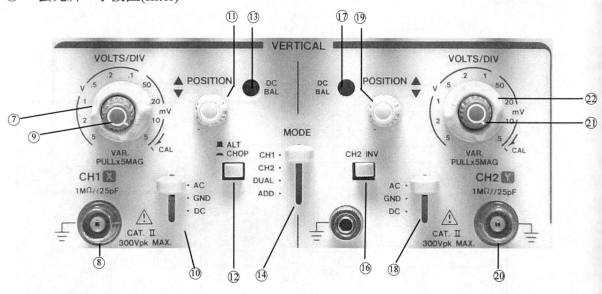

2. Vertical Axis(CH1[X]，CH2[Y]軸)：

⑧ CH1 [X] 1 MΩ 25 pF：BNC 端子輸入 CH1[X]；X-Y 圖操作模式時，輸入值為 X 軸。

⑳ CH2 [Y] 1 MΩ 25 pF：BNC 端子輸入 CH2[Y]；X-Y 圖操作模式時，輸入值為 Y 軸。

⑩⑱ AC-GND-DC：切換 CH1[X]與 CH2[Y]輸入訊號交聯摸式(與內部放大器的連結)。

　　AC：交流連結。直流訊號將被濾掉。

　　GND：放大器輸入端接地，未與輸入端子連結。

　　DC：直流連結。

⑦⑳ VOLTS/DIV：調整 CH1[X]與 CH2[Y]的電壓靈敏度，範圍 5mV/DIV 到 5V/DIV，共 10 種。

⑨㉑ VARIABLE，CH1[X]與 CH2[Y]的電壓靈敏度微調：調節靈敏度為面板指示的 0.4～1 倍。計量時須置於 CAL 位置。拉出旋鈕，靈敏度再放大五倍(×5 MAG)。

⑬⑰ DC BAL，調節 CH1[X]與 CH2[Y]的衰減平衡：在方波的邊緣失真時使用。

⑪⑲ ▲ ▼POSITION：調整 CH1(時基模式)與 CH2[Y](時基模式及 X-Y)掃描圖形的垂直位置。

⑭　 VERT MODE 垂直操作模式選擇：

　　CH 1：CH1 單軌訊號掃描。

　　CH 2：CH2 單軌訊號掃描。

　　DUAL：交互處理 CH1 與 CH2 訊號。掃描較快時可以同時看見兩者圖形。

　　ADD：顯示訊號加總(CH1 加 CH2)或差值(CH1 減 CH2)，使用 CH2 INV(16)鈕切換。

⑫　 ALT/CHOP：在 DUAL 模式下，

　　押下開關，CH1 與 CH2 交互式顯示(訊號更新快速)。

　　彈起開關，CH1 與 CH2 切割式顯示(訊號更新週期長)。

⑯　 CH2 INV：押入為上下反轉 CH2 輸入訊號。

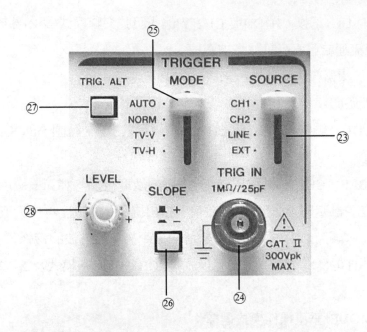

3.　Triggering(觸發)：

㉔　EXT TRIG IN inpute terminal，輸入觸發信號 BNC 端子：需將 SOURCE㉓切到 EXT 才可作用。

㉓　SOURCE，切換觸發訊號來源：

CH 1：VERT MODE⑭切於 DUAL 或 ADD 模式，以 CH1 為觸發訊號來源。

CH 2：VERT MODE⑭切於 DUAL 或 ADD 模式，以 CH2 為觸發訊號來源。

LINE：以 AC 交流電源(約 60 Hz)頻率為觸發訊號來源。

EXT：以 EXT TRIG IN㉔輸入外界訊號為觸發訊號來源。

㉗　TRIG. ALT：

VERT MODE⑭切於 DUAL 或 ADD 模式，且 SOURCE㉓切於 CH1 或 CH2，押下此鈕會交替以 CH1 和 CH2 為觸發訊號來源。SLOPE㉖觸發斜率：

"＋"：當訊號斜率為正的時候，正緣觸發起始掃描。

"－"：當訊號斜率為負的時候，負緣觸發起始掃描。

㉘　LEVEL 設定波形起始點(相同水平)顯示穩定同步波形：

轉向"＋"：掃描訊號顯示波形之觸發位面提高。

　　　轉向"－"：掃描訊號顯示波形之觸發位面下降。

㉕　TRIGGER MODE 觸發交連開關：

　　AUTO：當無任何輸入訊號，或觸發訊號頻率低於 25 Hz，自動觸發掃描。

　　NORM：手動觸發，僅有在試當的觸發信號才能產生掃描。測定 25 Hz 以下訊號時用。

　　TV-V　：電視垂直頻率觸發。

　　TV-H　：電視水平頻率觸發。

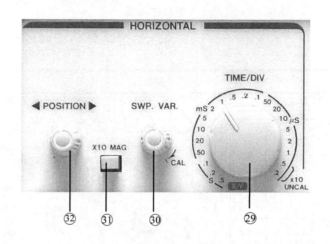

4.　Time Base(時基)：

㉙　TIME/DIV，掃描時基：自 0.2 微秒到 0.5 秒，共 20 種。向左轉到底為 X-Y 模式。

㉚　SWP.VAR.，掃描時基微調控制：逆時鐘調到底，可延遲時基 1～2.5 倍或更多。

㉜　◀ POSITION ▶，調整掃描圖形平移位置。

㉛　×10 MAG，押下後訊號放大 10 倍顯示。

5.　Others：

①　CAL 1 kHz 2V_{p-p}：提供校準方波，作為測試接口，頻率補償調整用。

⑮　GND 示波器接地端子。

6.　後方儀表板，AC POWER Input Circuit：

㉞　Z AXIS INPUT 輸入外加調變訊號。

㉟　CH1 SIGNAL OUTPUT：將頻道一之訊號以每 1 DIV 20mV 50Ω送出，適用於頻率計數。

AC Power input connector：交流供電輸入端。

FUSE & line voltage selector：保險絲。切換電源線所接電源種類。

PS-200

XXO 機種正面圖

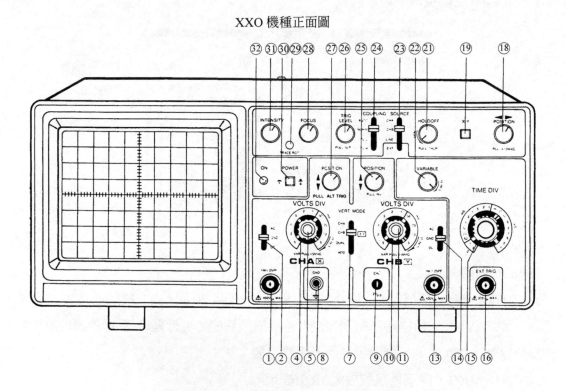

儀圖 9-2 PS-200 20MHz 示波器的面板

1.　電源部份：

㉚　POWER，電源：當電源開啟後，LED 發亮，指示示波器運作中。

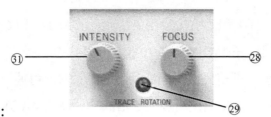

2.　電子束調整：

㉛　INTENSITY，亮度：亮度旋鈕依順時針方向旋轉，將增加顯像內部。

㉘　FOCUS，聚焦：在適當調整亮度後，調整聚焦以獲得較清晰的畫面。

㉙　TRACE ROTATION，軌跡旋轉調整：校正水平基線與 CRT 格線間，因受磁場影響而產生的傾斜度。

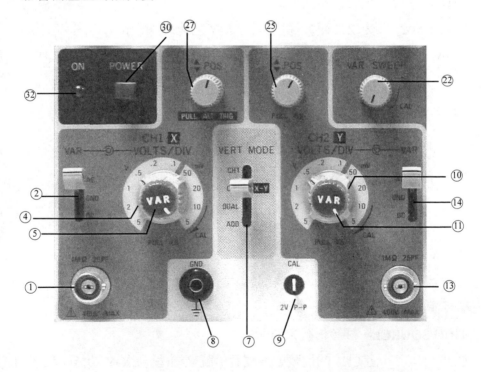

3.　CH1[X]與 CH2[Y]：

①　CHA[X] 1 MΩ 25μF：輸入 CH1 或 X 軸的 BNC 輸入接頭。

⑬　CHB[Y] 1 MΩ 25μF：輸入 CH2 或 Y 軸的 BNC 輸入接頭。

②④ DC-GND-AC　輸入交連開關：選擇 CH1 和 CH2 的輸入交連模式。

④⑩ VOLTS/DIV：分別為 CH1 和 CH2 的電壓靈敏度係數 CH1 和 CH2 的輸入信號，偏向係數從 5 V/DIV 到 5 mV/DIV，共 10 檔，依 1-2-5 順序。

⑤⑪ VAR 電壓靈敏度微調：調整係數為面板指示值的 1/3，可連續調整。計量時，須置於 CAL 位置。拉起此旋鈕便有放大 5 倍的功能(X5 MAG)。

⑳ ▲ ▼POS CH2[Y] 垂直位置調整：調整 CH2 掃描線垂直位置。

⑳ INV：拉起此旋鈕，CH2 波形反相。

㉗ ▲ ▼POS CH1 垂直位置調整：調整 CH1 掃描線垂直位置。

㉗ ALT TRIG：拉起此旋鈕，便有 ALT。TRIG 交互觸發功能。

⑦ VERT MODE 垂直操作模式選擇開關：

CH1	以 CH1 單軌掃描
CH2，X-Y	以 CH2 單軌掃描(配合 X-Y 功能的操作)
DUAL	以 CH1 和 CH2 交互式(ALT)雙軌掃描，當拉起 HOLD OFF 旋鈕，即變切割式(CHOP)雙軌掃描
ADD	量測 CH1 和 CH2 的相加信號

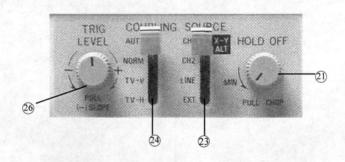

4. 掃描觸發模式‧X-Y 模式：

㉓ TRIG SOURCE，觸發信號來源開關：

CH1	使 CH1 的信號成為觸發信號來源(配合 X-Y 功能，和 ALT 觸發功能操作)。
CH2	使 CH2 的信號成為觸發信號來源。
LINE	使 AC 電源頻率的信號成為觸發信號來源。
EXT	利用外界信號作為觸發信號來源。

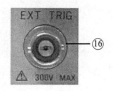

⑯　EXT TRIG，外界發信號輸入 BNC 接頭：當觸發選擇開關㉓置於 EXT 位置時，觸發信號來源由此接頭加入的的外界信號取得。

㉔　TRIG COUPLE　觸發交連開關：

　　AUTO　　　自動觸發，若無任何輸入信號，掃描線自動掃描。

　　NORM　　　手動觸發，僅在有事當的觸發信號，才能產生掃描。

　　TV-V　　　電視垂直頻率觸發。

　　TV-H　　　電視水平頻率觸發。

㉖　SLOP AND TRIG LEVEL　斜率和觸發準位：

　　觸發準位旋鈕(TRIG LEVEL)調整式當的觸發準位，當作掃描起始點。

　　正常時為正緣觸發，拉起此旋鈕即變成負緣觸發。

㉑　HOLD OFF，持閉時間：調整持閉時間(不掃描的時間)。

⑲　X-Y，切換 X-Y 及時基掃描功能

5. 時基：

⑮ TIME /DIV 主掃描時基：掃描速率從 0.2 s 到 0.1 μs 20 種(1-2-5 順序)。

⑱ ◀ POS ▶ 水平位置：調整掃描線水平位置。拉起此旋鈕(×10 MAG)，增快 10 倍掃描速率。

㉒ VAR SWEEP 時基微調：提供連續的微調掃描至 5 倍。

6. 其他：

⑨ CAL 校正：提供約 1 KHz 2V 方波，作為測試棒頻率補償調整用。

⑧ GND 接地：示波器接地端子。

7. 後面板各接頭：

㊳ Z AXIS INPUT，Z 調變輸入：作為外界亮度調變信號的輸入端。

㊴ CH2 SINGNAL OUTPUT，CH2 信號輸出：CH2 信號顯示 1 DIV 時，輸出約 100Mv 的信號。

㊲ AC 電源輸入插座(AC power input connector)。

㊱ 電源選擇及保險絲(AC voltage plug and fuse)：選擇適當的電源電壓位置和相對數值的保險絲。

㊵ 栓(studs)：可用來束收電源線，也可豎起示波器來操作。

實驗 7.2　變壓器

預習習題

1.　台灣家用標準電壓為 110 V，則瞬間最大電壓為何？

2.　若交流電源以複數表示法寫為 $\tilde{E}(t) = E_{\mathrm{m}}\, e^{\mathrm{i}\omega t} = E_{\mathrm{m}}\cos\omega t + \mathrm{i}\,E_{\mathrm{m}}\sin\omega t$，$E_{\mathrm{m}} = 5.0$ V，
$\omega = 6280$ rad/s，則實際的電壓 $E(t)$如何表示？

3.　取理想變壓器，輸入電壓為 $E = E_{\mathrm{m}}\sin\omega t$，$E_{\mathrm{m}} = 1.0$ V，$\omega = 3140$ rad/s，1 次線圈(初級線圈)為 500 圈，2 次線圈(次級線圈)為 1000 圈，計算輸出電壓，以及輸出電壓的有效值。

一、目的

　量測變壓器的變壓特性，並與電路學中理想的變壓器比較。

二、原理

1.　理想的變壓器：在平均半徑 a，截面積 S 的甜甜圈形圓環鐵心(iron core)上，將 2 條導線以相同的密度纏繞，2 條導線的圈數分別為 N_1 及 N_2，並分別稱為 1 次線圈及 2 次線圈。鐵心的導磁係數(magnetic permeability)為 μ，鐵心的磁滯現象及渦電流的能量損耗可以忽略。導線上的電阻也可以忽略。這樣的條件稱為理想變壓器。

　　設 1 次線圈及 2 次線圈的自感(self inductance)分別為

$$L_1 = \frac{\mu N_1^2 S}{2\pi a},\ L_2 = \frac{\mu N_2^2 S}{2\pi a} \quad\text{..}(7.2\text{-}1)$$

兩者間的互感(mutual inductance)為

$$M = \frac{\mu N_1 N_2 S}{2\pi a} \quad\text{..(7.2-2)}$$

所以

$$M^2 = L_1 L_2 \quad\text{...(7.2-3)}$$

通過某一線圈的磁束必定通過另一個線圈，沒有能量損失，爲理想變壓器的條件。
設 1 次線圈的電壓及電流分別爲 V_1, I_1，2 次線圈的電壓及電流分別爲 V_2, I_2，則由
Kirchhoff 的回路定律，

$$\begin{cases} V_1 = L_1 \dfrac{\mathrm{d}I_1}{\mathrm{d}t} + M \dfrac{\mathrm{d}I_2}{\mathrm{d}t} \\[2mm] -V_2 = M \dfrac{\mathrm{d}I_1}{\mathrm{d}t} + L_2 \dfrac{\mathrm{d}I_2}{\mathrm{d}t} \end{cases} \quad\text{..(7.2-4)}$$

即 $\dfrac{L_1}{V_1}\dfrac{\mathrm{d}I_1}{\mathrm{d}t} + \dfrac{M}{V_1}\dfrac{\mathrm{d}I_2}{\mathrm{d}t} = 1 = -\dfrac{M}{V_2}\dfrac{\mathrm{d}I_1}{\mathrm{d}t} - \dfrac{L_2}{V_2}\dfrac{\mathrm{d}I_2}{\mathrm{d}t}$。除了 $I_{01}(t) = I_{02}(t) \equiv 0$ 的情形之外，上式
$\dfrac{\mathrm{d}I_1}{\mathrm{d}t}, \dfrac{\mathrm{d}I_2}{\mathrm{d}t}$ 的係數必須相等，因此滿足

$$-\frac{V_1}{V_2} = \frac{L_1}{M} = \frac{M}{L_2} = \frac{N_1}{N_2} = \alpha \quad\text{...(7.2-5)}$$

α 爲兩個線圈的匝數比(turns ratio)。並且

$$V_1 = -\alpha V_2 \quad\text{...(7.2-5')}$$

α 同時爲變壓比。另外，變壓器的輸出與輸入的功率比，稱爲效率。

爲了計算方便，此處利用實驗 6.1 及 6.6 中所述之複數表示法來作交流電路的計算，
待計算完後取實部 $V = \mathrm{Re}(\widetilde{V})$，$I = \mathrm{Re}(\widetilde{I})$ 即可：

$$V = V_{\max}\cos\omega t \qquad\qquad \Rightarrow\quad \widetilde{V} = V_{\max}\,\mathrm{e}^{\mathrm{i}\omega t}$$

$$I = I_{\max} \cos(\omega t + \phi) \qquad \Rightarrow \quad \tilde{I} = I_{\max} e^{i(\omega t + \phi)}$$

$$L \frac{d}{dt} I \qquad\qquad\qquad \Rightarrow \quad i\omega L \tilde{I}$$

$$L \frac{d}{dt} I + RI + \frac{1}{C} \int I \, dt \qquad \Rightarrow \quad i\omega L \tilde{I} + R\tilde{I} + \frac{\tilde{I}}{i\omega C} \equiv \tilde{Z}\tilde{I} \, ,$$

$$V = L \frac{d}{dt} I + RI + \frac{1}{C} \int I \, dt \qquad \Rightarrow \quad \tilde{V} = \tilde{Z}\tilde{I} \, , \; \tilde{Z} = i\omega L + R + \frac{1}{i\omega C}$$

第(7.2-4)式改寫後變為

$$\left\{ \begin{array}{l} \tilde{V}_1 = i\omega L_1 \tilde{I}_1 + i\omega M \tilde{I}_2 \\ -\tilde{V}_2 = i\omega M \tilde{I}_1 + i\omega L_2 \tilde{I}_2 \end{array} \right. \quad \dotfill (7.2\text{-}4')$$

第一行可以化成

$$\tilde{I}_1 = \frac{1}{i\omega L} \tilde{V}_1 - \frac{1}{\alpha} \tilde{I}_2 \quad \dotfill (7.2\text{-}6)$$

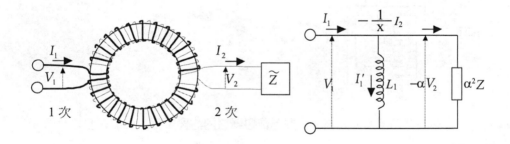

圖 7.2-1　理想變壓器的模式圖(左)及等價電路(右)。若線圈的繞向反轉，電流及電壓的方向也變為反方向。

在二次線圈側電路上接上負荷 $\tilde{Z}$，則 $\tilde{V}_2 = \tilde{Z}\tilde{I}_2$，由一次線圈側所見到的電感值倒數為

$$\frac{\tilde{I}_1}{\tilde{V}_1} = \frac{1}{i\omega L} + \frac{1}{\alpha^2 \tilde{Z}} \quad \dotfill (7.2\text{-}7)$$

$$\tilde{I}_1 = \frac{\tilde{V}_1}{\mathrm{i}\omega L} + \frac{\tilde{V}_1}{\alpha^2 \tilde{Z}}$$

因此其等價電路如圖 7.2-1 所示。前式與(7.2-6)式比較，$\tilde{I}_1' = \tilde{V}_1 / \alpha^2 \tilde{Z}$ 稱為勵磁電流。當 $L_1 \to \infty$ 時，勵磁電流降為 0，可以得到

$$\frac{\tilde{I}_1}{\tilde{I}_2} = -\frac{1}{\alpha} \quad\text{..(7.2-6')}$$

$$\frac{\tilde{V}_1}{\tilde{I}_2} = -\alpha_2 \tilde{Z} \quad\text{..(7.2-7')}$$

的簡單關係。由(7.2-6')式得變流比亦為 α，這樣的構造稱為狹義的理想變壓器。理想變壓器只作能量轉換。

圖 7.2-2 左為兩種變壓器模式圖，中間為音響器材內的變壓器，右為可變變壓器。

2. 實際的變壓器：一般使用的變壓器，通常如圖 7.2-2 中的構造，由 2 組線圈繞在鐵心上，鐵心的導磁係數為有限，因此伴有磁場的外漏，(7.2-3)式不成立。另外，導線上有電阻，鐵心上也有能量的損失，(7.2-4)式也不成立。

三、儀器

示波器、訊號產生器、三用電表、變壓器(鐵心及線圈 200～800 匝)、一端爲鱷口夾的同軸電纜 3 條、鱷口夾－香蕉接頭線 4 條可變電阻。

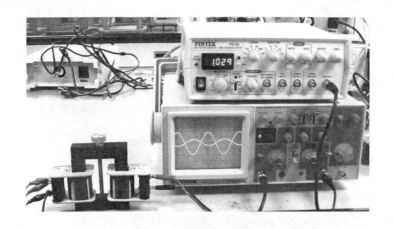

圖 7.2-3　實驗裝置

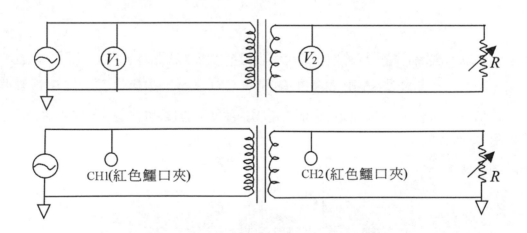

圖 7.2-4　實驗電路。V_1，V_2先後以三用電表及示波器來測定 rms 及 p-p 值。

四、步驟

1. 取變壓器的兩個線圈放入鐵心的兩側，再將上方的鐵心及螺絲固定。

2. 記錄兩側線圈的匝數及方向。

3. 將訊號產生器接在變壓器的 1 次線圈上。2 次側還不要接上電阻，即 $R \to \infty$。

4. 利用訊號產生器，在變壓器上通上交流電流。記錄頻率。

5. 利用三用電表量取電壓實效值 rms(V_1)，rms(V_2)。

6. 將變壓器的輸出入(即圖 7.2-4 上 V_1，V_2 處)接到示波器的 CH1 及 CH2 上。注意 1 次端(CH1)與訊號產生器的接地(黑色鱷口夾)要接在同一個地方以免短路。也可以阻斷訊號產生器插頭上的接地達到避免短路的效果。

7. 調整適當的 Sweep Time/Div 及 Trigger 等，觀察顯示出的正弦波，並由圖形量出電壓 V_1，V_2 的極大值(可由 $V_{p-p}/2$ 讀出)。

8. 變更 V_1，重覆步驟 4～7，以求出變壓比 V_1/V_2 與 V_2 之間的關係。

9. 變更線圈的匝數，重覆步驟 1～7，以求出匝數比 N_1/N_2 與變壓比 V_1/V_2 之間的關係。

10. 將 2 次線圈上接上可變電阻，一邊變化電阻一邊讀取電壓值。

11. 利用步驟 9 的結果，將電壓比 V_1/V_2(縱軸)對電阻的倒數 $1/R$(橫軸)作圖。

五、問題

　　汽機車內燃機的點火線路如左圖，假設白金接點 J 跳開時，1 次線圈 $N_1 = 150$ 的自感上 $V_1 = 300$ V，火星塞(spark plug)P 的間隙為 1 mm，空氣放電的崩潰電場強度為 3×10^6 V/m，若要火星塞間隙達到崩潰電場強度電場強度(也就是說能夠點火)，試計算 2 次線圈 N_2 應為多少匝？

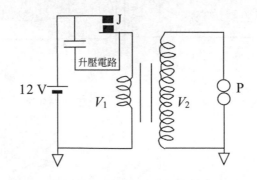

實驗 7.3 鬆弛現象與阻尼振盪(RC.LCR 電路)

預習習題

1. 串聯 RC 電路中，電阻值為 $1\ k\Omega$，電容值為 $1\ nF$，求時間常數 RC 及半衰期 $t_{1/2}$。

2. 串聯 LCR 電路中，電阻值為 $1\ k\Omega$，電感值為 $18\ mH$，電容值為 $1\ nF$，求衰減係數 $\beta = R/2L$，$\omega_0 = 1/\sqrt{LC}$，準角頻率 $\omega_1 = \sqrt{\omega_0^2 - \beta^2}$ 及準週期 $T_1 = 2\pi/\omega_1$。

3. 為何同時觀察電容及電阻兩端的電位差時，要阻斷訊號產生器上的接地？

4. 若下面圖形橫座標一格為 1 μs，則訊號的半衰期為何？(提示：任選一點為基準，觀察其衰減為一半所需的時間長度即可。注意收斂值被平移至 −3 處)。

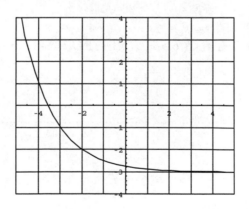

5. 若下面圖形橫座標一格為 1 ms，則訊號振幅的半衰期為何？

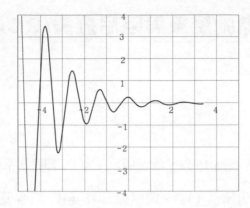

一、目的

研究 RC 電路中電容的充放電及電荷的鬆弛(relaxation)現象，以及 LCR 電路中的振盪現象。

二、原理

1. RC 電路中的鬆弛現象：在實驗 6.5 中介紹了 RC 電路中電容的充放電現象。其微分方程式為

$$E = R\frac{\mathrm{d}Q}{\mathrm{d}t} + \frac{Q}{C}$$ ....(7.3-1)

若開始時電容兩端的電位差為 E_i，輸入電壓為 E_f，則解的形式為

$$Q = CE_f + C\cdot(E_i - E_f)e^{-t/RC}$$ ....(7.3-2)

若要在示波器上詳細觀察該現象，可以將方波的訊號輸入 RC 電路中。若方波的週期遠大於時間常數 RC，可以看到類似於電容充分充放電的圖形。設方波的電壓為±E_0，則電壓在 $-E_0$ 時最後電容上的蓄電量趨於 $Q_i = -Q_{max} = -CE_0$，此時突然輸入電壓切換至+ E_0，則電容往反方向充電，最後 $Q_f = +Q_{max} = + CE_0$。

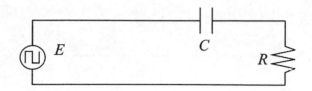

圖 7.3-1　觀察電容上電荷鬆弛現象的電路

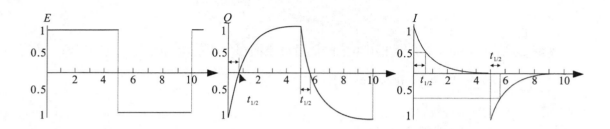

圖 7.3-2　串聯 RC 電路輸入 E 為方波(左圖，縱軸單位 E_0)時，電容上的電荷(中圖，縱軸單位 CE_0) 與電路上的電流(右圖，縱軸單位 $2E_0/R$)隨時間變化的情形。橫軸單位皆為 RC。圖上可看出電流 $-E_0$ 升到 0 的時間 $t_{1/2} = 0.69\,RC$。

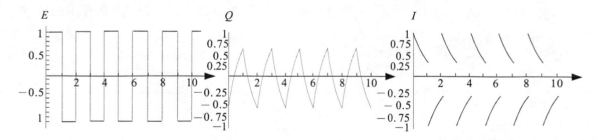

圖 7.3-3　輸入短週期方波(左圖)時，電荷(中圖)與電流(右圖)隨時間變化的情形。

將 $E_i = -E_0$，$E_f = E_0$ 代入(7.3-2)式，知電荷在途中隨時間的變化為

$$Q = CE_0 - 2CE_0\,e^{-t/RC}$$ ....(7.3-3)

電流 $I = dQ/dt$

$$I = \frac{2E_0}{R}e^{-t/RC}$$

同理,對於電壓突然由$+E_0$切換至$-E_0$,電荷為

$$Q = -CE_0 + 2CE_0\, e^{-t/RC} \quad\text{...(7.3-4)}$$

電流 $I = dQ/dt$

$$I = -\frac{2E_0}{R}\, e^{-t/RC}$$

鬆弛時間可以利用半衰期(half-life)的測量值來換算。當鬆弛的程度恰為一半時,電容上的電荷為 0。由$\pm Q_{\max}$開始鬆弛到 $Q=0$ 所須的時間

$$t_{1/2} = RC\ln 2 = 0.693RC \quad\text{...(7.3-5)}$$

當方波週期過短,$t \lesssim RC$ 時,電荷無法得到充分的鬆弛,未達$\pm Q_{\max}$又開始相反的充電或放電過程,得到的圖形如圖 7.3-3 所示。

2. LCR 電路中的阻尼振盪:由於電感兩端的電位差與電流的變化率成正比,故電感之電位差$V_L = \mathrm{d}I/\mathrm{d}t = \mathrm{d}^2Q/\mathrm{d}t^2$。若將電感、電容及電阻串聯任其鬆弛,則依 Kirchhoff 定律,其方程式為

$$L\frac{\mathrm{d}^2Q}{\mathrm{d}t^2} + R\frac{\mathrm{d}Q}{\mathrm{d}t} + \frac{Q}{C} = 0 \quad\text{...(7.3-6)}$$

$$\frac{\mathrm{d}^2Q}{\mathrm{d}t^2} + \frac{R}{L}\frac{\mathrm{d}Q}{\mathrm{d}t} + \frac{Q}{LC} = 0$$

該方程式與實驗 3.4 中的阻尼振盪方程式形式相同。設 $2\beta = R/L$,$\omega_0^2 = 1/(LC)$,

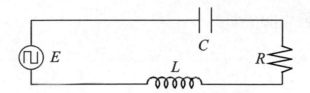

圖 7.3-4 觀察電容上電荷阻尼振盪現象的電路

$$\frac{\mathrm{d}^2 Q}{\mathrm{d}t^2} + 2\beta \frac{\mathrm{d}Q}{\mathrm{d}t} + \omega_0^2 Q = 0 \quad \dots\dots (7.3\text{-}7)$$

解的數學形式及物理特性可分為以下 3 種：

(1) **次阻尼振盪**：當 $\omega_0^2 > \beta^2$，即 $R^2 C/L < 4$，電荷的振盪形式為

$$Q = Q_1 \mathrm{e}^{-\beta t} \cos(\omega_1 t - \delta) \quad \dots\dots (7.3\text{-}8)$$

Q_1 及 $t = 0$ 時的相位δ要由初始條件來決定。式中 $\omega_1^2 = \omega_0^2 - \beta^2$，$\omega_1$ 稱為準角頻率，略小於沒有電阻時簡諧振盪的角頻率 ω_0。ω_1 對應的準週期為

$$T_1 = \frac{2\pi}{\omega_1} = \frac{2\pi}{\sqrt{\omega_0^2 - \beta^2}} = \frac{4\pi LC}{\sqrt{4LC - R^2 C^2}} \quad \dots\dots (7.3\text{-}9)$$

略大於沒有電阻時簡諧振盪的週期 $2\pi/\omega_0$。當電阻較小時，β 較小，ω_1 與 ω_0 之間相近，準週期的大小約為 $2\pi/\omega_0$。

次阻尼振盪在作準週期振盪的同時，振幅也以一定比例在衰減。若由圖上讀出振幅衰減為一半的時間長度，由 $\mathrm{e}^{-\beta t} = 1/2$ 可得以下關係

$$t_{1/2} = \frac{1}{\beta} \ln 2 - \frac{2L}{R} \ln 2 \quad \dots\dots (7.3\text{-}10)$$

所以電阻增加，趨近於 $R^2 C/L = 4$ 時，振幅的衰減率 β 會增加(超過該值則不再振盪)。

當電阻小到可以忽略，即 $\beta^2 \ll \omega_0^2$，上述振幅的衰減極不明顯，振盪的形式幾

乎可以用簡諧振盪來描述

$$Q \approx Q_1 \cos(\omega_0 t - \delta) \dots\dots\dots\dots\dots\dots\dots\dots\dots\dots\dots\dots\dots(7.3\text{-}11)$$

即爲電阻可忽略之 LC 電路內的簡諧振盪，週期爲

$$T_0 = 2\pi / \omega_0 = 2\pi\sqrt{LC} \dots\dots\dots\dots\dots\dots\dots\dots\dots\dots\dots\dots(7.3\text{-}12)$$

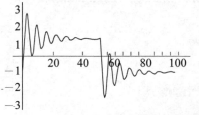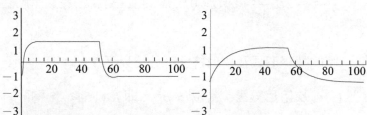

圖 7.3-5 利用方波訊號輸入觀察次阻尼振盪(左)，臨界阻尼振盪(中)及過阻尼振盪(右)的例子。阻尼的係數分別取 $\beta = 0.1\omega_0$，$\beta = \omega_0$，$\beta = 10\omega_0$，初始條件則全部相同，為 $I(0) = (dQ/dt)_{t=0}$ $= 0$，以及 $Q(0) = 1$。次阻尼振盪過平衡點後仍繼續振盪，過阻尼振盪則移動緩慢，臨界阻尼振盪可以最快趨近於平衡點。

(2)　**臨界阻尼振盪**：當 $\omega_0^2 = \beta^2$，即 $R^2 C / L = 4$，電荷的變化形式爲

$$Q = e^{-\beta t}(I_1 t + Q_1) \dots\dots\dots\dots\dots\dots\dots\dots\dots\dots\dots\dots\dots(7.3\text{-}13)$$

其中 I_1 與 Q_1 是由初始條件所決定的兩個常數。在臨界阻尼振盪的情形，電量減少而能最快速趨於 0。

(3)　**過阻尼振盪**：當 $\omega_0^2 < \beta^2$，即 $R^2 C / L > 4$，令 $\beta_1^2 = \beta^2 - \omega_0^2$，電荷的變化形式爲

$$Q = Q_1 e^{-(\beta + \beta_1)t} + Q_2 e^{-(\beta - \beta_1)t} \dots\dots\dots\dots\dots\dots\dots\dots\dots(7.3\text{-}14)$$

其中 Q_1 與 Q_2 是由初始條件所決定的兩個常數。

實際上在實驗時，輸入足夠長週期的方波，也能看到類似上述的 3 種情形，差別在於振盪的平衡點不是在 $Q = 0$ 的位置，而是在 $Q = \pm CE_0$ 處，如圖 7.3-5。

三、儀器

示波器、訊號產生器、3 變 2 插頭轉換接頭、電阻器、可變電阻器、電容器、電感器、三用電表、方格紙(學生自備)。

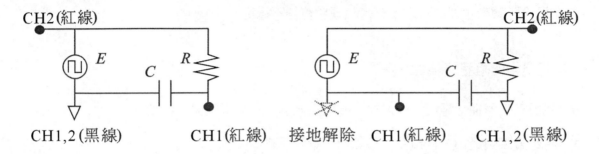

圖 7.3-6　以示波器觀察電容上電荷鬆弛現象的電路。左圖為同時觀察輸入電壓及電容上的蓄電量，右圖為先將訊號產生器的接地解除同時觀察蓄電量及電流。

四、步驟

RC 電路中的電荷弛緩

1.　取電阻器(R 約 1 kΩ)，在接上線路之前以三用電表測量其電阻。

2.　訊號產生器插上電源之前，先以轉換接頭解除訊號產生器之接地。

3.　將電阻器、電容器($C = 1 \sim 100$ nF)及訊號產生器串聯，接上示波器，如圖 7.3-6 左圖。

4.　電源打開後，將訊號產生器的方波週期設為約 $100RC$。示波器的 Ch2 設成 INV(反相，inverse)的狀態。

5.　確認方波的週期及振幅。在示波器上觀察電容器兩端的電壓，觀察電容上的電荷變化。描繪其圖形。也可以利用 dual 模式同時顯示兩個圖形，以便作比較。

*6.　參考圖 7.3-6 右圖將示波器改接在電阻的兩端，觀察電路上的電流。描繪其圖形。

7. 將方波週期改爲約 $10RC$ 及 RC。重覆步驟 5.～6.。

*8. 將方波週期設爲 $10RC$ 以上，放大開始衰減部份的圖形，測量 $t_{1/2}$。將 $t_{1/2}$ 與 $RC\ln2$ 的值比較。爲了便於讀出半衰期，可以調節電壓靈敏度中的 var 及調節垂直位置 POSITION，使收斂值重合於其條水平線上，並使曲線通過某個格子點。

9. 更換電阻器或電容器，重覆以上步驟 1～8。

*註：解除訊號產生器的接地，有時訊號會變得不穩定。

LCR 電路中的阻尼振盪

10. 訊號產生器插上電源之前，先以轉換接頭解除訊號產生器之接地。

11. 將電阻調到最小，自電路上移除並測量其電阻。

12. 將可變電阻器(R=0～25 kΩ)、電容器(C=1～100 nF)、電感器(L 約 18 mH)及訊號產生器串聯，接上示波器，如圖 7.3-8 左圖。

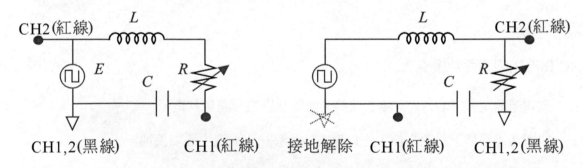

圖 7.3-7 以示波器觀察電容上電荷阻尼振盪的電路。左圖爲同時觀察輸入電壓及電容上的蓄電量，右圖爲先將訊號產生器的接地解除同時觀察蓄電量及電流。

13. 電源打開後，將訊號產生器的方波週期設爲約 $20L/R$ 以上。示波器的 CH2 設成 INV(反相，inverse)的狀態。

14. 確認方波的週期及振幅。在示波器上觀察電容器兩端的電壓，觀察電容上的電荷變化。描繪其圖形。也可以利用 dual 模式同時顯示兩個圖形，以便作比較。

15. 由振盪振幅形成的包跡讀取 $t_{1/2}$，與 $2(\ln2)L/R$ 比較。計算 $\beta = (\ln 2)/t_{1/2}$。 可以調節電壓靈敏度的 var 及垂直位置 POSITION 以利判讀。

16. 測量振盪準週期 T_1，計算其角頻率 ω_1。

17. 計算 $\omega_0 = \sqrt{\omega_1^2 + \beta^2}$，並與 $1/\sqrt{LC}$ 比較。

18. 略微增加電阻的值，依 11～17 重覆測量次阻尼振盪的數據。

19. 增加電阻的值，調整到出現臨界阻尼振盪的情形。繪製其圖形。

20. 將電阻自電路上移除並測量其電阻 R，並與 $2\sqrt{L/C}$ 比較。

五、問題

1. 說明 RC，L/R 及 $\sqrt{LC}$ 的單位為時間的單位。

2. 模仿 RC 電路的計算方式，解出 LR 電路 $L\,dI/dt + RI = 0$ 電流鬆弛的情形。

3. 考慮示波器的內電容，評估以示波器來測量 LR 電路時是否能夠看到如問題 2.的結果。

4. 考慮示波器的內電容，推測將 7.3-8 圖中的電容器由線路上移去時，所看到現象的變化。

實驗 7.4　強迫振盪(RC.LR.LCR 電路)

預習習題

1. 串聯 RC 電路中，電阻值為 1 kΩ，電容值為 1 nF，輸入電壓為 10 V，1 kHz。求放置長時間後電容上蓄電量的振盪頻率，以及電流與電源電壓間的相位差。

2. 串聯 LCR 電路中，電阻值為 1 kΩ，電感值為 18 mH，電容值為 1 nF，輸入電壓為 10 V，1 kHz。求放置長時間後電容上蓄電量的振盪頻率，以及電流與電源電壓間的相位差。

3. 同上，但是調節輸入電壓的頻率，求該 LCR 電路中電流振動的共振頻率。

4. 為何收音機上調頻道的部份是一個可變電容？

一、目的

研究 RC，LR，LCR 電路中電荷與電流的強迫振盪。

二、原理

在實驗 6.6 中介紹了交流電路中各元件上電壓、電流之間的關係，介紹了交流電路中旳複數演算法，並且測量了振幅之間的關係。本實驗中接著觀察其波形。

交流 RC 電路

對於接上正弦波電源的串聯 RC 電路，依 Kirchhoff 定律，其電荷的方程式為

$$R\frac{dQ}{dt}+\frac{Q}{C}=E_{max}\cos\omega t \dotfill (7.4\text{-}1)$$

其中 $\omega = 2\pi f = 2\pi/T$ 是電源訊號的角頻率。兩邊同乘以 $\exp(t/RC)/R$

$$e^{t/RC}\frac{\mathrm{d}Q}{\mathrm{d}t} + e^{t/RC}\frac{Q}{RC} = \frac{E_{\max}}{R}e^{t/RC}\cos\omega t$$

因為 $e^{t/RC}\mathrm{d}Q/\mathrm{d}t + e^{t/RC}Q/RC = \mathrm{d}(Qe^{t/RC})/\mathrm{d}t$，上式求反導數得

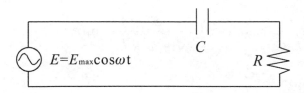

圖 7.4-1 觀察 RC 電路上的強迫振盪

$$Qe^{t/RC} = \frac{E_{\max}}{R}\int e^{t/RC}\cos\omega t\,\mathrm{d}t = \frac{E_{\max}}{R}RCe^{t/RC}\frac{\cos\omega t + \omega RC\sin\omega t}{1+\omega^2 R^2 C^2} + Q_1$$

$$= CE_{\max}e^{t/RC}\frac{\cos\omega t + \omega RC\sin\omega t}{1+\omega^2 R^2 C^2} + Q_1$$

前後同除以 $e^{t/RC}$ 得解為

$$Q = Q_1 e^{-t/RC} + \frac{CE_{\max}}{1+\omega^2 R^2 C^2}(\cos\omega t + \omega RC\sin\omega t) \quad\text{.......................................(7.4-2)}$$

其中 Q_1 是與初始狀態有關的常數。解中的第一項 $Q_1 e^{-t/RC}$ 與實驗 7.3 中電荷鬆弛的形式相同，會隨著時間逐漸趨於 0，因此經過長時間 $t >> RC$ 後，

$$Q \approx \frac{CE_{\max}}{1+\omega^2 R^2 C^2}(\cos\omega t + \omega RC\sin\omega t) \quad\text{..(7.4-3)}$$

設

$$\sin\delta = -\frac{1}{\sqrt{1+\omega^2 R^2 C^2}} \;,\; \cos\delta = \frac{\omega RC}{\sqrt{1+\omega^2 R^2 C^2}} \quad\text{......................................(7.4-4)}$$

利用 $\sin(\omega t - \delta) = \sin \omega t \cos \delta - \cos \omega t \sin \delta$ 整理(7.4-3)得

$$Q \approx \frac{CE_{\max}}{\sqrt{1 + \omega^2 R^2 C^2}} \sin(\omega t - \delta) \quad\text{..(7.4-5)}$$

所以電容兩端的電位差爲

$$V_C = \frac{Q}{C} = \frac{E_{\max}}{\sqrt{1 + \omega^2 R^2 C^2}} \sin(\omega t - \delta) = \frac{E_{\max}}{\sqrt{1 + \omega^2 R^2 C^2}} \cos(\omega t - \delta - \frac{\pi}{2}) \quad\text{.....................(7.4-6)}$$

將(7.4-5)式微分得

$$I = \frac{\mathrm{d}Q}{\mathrm{d}t} = \frac{\omega C E_{\max}}{\sqrt{1 + \omega^2 R^2 C^2}} \cos(\omega t - \delta) \quad\text{....................................(7.4-7)}$$

知電流與電源間的相位差爲 $\delta = \tan^{-1}(-1/\omega RC)$，與(6.6-21)同。電阻兩端的電位差爲

$$V_R = RI = \frac{\omega R C E_{\max}}{\sqrt{1 + \omega^2 R^2 C^2}} \cos(\omega t - \delta) \quad\text{....................................(7.4-8)}$$

amp of V_C (單位：$E_{\max}$)　　　amp of V_R (單位：$E_{\max}$)　　　δ (單位：deg)

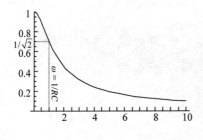
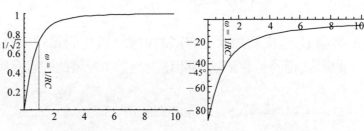

圖 7.4-2　左與中分別爲 RC 電路中 V_C，V_R 的振幅相對值與電源角頻率的關係。右爲電流與電壓間的相位差與電源角頻率的關係；負數表示電流的相位領先。在頻率較高時，電容的效果不明顯。橫軸 ω 的單位爲 rad/(RC)。

比較(7.4-6)，(7.4-8)知 V_C 的相位較 V_R 晚 90°。$\max(V_C)$ 與 $\max(V_R)$ 之間的比值為

$$\frac{\max(V_C)}{\max(V_R)} = \frac{1}{\omega RC} \quad\text{..(7.4-9)}$$

與(6.6-22)式的結果相符。由圖 7.4-2 可知，頻率高時電流的振盪較大，頻率低時電荷的振盪較大。電荷振盪在相位上落後電流 90°。

交流 LR 電路

對於接上正弦波電源的串聯 LR 電路，依 Kirchhoff 定律，其電流的方程式為

$$L\frac{dI}{dt} + RI = E_{\max}\cos\omega t \quad\text{..(7.4-10)}$$

仿照上面的方法計算，可得其解為

$$I = I_1 e^{-Rt/L} + \frac{E_{\max}}{R^2 + \omega^2 L^2}(R\cos\omega t + \omega L\sin\omega t) \quad\text{..(7.4-11)}$$

其中 I_1 是與初始狀態有關的常數。解中的第一項 $I_1 e^{-Rt/L}$ 會隨著時間逐漸趨於 0，因此經過長時間 $t \gg L/R$ 後，

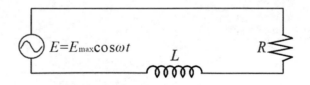

圖 7.4-3 觀察 LR 電路上的強迫振盪

amp of V_R (單位：E_{max})　　amp of V_L (單位：E_{max})　　δ (單位：deg)

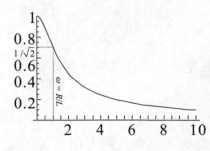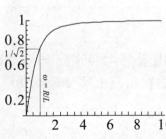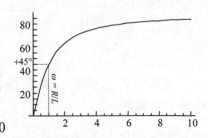

圖 7.4-4　左與中分別為 LR 電路中 V_R，V_L 的振幅相對值與電源角頻率的關係。右為電流與電壓間
　　　　的相位差與電源角頻率的關係；正數表示電壓的相位領先。在頻率較低時，電感的效果
　　　　不明顯。橫軸 ω 的單位為 rad-R/L。

$$I \approx \frac{E_{max}}{R^2 + \omega^2 L^2}(R\cos\omega t + \omega L\sin\omega t) \dots\dots\dots\dots(7.4\text{-}12)$$

利用 $\cos(\omega t - \delta) = \cos\omega t\cos\delta + \sin\omega t\sin\delta$ 整理(7.4-12)得

$$I \approx \frac{E_{max}}{\sqrt{R^2 + \omega^2 L^2}}\cos(\omega t - \delta) \dots\dots\dots\dots(7.4\text{-}13)$$

知電流與電源間的相位差為

$$\delta = \tan^{-1}(\omega L / R) \dots\dots\dots\dots(7.4\text{-}14)$$

若電感器內電阻 r 不可忽略，可補上一項 r 成為

$$\delta = \tan^{-1}(\omega L /(R + r)) \dots\dots\dots\dots(7.4\text{-}14')$$

電阻對應的電位差為

$$V_R = RI = \frac{RE_{max}}{\sqrt{R^2 + \omega^2 L^2}}\cos(\omega t - \delta) \dots\dots\dots\dots(7.4\text{-}15)$$

電感對應的電位差為

$$V_L = L\frac{\mathrm{d}I}{\mathrm{d}t} = -\frac{\omega L E_{\max}}{\sqrt{R^2 + \omega^2 L^2}}\sin(\omega t - \delta) = \frac{\omega L E_{\max}}{\sqrt{R^2 + \omega^2 L^2}}\cos(\omega t - \delta + \frac{\pi}{2}) \quad\text{.....................(7.4-16)}$$

頻率高時磁場的振盪較大，頻率低時電流的振盪較大。磁場振盪在相位上領先電流 90°。

交流 LCR 電路

若將電感、電容及電阻串聯於交流電源上，則依 Kirchhoff 定律，其方程式為

$$L\frac{\mathrm{d}^2 Q}{\mathrm{d}t^2} + R\frac{\mathrm{d}Q}{\mathrm{d}t} + \frac{Q}{C} = E_{\max}\sin\omega t \quad\text{..(7.4-17)}$$

解為

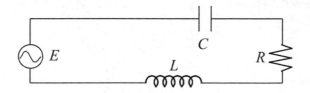

圖 7.4-5　觀察 LCR 電路上的強迫振盪

$$Q = Q_{\mathrm{com}} + \frac{E_{\max}}{\sqrt{R^2 + S^2}}(-S\cos\omega t + R\sin\omega t) \quad\text{..(7.4-18)}$$

其中 Q_{com} 是阻尼振盪的形式，隨時間衰減 $Q_{\mathrm{com}} \to 0$ ，見 (7.3-11 ～ 14)，$S = \omega L - 1/\omega C$ 。所以經過長時間後，

$$Q \approx \frac{E_{\max}}{\sqrt{R^2 + S^2}}(-S\cos\omega t + R\sin\omega t) = -\frac{E_{\max}}{\omega Z}\cos(\omega t - \theta) \quad\text{.......................................(7.4-19)}$$

其中 $\theta = \tan^{-1}(S/R)$ ，阻抗的大小 $Z = \sqrt{R^2 + S^2}$ 。微分(7.4-19)式得電流值為

$$I = \frac{\mathrm{d}Q}{\mathrm{d}t} = \frac{E_{\max}}{Z}\sin(\omega t - \theta) \quad\text{..(7.4-20)}$$

電流可利用電阻兩端的電位差 $V_R = RI$ 來測得。

對於電流的振幅而言，在 $\omega = 1/\sqrt{LC} = \omega_0$ 處會有極大值。(此時 $S=0$，Z 有極小值 R)

若以複數來計算此問題，直接略去暫態項，可將微分方程式寫爲

$$i\omega L\tilde{I} + R\tilde{I} + \frac{\tilde{I}}{i\omega C} = \tilde{E}_m\, e^{i\omega t}$$

設 $\tilde{I} = \tilde{I}_m\, e^{i\omega t}$，代入並定義複阻抗 $\tilde{Z}$ 得

$$\left(i\omega L + R + \frac{1}{i\omega C}\right)\tilde{I}_m\, e^{i\omega t} = \tilde{Z}\tilde{I}_m\, e^{i\omega t} = \tilde{E}_m\, e^{i\omega t}$$

相位差爲 $\arg(\tilde{Z}) = \tan^{-1}(S/R)$，振幅比(即阻抗的大小)爲 $|\tilde{Z}| = \sqrt{R^2 + S^2}$。參照實驗 6.6 的說明。

amp of V_R (任意單位)　　　　　　　　　　amp of V_C (任意單位)

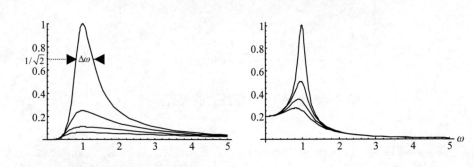

圖 7.4-6 LCR 電路中不同的電阻值所對應 V_R 及 V_C 的振幅變化與電源角頻率的關係。橫軸的單位爲 $1/\sqrt{LC}$，縱軸爲相對值。頻寬 $\Delta\omega = R/L$。

三、儀器

示波器、訊號產生器、3 變 2 插頭轉換接頭、頭電阻器、可變電阻器、電容器、電感器、三用電表、方格紙(學生自備)。

四、步驟

RC 電路

1.　取電阻器(R 約 1 kΩ)，在接上線路之前以三用電表測量其電阻。

2.　訊號產生器插上電源之前，先以轉換接頭解除訊號產生器之接地。

3.　將電阻器、電容器(C = 1～100 nF)及訊號產生器串聯，接上示波器，如圖 7.4-7 左圖。

4.　電源打開後，將訊號產生器的輸出設為正弦波，頻率約 $1/(2\pi RC)$處。示波器的 Ch2 設成 INV(反相，inverse)的狀態。

5.　確認正弦波的週期及振幅。在示波器上觀察電容器兩端的電壓，觀察電容上的電荷變化。描繪其圖形。也可以利用 dual 模式同時顯示兩個圖形，以便作比較。

*6.　參考圖 7.4-7 右圖將示波器改接在電阻的兩端，觀察電路上的電流。描繪其圖形。

*7.　將正弦波週期在 $10RC$ 到 $RC/10$ 之間變化，讀取電阻器及電容器兩端的電壓。

*8.　將正弦波週期在 $10RC$ 到 $RC/10$ 之間變化，讀取電阻器及電容器兩端電壓的相位差。相位差可以由波形左右平移的關係來讀取，也可以利用 Lissajous 圖形來計算。

*9.　更換電阻器或電容器，重覆以上步驟 7～8。

*註：解除訊號產生器的接地，有時訊號會變得不穩定。如果步驟 7～8 的結果雜訊太大，可以改觀察輸入與電容兩端的電位差及相角隨頻率的變化。

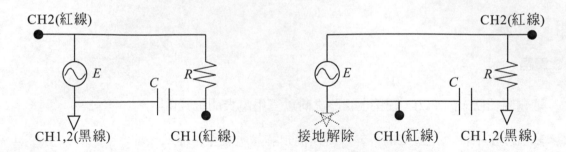

圖 7.4-7　以示波器觀察電容上電荷振盪現象的電路。左圖為同時觀察輸入電壓及電容上的蓄電量，右圖為先將訊號產生器的接地解除同時觀察蓄電量及電流。

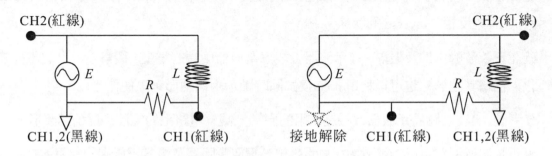

圖 7.4-8　以示波器觀察電阻上電流振盪現象的電路。左圖為同時觀察輸入電壓及電阻上的電流，右圖為先將訊號產生器的接地解除同時觀察電流及磁場。

LR 電路

10. 取電阻器(R 約 1 kΩ)及電感器(18 mH)，在接上線路之前以三用電表分別測量其電阻。

11. 訊號產生器插上電源之前，先以轉換接頭解除訊號產生器之接地。

12. 將電阻器、電感器及訊號產生器串聯，接上示波器，如圖 7.4-8 左圖。

13. 電源打開後，將訊號產生器的輸出設為正弦波，頻率約 $R/(2\pi L)$ 處。示波器的 Ch2 設成 INV(反相，inverse)的狀態。

14. 確認正弦波的週期及振幅。在示波器上觀察電阻器兩端的電壓，觀察電阻上的電流變化。描繪其圖形。也可以利用 dual 模式同時顯示兩個圖形，以便作比較。

*15. 參考圖 7.4-8 右圖將示波器改接在電感的兩端，觀察電感上的磁場振盪。描繪 V_L 圖形。

*16. 將正弦波週期在 10*L*/*R* 到 0.1*L*/*R* 之間變化，讀取電阻器及電感器兩端的電壓。

*17. 將正弦波週期在 10*L*/*R* 到 0.1*L*/*R* 之間變化，讀取電阻器及電感器兩端的相位差。相位差可以由波形左右平移的關係來讀取，也可以利用 Lissajous 圖形來計算。

*18. 更換電阻器或電容器，重覆以上步驟 16～17。

LCR 電路

19. 訊號產生器插上電源之前，先以轉換接頭解除訊號產生器之接地。

20. 將可變電阻(*R*=0～數十 kΩ)調到最小，自電路上移除並測量其電阻。

21. 將可變電阻器、電容器(*C*=1～100 nF)、電感器(*L* 約 18 mH)及訊號產生器串聯，接上示波器，如圖 7.4-9 左圖。

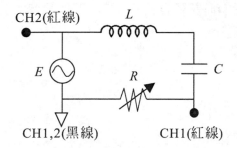

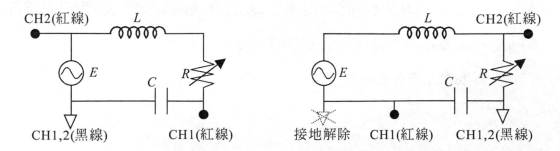

圖 7.4-9　以示波器觀察電容上電荷強迫振盪的電路。上圖為同時觀察輸入電壓及電流，左圖為同時觀察輸入電壓及電容上的蓄電量，右圖為先將訊號產生器的接地解除同時觀察蓄電量及電流。

22. 電源打開後，將訊號產生器設為正弦波，頻率設為約 $(2\pi\sqrt{LC})^{-1}$。示波器的 CH2 設成 INV(反相，inverse)的狀態。

23. 確認正弦波的週期及振幅。在示波器上觀察電容器兩端的電壓，觀察電容上的電荷變化。描繪其圖形。也可以利用 dual 模式同時顯示兩個圖形，以便作比較。

*24. 將接線改為 7.4-9 右圖，在 $1/\sqrt{LC}$ 的 0.1～2 倍之間變化訊號的角頻率，讀取電阻兩端電壓隨角頻率變化的情形。繪製其圖形並找出極大值對應的角頻率 ω_{max}。比較是否 $\omega_{max}=1/\sqrt{LC}$。

*25. 增加電阻的值，重覆步驟 24。

*26. 改測定電容器兩端電壓的值，重覆步驟 24～25 是否仍然 $\omega_{max}=1/\sqrt{LC}$？

*註：解除訊號產生器的接地，有時訊號會較不穩定。若雜訊過大，可以用圖 7.4-9 上圖及左圖進行 24～26 的步驟。

五、問題

1. 說明 RC 及 L/R 的單位為時間的單位。

2. 考慮示波器的內電容，評估以示波器來測量 LR 電路時是否能夠看到如問題 2 的結果。

3. 為何收音機調整頻道的旋鈕是一個可變電容？

*4. 步驟 25 與 26 的結果有無差異？

普通物理實驗

第 **8** 部

光 學

實驗 8.1 反射、折射與偏振

預習習題

1. 設玻璃之折射率爲 1.5，計算其臨界角及起偏角(brewster angle)。

2. 反射光的主要偏振方向爲何？

3. 實驗室中偏振片若未標定方向，如何由水面或倒影確認其偏振方向？

一、目的

使用平面鏡及半圓柱觀察光線的反射路徑，實驗證明反射定律及折射定律。

二、原理

1. 光的反射定律：

   (1) 入射線、法線及反射線，均在同一平面上。法線是入射線入射於平面鏡的入射點上所作垂直於平面鏡的直線。

   (2) 入射角 i 等於反射角 l。入射角是入射線與法線所交之角，反射角是反射線與法線之交角。

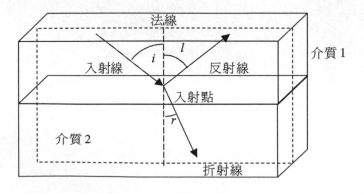

圖 8.1-1 光的反射與折射

2. 光的折射定律：光由某一介質進入另一介質，其進行的方向會改變的現象，稱之為折射。折射現象可以歸納成下列三點，稱之為折射定律：

   (1) 入射線、折射線及界面的法線，均在同一平面上。其中，法線是垂直界面直線(在光入射點處)，入射角 i 是入射線與法線的交角，折射角 r 是折射線與法線的交角。

   (2) 入射角的正弦 $\sin i$ 和折射角的正弦 $\sin r$ 的比是一定值，稱為 Snell 定律或 Descartes 定律。定值 $n = \dfrac{\sin i}{\sin r}$ 就是相對折射率。當介質 1 為真空時，折射率值 n 稱為絕對折射率。

   (3) 光的可逆性；若使光線由原來折射線逆向射入，光線折射後會依原來的入射線逆向射出。此時相對折射率 $n' = \dfrac{\sin r}{\sin i} = \dfrac{1}{n}$ 恰為原來折射率的倒數。

3. 全反射：當相對折射率小於 1，入射角大於某一角度 c 時，光線將沒有折射線現象，全部被反射回來，該現象稱為全反射(total internal reflection)。角度 c 稱為臨界角，滿足 $\sin c = n$。即使相對折射率小於 1，但 $i < c$ 時，仍然會有折射及反射的情形。

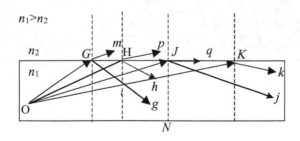

圖 8.1-2 OKk 為光的全反射，OJN 為臨界角

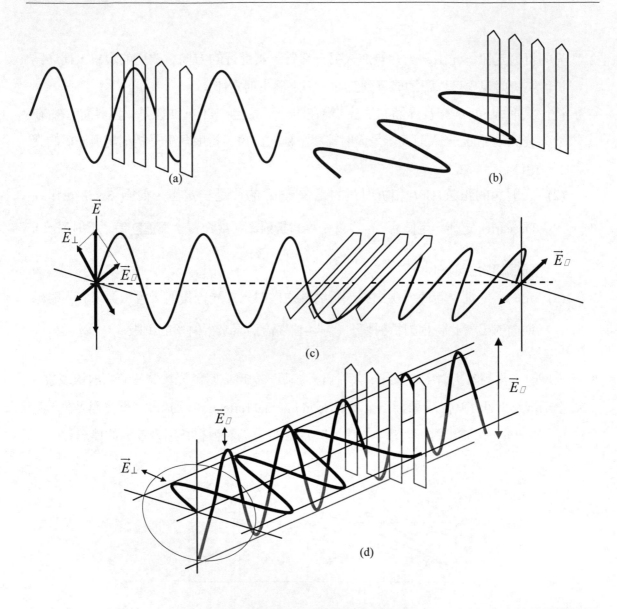

圖 8.1-3 利用偏振片來觀察光的偏振現象。左上圖(a)顯示與偏振片同方向的極化光能夠通過偏振片，右上圖(b)顯示與偏振片垂直方向的極化光不能通過偏振片。中間的圖(c)顯示當光的偏振方向與偏振片方向成一角度時，通過的電場強度為該方向上的分量 $E\cos\theta$，故電磁波強度變為 $\cos^2\theta$倍。最下圖(d)為圓偏振光(無偏振光)通過偏振片後，只剩下偏振片方向的偏振成份，故可利用偏振片由自然光中濾出偏振光。

4.　光的偏振：可見光爲波長約 4000～7000 Å 的電磁波。電磁波爲一種橫波，其電場方
　　向稱爲偏振方向。鎢絲燈等自然光源所發的光皆沒有特殊的偏振方向，稱爲非極化
　　光或圓偏振光。當光通過偏振片(polarizer)時，只有某個偏振方向的成份能夠通過，
　　其他的偏振方向成份會被吸收，成爲完全極化光或線偏振光。設通過第一片偏振片
　　之後的電場強度爲 E，將兩片偏振片重疊時，若兩片偏振片的偏振方向呈 θ 角，則能
　　夠通過的電場分量爲 $E\cos\theta$，對應的光強度爲通過第一片後的 $\cos^2\theta$ 倍。當兩片偏
　　振片的偏振方向互相垂直，則光線幾乎完全被吸收。偏振片的原理應用於液晶螢幕
　　以及釣魚用的太陽眼鏡上。當偏振片爲鉛直方向時，水面大部分的反光會被濾掉，
　　可以將水中的魚看得更清楚。

　　　　光在介面被反射或折射後，光線呈現部份偏振或完全偏振。當入射光的偏振方
　　向在入射線與反射線形成的平面上時，在某一特定的入射角 p 會完全沒有反射光。
　　角度 p 稱爲起偏振角或 Brewster 角，其大小與折射率的關係爲 $\tan p = n$。此時反射
　　線與折射線互相垂直，因此 $p + r$=90°。非偏振光沿起偏振角入射時，反射光爲完全
　　偏振，偏振方向爲平行於介面。由空氣入射到玻璃時，折射率爲 n=1.5，光的起偏振
　　角爲 p=56.3°。

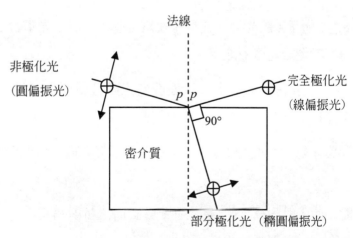

圖 8.1-4　當反射角為 Brewster 角 p，反射光為水平方向的完全極化光，折射光則因部份垂直於紙
　　　　面的電場振動存在，為部份極化光。⊕表示垂直於紙面方向的電場，未標示強度。

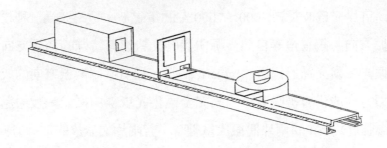

圖 8.1-5 光的反射與折射實驗裝置

三、儀器

附刻度及磁鐵之光學吸附平台、光源、光具座、單縫片、角度盤座、角度盤、半圓玻璃柱、半圓壓克力柱、附角度記錄紙。

四、步驟

光的反射與折射

1. 儀器裝置如圖 8.1-5 所示，將光源、光具座及角度盤座，置於光學台上，單縫片吸附於光具座上，角度盤置於角度盤座上。

2. 將待測壓克力半圓柱放在角度盤上，平面面向光源且對準角度盤上任一直角座標軸，半圓心與座標軸原點齊。

3. 打開光源，適調整單縫片與光源的距離及位置，使經過單縫片的光線通過角度盤的中心點。

4. 輕輕轉動角度盤，使入射角為 15°，觀察並記錄此時之折射角及反射角。反射光通常並不強，須小心觀察。必要時可以用紙片或眼睛去尋找。

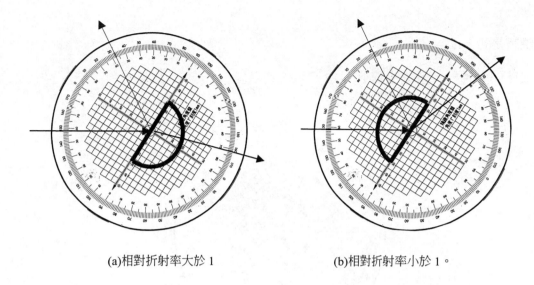

(a)相對折射率大於 1　　　　　　　　　　(b)相對折射率小於 1。

圖 8.1-6　半圓柱上光的反射與折射。

5. 再慢慢增加入射角為 30°，45°，60°及 75°，一一記錄其對應之折射角及反射角。注意轉動角度盤時勿使半圓柱偏離座標軸及原點。

6. 再將角度盤向另一方向輕輕轉動，同樣使入射角依次為 15°，30°，45°，60°及 75°，再一一記錄其對應之折射角及反射角。

7. 計算出入射角及折射角的正弦值，取其相對應的正弦值之比，即得折射率 n，再將所有折射率之值平均之。

8. 將平面背向光源且對準角度盤上任一直角座標軸，半圓心與座標軸原點齊。重覆步驟 3～7，求相對折射率 n'，並與 $1/n$ 比較。

9. 取玻璃半圓柱體，重覆步驟 2～8。

臨界角

10. 將待測壓克力半圓柱放在角度盤上，平面背向光源且對準角度盤上任一直角座標軸，半圓心與座標軸原點齊。

11. 慢慢增加入射角，直到折射線切齊平面，如圖 8.1-7。測量臨界角 c。

12. 驗證是否 $\sin c = n'$。

13. 取玻璃半圓柱，重覆步驟 10～12。

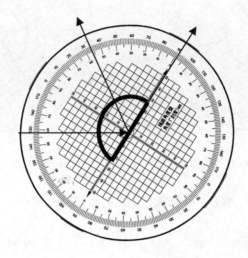

圖 8.1-7　半圓柱上的全反射與臨界角的測定

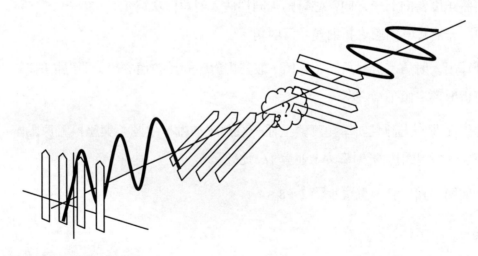

圖 8.1-8　三片偏振片與光的偏振。第一片與第三片互相垂直，但最後仍有光通過。有關其原因，可以仔細考慮中間(?)部份的偏振方向。

光的偏振

14. 取偏振片兩片，置於光線通過的地方。固定其中一片，緩慢轉動另外一片至 45°，90°，135°，180°，225°，270°，315°，最後回到 360°。目測並記述通過光線強弱的變化。

15. 取偏振片三片重疊，使其偏振方向依序為 0°，45°，90°，如圖 8.1-8。觀察光線通過的情形。

16. 將前一步驟中，中間呈 45°的偏振片移去，觀察光線通過情形的變化。

Brewster 角

17. 將待測壓克力半圓柱放在角度盤上，平面面向光源且對準角度盤上任一直角座標軸，半圓心與座標軸原點齊。

18. 慢慢增加入射角，直到折射角與反射角垂直，如圖 8.1-9。測量 Brewster 角 p。

19. 驗證是否 $\tan p = n$。

20. 改用玻璃半圓柱作實驗，重覆步驟 17～19。

21. 當入射角為 Brewster 角時，將偏振片加於光路上光源的前方或反射光與眼睛之間，觀察反射光的變化。將偏振片緩慢旋轉 90°，觀察反射光的變化並記錄。

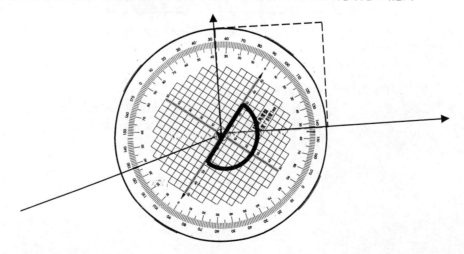

圖 8.1-9 Brewster 角的測定

五、問題

1. 魚在水中看到的水面以上的物體被折射於臨界角的範圍內。試計算該臨界角。水的折射率為 1.3。

2. 在釣魚時，若要以偏振片遮斷水面大部份的反光，以便更清楚地看到水中的魚，偏振片的方向應為何？

3. 試證當反射面轉動 θ 角而入射線不動時，反射線轉動 2θ 角。(與 Young 氏係數實驗的問題相同)

六、參考資料

將兩個等腰直角三角形的三稜鏡底邊靠緊，用電射光照射。雖然光線照到底邊時已超過臨界角，卻仍有光從另一塊稜鏡中射出，將第二塊三稜鏡移走則折射光消失。

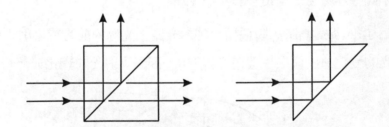

實驗 8.2　繞射(光柵，單狹縫，雙狹縫)

預習習題

1.　以低功率的紅光雷射在潔淨的房間中作光學實驗時，通常在空氣中看不到雷射光的通過路徑。為了要確認光束的路徑走向，是否可以低頭去尋找？如果不能，要如何確認雷射光束的方向及位置？

2.　$\lambda = 6438.47\,\text{Å}$，當光柵繞射第一亮點 $\theta_{n=1}$ 為 12° 時，計算格子常數 d。

3.　同上，第二亮點 $\theta_{n=2}$ 為 23°，計算格子常數 d。

4.　作光柵實驗時，若光柵極窄會使得繞射圖案的點距離很大，(8.2-2)式不成立。如何修正測量的方法？

5.　在雙狹縫的實驗中，干涉與繞射現象常同時出現。如何區別兩種不同的成分？

6.　圖 8.2-11 中，繞射圖形的中央亮區寬度為何？干涉圖形的亮紋間隔為何？

一、目的

1.　以雷射光源及紅、綠、藍之濾光片作光柵繞射實驗，求波長、光柵格子常數與繞射圖形的關係。

2.　觀察光通過單狹縫時所產生的繞射現象，並測量亮、暗紋的位置，計算出狹縫的寬度。

3.　觀察光通過雙狹縫後所產生的繞射及干涉條紋，並利用此條紋之測量出雙狹縫之縫寬與間距。

二、原理

1. 光柵繞射：光柵通常是以金屬製的鏡面，刻以等間隔重複的平行線(1 cm 內約 1000～5000 條)，使表面呈現凹凸的波形。本實驗所用的塑膠片，即是以該金屬片模製而成。相鄰兩線的間隔 d 稱為格子常數。

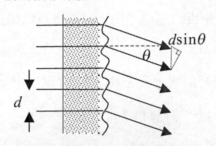

圖 8.2-1 光柵的繞射原理

垂直於光柵的光線，由光柵射出時，由於光路上通過的膜厚不同，相位有差異。這種差異以 d 為間隔而變化，也就是說，橫方向移動 d 時，兩點之間的光為同相位。加上空氣中的光路，當射出光線與入射光成 θ 角時，相距為 d 的點之間的光線相位差為 $d\sin\theta$。當相位差為光波長的整數倍時，

$$d\sin\theta_n = n\lambda \text{，} (n=0，1，2，\ldots) \dotfill (8.2\text{-}1)$$

各線上的光線射到無限遠屏幕上時互相為同相位，產生光度的極大值。利用透鏡的組合也可將該點成相於有限遠處。在實驗時若角度小於 15°，因

$$\sin\theta \approx \theta \approx \tan\theta \dotfill (8.2\text{-}2)$$

(注意計算時用 rad 為單位)，誤差在 3%以內，故可將(8.2-1)式作近似。設光柵離屏幕長 L，屏幕上第 n 次的亮點偏離中心點 x_n，則 $d\sin\theta_n \approx x_n d / L$，所以測量時 $x_n d / L \approx n\lambda$，$n=0，1，2，\ldots$，因此在屏幕上可以看到一排重覆的圖案，間隔為

$$\Delta x = x_n / n = \lambda L / d \dotfill (8.2\text{-}3)$$

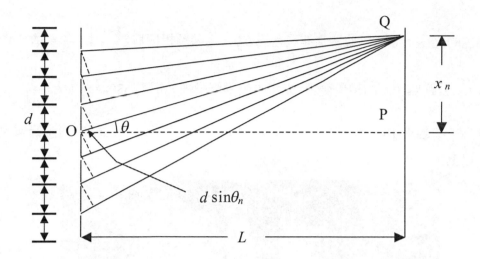

圖 8.2-2 光柵投影在平行屏幕上的繞射條件示意圖。事實上 $d << x_n << L$。

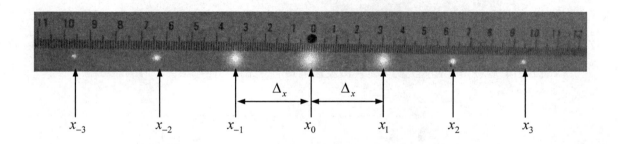

圖 8.2-3 雷射光通過光柵後的繞射圖形。 $\Delta x = (x_3 - x_{-3}) / 6$ 。

　　若入色光為混色光，則不同的波長所對應的 θ_n 也不同，波長愈短對應的折射角 θ_n 也愈小，因此形成內紫外紅的光譜相對於相同的角度，光譜為左右對稱。當入射光與法線呈角度 ϕ 時， $d \cdot (\sin\theta - \sin\phi) = n\lambda$ 。

　　考慮光譜的寬度，當入射角 $\phi \approx 0$ 時，同次同色(即相同的 n， λ)在光譜上顯現的角度左右限分別為 θ^+， θ^-，實驗時可取其平均值 $\theta_m = \frac{1}{2}(\theta^+ + \theta^-)$ 。光譜的分散度可由(8.2-1)式微分得到 $\dfrac{d\theta_n}{d\lambda} = \dfrac{n}{d} \dfrac{1}{\cos\theta_n}$ 。當次數 n 愈高，格子常數 d 愈小時，分散度也會增加。因此離開垂直面愈遠，譜線的分散寬度會愈寬。

對於混色的光譜,若有兩條譜線波長差為 $\delta\lambda$,定義解析度為 $\dfrac{\lambda}{\delta\lambda}$,則 $\dfrac{\lambda}{\delta\lambda} = nN$,$N$ 為格子的總數。以公路照明用的鈉燈為例,光譜中的兩條譜線分別為 5896,5890Å,$\dfrac{\lambda}{\delta\lambda} \cong 1000$,要清楚分辨 1 次譜線中兩條譜線,$N$ 須為 1000 以上,要分辨 2 次譜線中的兩條譜線,N 須為 500 以上。

圖 8.2-4 鎢絲燈光通過光柵後的色散及繞射圖形。亮紋內側為紫色,外側為紅色。

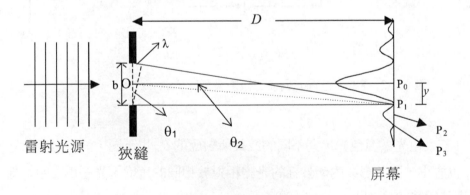

圖 8.2-5 單狹縫繞射原理。$b \ll y \ll D$

2. 單狹縫繞射:當光通過一單狹縫時,如縫愈窄則光線會愈向兩旁擴張,此現象即所謂的繞射。一平行光源通過狹縫時所產生的繞射現象稱為,Fraunhofer 繞射,非平行光源通過狹縫時所產生的繞射現象我們稱為 Fresnel 繞射。繞射現象的產生我們可依據 Huygens 原理，即波前上的每個點，可被當作二次子波的起始點，獲得圓滿的解釋。

　　令狹縫的寬度為 b，中心點為 O 點，狹縫口被均分成若干點，如圖 8.2-6 所示。P_0 點光程差為零，稱為中央亮區。P_1 點至狹縫頂點的距離比到狹縫底點的距離大一波長 1，亦就是說 P_1 點到狹縫頂點的距離，比 P_1 點到 O 點的距離大半波長 $\lambda/2$，所以狹縫頂點發出的二次子波與由 O 點發出的二次子波在 P_1 點的光程差 $\lambda/2$，干涉結果強度為零。同理狹縫頂點以下第一點和 O 點以下第一點的光程差也為半波長，故在 P_1 點其強度亦為零。如此，兩兩相對，整個狹縫的二次子波在 P_1 點皆干涉為零，因此 P_1 點為一暗點。依此類推，P_3 點至狹縫頂、底兩端的光程為 2 倍波長，我們將狹縫寬分為四段，則可知全部效應又干涉為零，所以 P_3 點亦為一暗點。而 P_2 點至狹縫上、下兩端點的光程差是 $3\lambda/2$，將狹縫度分為三段，則兩段干涉為零，另一段的效果是強度相加，故 P_2 點為一亮區。綜合以上分析，可約略得出當光程差 $b\sin\theta_1 = n\lambda$，時為暗區；光程差 $b\sin\theta_1 = (n+\frac{1}{2})\lambda$，時為亮區($n = 1,2,3,...$)。實驗時若 $\theta < 15°$，利用 $\sin\theta \approx \tan\theta = y/D$ 可得

暗區中心 $\dfrac{by_n}{D\lambda} = n = 1,2,3,...$ .... (8.2-4)

亮區中心 $\dfrac{by}{D\lambda} = n + \dfrac{1}{2} = 1 + \dfrac{1}{2}, 2 + \dfrac{1}{2}, 3 + \dfrac{1}{2},...$ .... (8.2-5)

所以暗區間的間格(除去中央亮區的過度外) $\Delta y \dfrac{b}{D\lambda} = 1$，藉此可推出波長 λ 或縫寬 b。

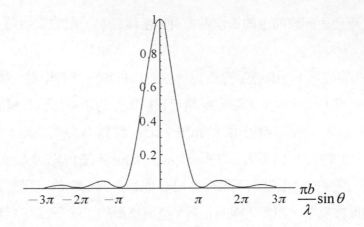

圖 8.2-6 單狹縫繞射的光強度與角度的關係。光度向兩旁迅速下降。

　　若將狹縫細分成無限多等分，再累加每一等分在相位上的貢獻，可得更精確的結果。較嚴謹的推導可參考 Halliday： Fund. of Phys. 7ed 在 35-4 的說明，以及 Francis A. Jenkins and Harvey E. White： Fundamentals of Optics，Fourth Edition(1976)在 pp316～322 的計算。對於平行光源而言，由其推導結果可知繞射條紋亮區的極大發生在 $\dfrac{yb}{D} = \nu\lambda$，$\nu = 1.43, 2.459, 3.47, 4.479, ...$ 等位置上。電場強度與角度的關係為

$$E = E_0 \frac{\sin u}{u} \text{ , } u = \frac{\pi b}{\lambda}\sin\theta \text{ .... (8.2-6)}$$

光的強度與角度的關係為

$$I = I_0 \frac{\sin^2 u}{u^2} \text{ .... (8.2-7)}$$

3.　雙狹縫干涉：如圖 8.2-7 所示，設有一平行光源 S 照射在一狹縫寬度 b，且兩狹縫中心點的相距距離 d 的雙狹縫後，投射在屏幕上之 P 點。利用 Huygens 原理及光程差所造的干涉現象解釋，相長性干涉發生於 $d\sin\theta = m\lambda$ 時，而相消性干涉發生於

$d\sin\theta = (m+\frac{1}{2})\lambda$ 時($m = 0,1,2,...$)。若投影於屏幕上,且 $D >> y$,則

$\sin\theta \approx \tan\theta = y/D$,故近似公式為

亮紋 $y = m\lambda D/d$ .... (8.2-8)

暗紋 $y = (m+\frac{1}{2})\lambda D/d$ .... (8.2-9)

所以暗紋間的間隔 $\Delta y = \lambda D/d$,藉此可推出波長 λ 或縫距 d 。

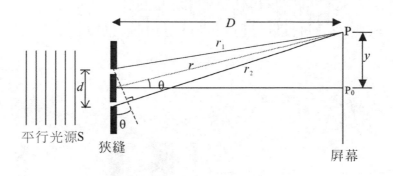

圖 8.2-7　雙狹縫干涉原理。$b << y << D$ 。

　　仔細觀察圖 8.2-11 的實驗圖形,除了可以看到等間隔的亮點外,還可發現亮點有明暗變化的情形,途中還有一些等間隔的位置上幾乎看不到亮點,稱為消失的亮點。由於雙狹縫的寬度 b 有限,因此雙狹縫的圖形可以視為兩個單狹縫繞射圖形互相作干涉。當光通過雙狹縫後,不僅會產生干涉現象,同時亦會產生繞射現象,可以參照 Halliday: Fund. of Phys. 7ed 在 35-7 的說明,以及 Francis A. Jenkins and Harvey E. White: Fundamentals of Optics,Fourth Edition(1976)在 pp339~341 的計算。利用第 8.2-5 式,並引入兩道狹縫之間的光程差,再將兩個狹縫對電場的貢獻相加,

$$E = E_0 \left[\frac{\sin(u-t)}{u} + \frac{\sin(u+t)}{u} \right] = 2E_0 \frac{\sin u}{u} \cos t$$

在此 $u = \dfrac{\pi b}{\lambda} \sin \theta$，$t = \dfrac{\pi d}{\lambda} \sin \theta$；則 P 點的光強度可作

$$I = I_0 \frac{\sin^2 u}{u^2} \cos^2 t \quad\text{... (8.2-10)}$$

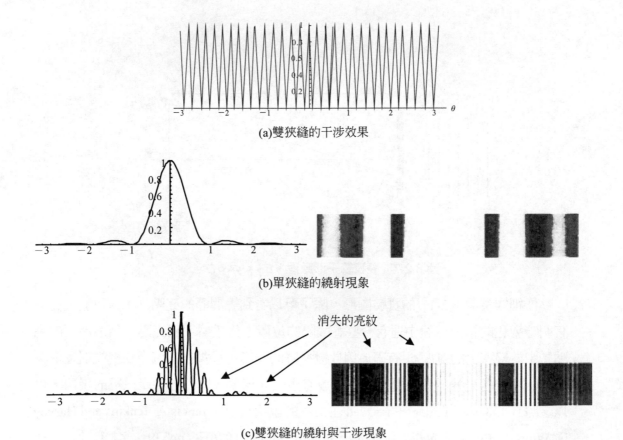

(a)雙狹縫的干涉效果

(b)單狹縫的繞射現象

消失的亮紋

(c)雙狹縫的繞射與干涉現象

圖 8.2-8　雙狹縫的干涉及繞射說明。(c)=(a)×(b)。

雙狹縫繞射由單狹縫繞射 $\dfrac{\sin^2 u}{u^2}$ 及雙狹縫干涉 $\cos^2 t$ 的兩個因子合成，且 $d > b$，故 $\sin^2 u$ 的週期比 $\cos^2 t$ 的週期長，如圖 8.2-8。所以每個角度上的光強度包跡類似單狹縫繞射，具有一個中央繞射亮區，寬度為其他繞射亮區的 2 倍，而且亮度的最大值比其他亮區達 10 倍以上。往細部構造去看，若假想消失的干涉亮紋存在，則干涉亮紋成等間隔，且中央的干涉亮紋亮度最大值並不比相鄰的干涉亮紋亮度最大值多上 10 倍。

　　由於干涉及繞射兩個因子同時出現，實驗時須要小心判斷，勿將兩種效果混淆。若光度太強，且屏幕離得太近，可能所有的亮點都重疊在一起，看起來像單狹縫繞射的結果；此時有中央繞射亮帶，較別的亮帶寬。若光度不夠，則可能只看到中央少數幾個雙狹縫干涉亮紋，兩端的亮紋都因亮度不夠而觀察不到；此時所有的干涉亮紋都一樣寬。

三、儀器

　　光學吸附平台、白熾光源、雷射光源、光具座、光柵片(100 條狹縫／每 mm)、繞射刻度尺、盤座、單縫片、卷尺；

光柵片(528 條狹縫／每 mm)，濾色片(紅、綠、藍)；

單狹縫片(b：0.1，0.05 mm)；

雙狹縫片(d：0.25，0.5 mm)。

注意事項

1.　不使用雷射時，切勿開機。實驗完畢隨即關機。

2.　氣體雷射腔體內為高壓放電管，切勿撞擊或墜落。

3.　切勿使眼睛正對雷射光束，或由雷射光出口往內看。

4.　實驗時雷射光的方向應保持水平，且朝向兩側牆壁或無人的方向。切勿將雷射光投射到任何人的眼睛。

5. 在雷射光束路程上,不放置易燃物或反射率高、會散亂光線的物體。

6. 實驗中如有可能受到雷射光照射,應戴護目鏡。

7. 動作中不可隨意開啓雷射儀器內部,以免觸電。

8. 以低功率可見光波段的雷射作實驗,若看不清雷射光束的位置,應仔細尋找周圍有無被雷射照射的亮點,或取不易燃的白色薄片尋找光路,切勿低頭在光路所在的桌面附近直接察看。

9. 光柵容易損傷,污染後不能洗淨,應小心使用,勿以手指碰觸。

10. 將狹縫置於支架上或取下時要小心,以防止狹縫片破損,且實驗前後仔細檢查是否有破損現象。勿觸碰狹縫的位置。

四、步驟

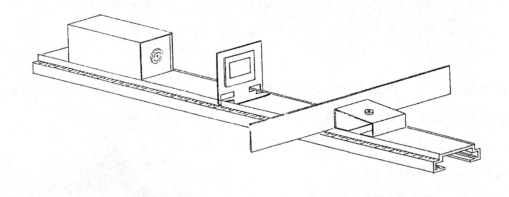

圖 8.2-9 干涉實驗的裝置架設

格子常數的測定

1. 如圖 8.2-9 所示,將光具座及角度盤座放在光學吸附平台上,雷射光源放在光學吸附平台的一邊,取光柵片(100 條刻痕/mm),吸附在光具座上,繞射刻度尺吸附在角度盤座上,調整單狹縫片與繞射刻度尺間的間距至約 $L = 30\sim90$ cm。記下距離 L。

✋ 市販的光柵所貼標籤偶爾有誤,不能藉以確定狹縫寬度。最好交互對照。

2.　打開雷射光源，使光線對準光柵片入射，可以在繞射刻度尺上，看見一排繞射亮點，且左右對稱。中央亮紋對準座標原點，在繞射刻度尺上分別量出左右兩側第 1、第 2 及第 3 亮紋距中央亮紋的距離 x_n 並分別紀錄，將左右兩端的距離除以間隔的個數，即得Δx 的平均值。

3.　由Δx、氦-氖雷射波長$\lambda = 6328$　Å 代入(8.2-4)式，分別算出光柵片格子常數 d 的實驗值。一般紅色發光二極體的波長亦為 6300～6800Å 左右。

4.　依次調整光柵片與繞射刻度尺間的間距，重複步驟 1～3，再將所有值平均之，與標示值比較。

5.　更換光柵片(528 條刻痕／mm)重複步驟 1～4。

濾色片波長的測定

6.　將雷射光源換為鎢絲燈的白熾光源。

7.　選擇紅色濾色片吸附在白熾光源的出口。單縫片吸附在光具座向光源的一側，光柵片(100 條刻痕／mm)吸附在光具座的另一側，記下繞射刻度尺距離 L。打開光源，使光線穿過濾色片及單縫片，透過光柵投射繞射在刻度尺上，有許多線狀繞射條紋，左右對稱。

8.　從中央亮紋向兩邊觀察，選擇左右兩端的亮紋，依步驟 2 的方法計算Δx，將所得的數值代入公式(8.2-4)算出波長。若亮紋(即光譜)的顏色不只一種，選擇最亮的波長(顏色)作為代表。

9.　更換光柵片(528 條刻痕／mm)，重複步驟 6～8。

10.　依次更換濾色片為綠色及藍色濾色片，重複步驟 6～9。

11.　將刻度尺移開，以眼睛直接觀察繞射片，所看到的虛像是否類似投影在刻度尺上的實像？

混色光的色散

12. 不要使用濾色片,將單縫片及光柵片(528 條刻痕／mm)吸附在光具座上。

13. 調整光柵與繞射刻度尺間的距離,記下距離 L。打開光源,使光線穿過濾色片及單縫片,透過光柵投射繞射在刻度尺上,則可看見尺上左右兩邊有數個帶狀"七彩"條紋(混色光譜),且左右對稱。

14. 依步驟 2 的方法測量紅色光及紫色光的 Δx。

15. 將所得的數據代入公式(8.2-4),算出紅色光及紫色光的波長(即可見光範圍)。

16. 改變光柵與繞射刻度尺間的距離,重複步驟 12～15。

17. 將刻度尺移開,以眼睛直接觀察繞射片,所看到的虛像是否類似投影在刻度尺上的實像?

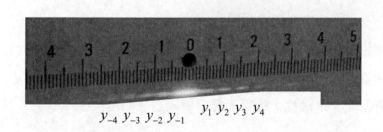

y_{-4} y_{-3} y_{-2} y_{-1} y_1 y_2 y_3 y_4

圖 8.2-10　單狹縫繞射圖形。$\Delta y = (y_4 - y_1)/3 = (y_1 - y_{-1})/2$

單狹縫繞射實驗

18. 參考圖 8.2-9 裝置實驗器材,但是光具座上只放置 0.1 mm 單狹縫。

　☜ 市販的單狹縫片所貼標籤偶爾有誤,不能藉以確定狹縫寬度。最好交互對照。

19. 移開狹縫片使光直接照射在刻度尺上,調整刻度尺使亮點重合於座標原點。

20. 使雷射光源正射於狹縫上。必要時置放狹縫片於雷射前。

21. 記錄狹縫至牆的距離 D。

22. 記錄牆上的亮、暗條紋的位置。

23. 利用雷射的波長 λ=6328 Å，並用計算出狹縫的寬度。

24. 有興趣的同學可改用鎢絲燈白熾光源作繞射實驗，並作適當的記錄。

雙狹縫的干涉及繞伶圖射

25. 參考圖 8.2-10 裝置實驗器材，但是光具座上只放置 0.5 mm 雙狹縫。

    ☞ 市販的雙狹縫片所貼標籤偶爾有誤，不能藉以確定狹縫寬度。最好交互對照。

26. 移開狹縫片使光直接照射在刻度尺上，調整刻度尺使亮點重合於座標原點。

27. 置放狹縫片於雷射前，且左右移動狹縫，使雷射光源正射於雙狹縫上。

28. 記錄狹縫至牆的距離 D。

29. 記錄牆上的亮、暗干涉條紋的位置，以及較暗或消失的亮紋、因繞射現所形成包跡的位置。

30. 利用雷射的波長 λ=6328 Å，並計算出狹縫間的距離及狹縫的寬度。

31. 有興趣的同學可改用鎢絲燈光源作干涉繞射實驗，並作適當的記錄。

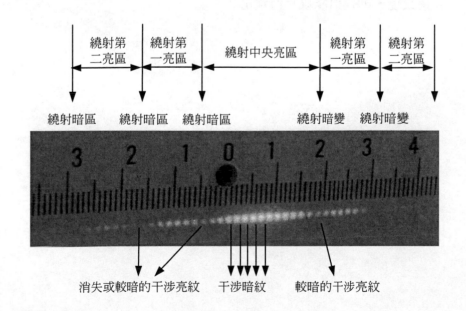

圖 8.2-11　雙狹縫的干涉及繞射圖形

五、問題

光柵繞射實驗

1. 如何以簡單的工具估計光碟片各軌之間的距離？

2. 若你有實作普通光源的光柵繞射，討論爲何用眼睛直接觀察光柵看到的虛像，類似於投影在刻度尺上的干涉條紋？

3. 爲何用氦氖雷射光源形成的光柵干涉圖像是一排紅色小點，而用單縫片及鎢絲燈形成的光柵干涉圖像是數個彩色帶狀長方形？

4. 打開手帕蓋在臉上，觀察 50 公尺外的燈光，會看到何種圖案？

單狹縫繞射實驗

5. 中央亮區之寬度是否等於第一亮區寬度的 2 倍？爲什麼？

6. 當狹縫寬度改變時，繞射條紋有何變化？

7. 若光之波長改變，則繞射條紋有何變化？

實驗 8.3 薄透鏡的焦距

一、目的

在附刻度的光學軌上測定薄凸透鏡及薄凹透鏡的焦點距離。

二、原理

透鏡公式與眞實物體的成像

在薄會聚透鏡 (薄凸透鏡) 的前方放置物體時，若物體 (object) 至透鏡的距離為 s_o，透鏡至像 (image) 的距離為 s_i，透鏡的焦距 (focal length) 為 f，則以下的 Gauss 的薄透鏡公式 (Gaussian form of thin-lens formula) 成立。

$$\frac{1}{s_o} + \frac{1}{s_i} = \frac{1}{f} \quad\text{..(8.3-1a)}$$

也就是說，

$$f = \frac{s_o s_i}{s_o + s_i} \quad\text{.. (8.3-1b)}$$

與此等價的還有 Newton 的薄透鏡公式 (Newtonian form of thin-lens formula)

$$f^2 = (s_o - f)(s_i - f) \quad\text{..(8.3-1c)}$$

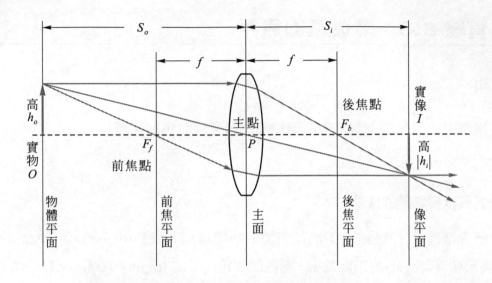

圖 8.3-1　當 s_o > f 時，實物 O 經過薄會聚透鏡形成倒立實像 I。實像是光線會聚處，可以投射在屏幕上觀察，實像大小$|h_i|$是實物大小 h_o 的 s_i/s_o 倍。其中 s_o > 2f 時是縮小實像，而 s_o < 2f 時是放大實像。

　　習慣上將光線來的方向定為前方，光線離開的方向定為後方。可在透鏡公式中設實物 (real object) 在透鏡前方時 s_o 為正 (如圖 8.3-1~8.3-4)，虛物 (virtual object) 在透鏡後方時 s_o 為負 (如圖 8.3-6~8.3-8)，實像 (real image) 在透鏡的後方時 s_i 為正 (如圖 8.3-1,4,6,7,9,12)，虛像 (virtual image) 在透鏡的前方時 s_i 為負 (如圖 8.3-2,3,8)。會聚透鏡 (凸透鏡) 的焦距 f 為正，發散透鏡 (凹透鏡) 的焦距 f 為負。如此的正負號規定可以將所有的情形歸納在同一條公式中。這 2 類薄透鏡的物與像的各種情形分別彙整於圖 8.3-10 與 8.3-11 中。在忽略像差 (optical aberration) 問題的情況下，所謂的 Gauss 光學 (Gaussian optics) 中，上述的薄透鏡公式可以用以下的規則，再配合相似三角形的幾何學公式推出：

1. 通過會聚透鏡前焦點的入射光線 (或延長線會通過發散透鏡後虛焦點的入射光線)，通過透鏡後的折射線與光軸平行前進。

2. 平行光軸的入射光線通過透鏡後，折射線會通過會聚透鏡後焦點 (或折射線的逆向延長線會通過發散透鏡前虛焦點)。

3. 通過主點 (principal point) 的入射光線，折射線沿原入射方向前進。薄透鏡的主點約存在於光軸與薄透鏡相交處，且由 2 側來的光線可對應到重合爲一的主點；但厚透鏡或透鏡組則常有明顯分開的 2 個主點。有些光學系統的主點甚至在系統的外部。

　　如圖 8.3-1~8.3-10，運用上述 3 原則來解析成像狀況的圖形，被稱作光線圖 (ray diagram)。以圖 8.3-1 的實物實像爲例，若將算術及幾何平均數不等式 (inequality of arithmetic and geometric means) 代入(8.3-1a)，得 $s_o + s_i \geq 4f$，所以光學軌的長度必需比焦距 f 的 4 倍更長才可針對實物執行實像的測定。

　　如果我們訂正立的像的放大倍率爲正，倒的像的放大倍率爲負，則可得以下的橫向放大倍率 (transverse magnification) 的式子 (橫向是指與主面平行，即與主面法向量及光軸垂直)。該式一樣可以用相似三角形的關係得出。

$$m = -\frac{s_i}{s_o} = -\frac{f}{s_o - f} = -\frac{s_i - f}{f} \quad\text{...} \text{(8.3-2)}$$

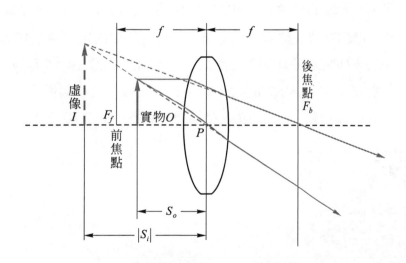

圖 8.3-2　當 $s_o < f$ 時，實物 O 經過薄會聚透鏡形成正立放大虛像 I。此即放大鏡的原理。虛像處並沒有光線通過，但可以由眼睛觀察，並且利用視差法估計其位置。虛像大小 h_i 是實物大小 h_o 的 $|s_i|/s_o$ 倍。

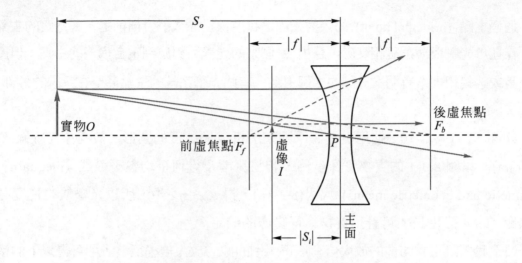

圖 8.3-3   實物 O 經過薄發散透鏡產生縮小正立虛像 I。虛像的大小 h_i 為實物大小 h_o 的 $|s_i|/s_o$ 倍，
可以由眼睛觀察虛像，並且利用視差法估計其位置。

Bessel 的共軛法

在幾何光學中，光線是可逆的，因此物與像的角色可以互換。所以要測得薄會聚
透鏡焦距，除了任意調整屏風位置來尋找像，也可以改成固定屏風與物體間的距離 L
$= s_o + s_i$ 在 $4f$ 以上，移動透鏡找到 2 處能夠成像的共軛位置 (如圖 8.3-4)，測其間的
距離 $d = |s_o - s_i|$，則有 $s_{o1} = s_{i2} = (L-d)/2$，$s_{o2} = s_{i1} = (L+d)/2$ 等關係式，其中 s_{o1} 與 s_{o2}
為 2 成像條件下分別的物距，而 s_{i1} 與 s_{i2} 為分別的像距。由透鏡公式(8.3-1b)得

$$f = \frac{(L+d)(L-d)}{4L} = \frac{L^2 - d^2}{4L} \quad\quad\quad\quad\quad\quad\quad\quad\quad\quad\quad\quad (8.3\text{-}3)$$

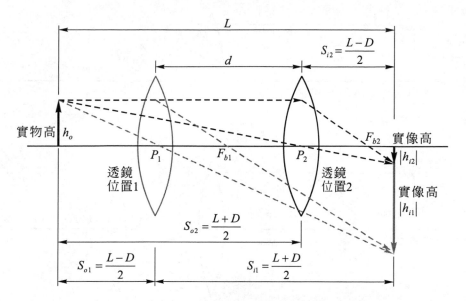

圖 8.3-4　Bessel 的共軛法示意圖。同一個待測薄會聚透鏡分別放在 2 處不同的位置上，2 個位置
　　　　　之間的距離是 d。

實物與虛物

　　在透鏡組合的實驗中，前方透鏡形成的像，可以當作後面被討論對象透鏡的物。
所謂的實物可能只是光線實際匯聚的地方，並沒有真的物體在那裏。而虛物則是光線
的延長線，在沒有後面的透鏡時，本來預定要會聚的地方；但是光線因為後面的透鏡
存在而被偏折，所以實際上連光線的會聚也沒有，是一種為了計算方便而形成的概念。

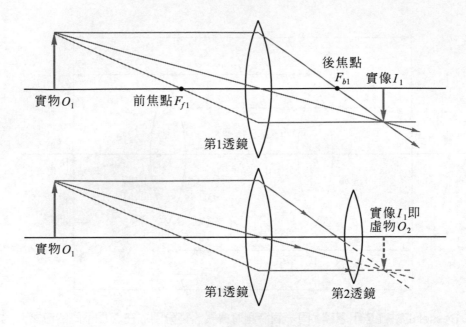

圖 8.3-5 在透鏡組合中， 透過第 1 個透鏡產生的實像 I_1，若在尚未放置第 2 個透鏡時會出現在預定要放第 2 個透鏡位置的後方，I_1 可被視為第 2 個透鏡的虛物 O_2，藉以計算加上第 2 個透鏡後的成像狀況。(假若實像是出現在第 2 個透鏡與第 1 個透鏡之間，則可視為第 2 個透鏡的實物。)

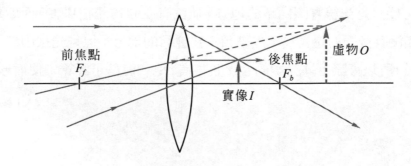

圖 8.3-6 虛物 O 經過薄會聚透鏡形成實像 I。當 $|s_o| > f$ 時是縮小正立實像，而 $|s_o| < f$ 時是放大正立實像。

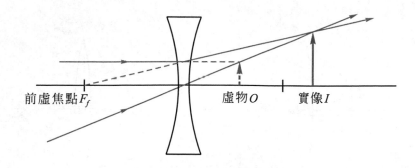

圖 8.3-7　當 $|s_o| < |f|$ 時，虛物 O 經過薄發散透鏡形成放大正立實像 I。

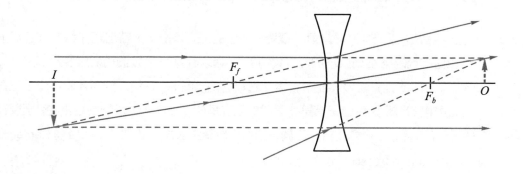

圖 8.3-8　當 $|s_o| > |f|$ 時，虛物 O 經過薄發散透鏡在前面形成倒立虛像 I。俗稱的 Galileo 式望遠鏡 (Galilean telescope) 即利用此原理，將縮小倒立實像 (接目鏡的虛物) 放大成正立虛像。

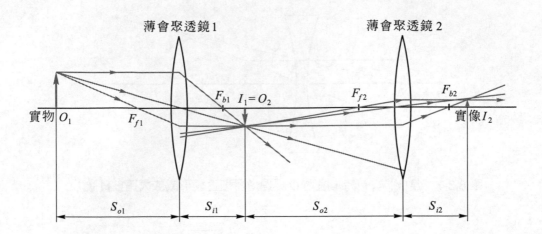

圖 8.3-9　在透鏡組合中，實物 O_1 透過第 1 個透鏡產生的倒立實像 I_1，若出現在第 2 個透鏡的前方，也可被視為第 2 個透鏡的倒立實物 O_2，藉以計算第 2 個透鏡的成像狀況。例如倒立實像 I_1 (即倒立實物 O_2) 出現在第 2 透鏡的前焦點 F_{2f} 之前，則可重新產生正立實像 I_2，如圖中右方所示。(但假若第 1 透鏡的倒立實像 (即第 2 透鏡的倒立實物) 出現在第 2 透鏡的前焦點 F_{2f} 與第 2 透鏡之間，則可重新產生放大倒立虛像，即俗稱 Kepler 式望遠鏡 (Keplerian telescope) 的基本原理)。

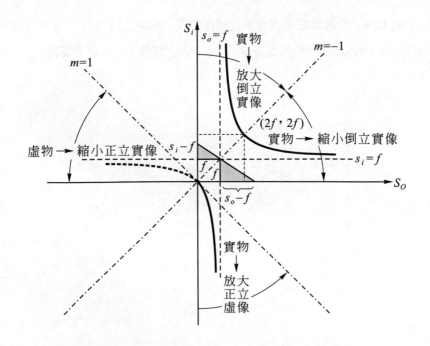

圖 8.3-10　會聚透鏡 (凸透鏡) 的各種成像狀況。

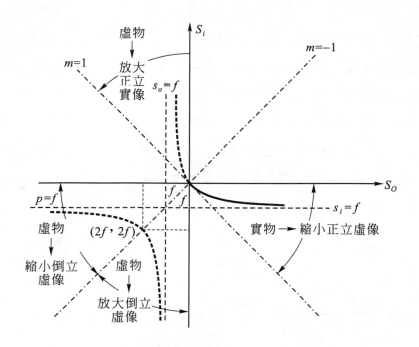

圖 8.3-11　發散透鏡 (凹透鏡) 的各種成像狀況。

透鏡組合與虛物體

如前段所述，要形成虛物，必需要先有其他透鏡的存在。圖 8.3-9 與圖 8.3-12 分別討論 2 個透鏡的組合中，第 2 個透鏡分別是會聚透鏡或發散透鏡的情形。

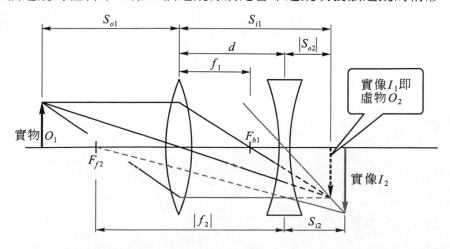

圖 8.3-12　利用虛物的概念分析會聚透鏡 (凸透鏡) 與發散透鏡 (凹透鏡) 組合的成像。這個組合在本實驗中被利用來提供實像，以求發散透鏡的焦距，取代視差法。

　　參考圖 8.3-12，考慮薄發散透鏡焦點距離的求法。如果只有 1 枚薄發散透鏡無法產生實像，需與薄會聚透鏡組合聚焦成實像。若圖 8.3-12 中只有會聚透鏡時，由會聚透鏡到實像 I_1 的距離為 s_{i1}；其次在會聚透鏡與實像 I_1 之間將發散透鏡置於會聚透鏡後方距離 d 處，並重新使實像 I_2 產生在發散透鏡後方 s_{i2} 處。若發散透鏡的虛焦點負距離為 $f_2 = -|f_2|$（$f_2 < 0$，發散透鏡依約定加上負號），將原本會聚透鏡產生的實像 I_1 視為虛物 O_2，則虛物與發散透鏡的負距離為 $s_{o2} = -|s_{o2}| = -s_{i1} + d$（$s_{o2} < 0$，虛物依約定加上負號），利用透鏡公式(8.3-1a)得到

$$\frac{1}{s_{o2}} + \frac{1}{s_{i2}} = \frac{1}{f_2} \Leftrightarrow -\frac{1}{s_{i1} - d} + \frac{1}{s_{i2}} = \frac{1}{f_2}$$

$$f_2 = -\frac{(s_{i1} - d)s_{i2}}{d - s_{i1} + s_{i2}} = \frac{s_{o2}s_{i2}}{s_{o2} + s_{i2}} = -\frac{s_{i2}|s_{o2}|}{s_{i2} - |s_{o2}|} \quad\text{......................} (8.3\text{-}4)$$

實驗時分別測定透鏡組的虛物距 s_{o2} 及實像距 s_{i2}，即可推算出虛焦距 f_2。尤其對於初學者來說，實像法比視差法的操作要容易。

自準直法的運用

　　幾何光學中光線的可逆性，可運用在自準直法 (auto-collimation) 上。利用平面鏡，在特殊條件下可將光線沿原路反射回去。例如有光源在焦點上，經過凸透鏡之後形成平行光，再被平面鏡沿原路徑反射，重新被凸透鏡聚焦回到焦點上。因此只要調節出該條件，即可知道焦點的位置以及焦距。

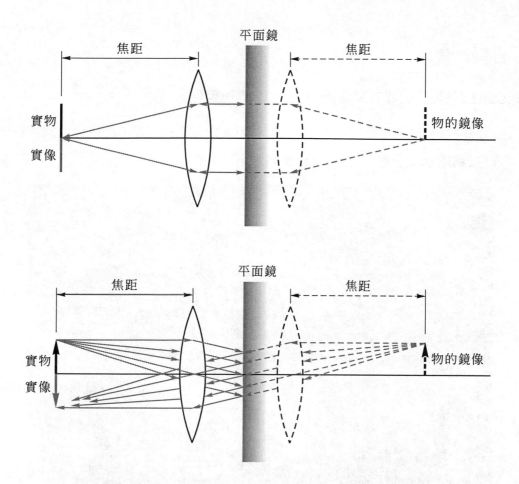

圖 8.3-13 平面鏡自準直法求焦點距離。上圖：焦點發出的光反射後沿原路回到焦點。下圖：焦面上的物體成像在相同焦面上的分析，可借助於「焦面上的物穿過透鏡後形成平行光」的特性。

三、儀器

附刻度的光學軌、可吸附薄會聚 (凸) 透鏡 (例如+75 mm、+100 mm、+150 mm 等)、可吸附薄發散 (凹) 透鏡 (例如−75 mm、−100 mm、−150 mm 等)、白熾光源、直尺、可吸附平面鏡、可吸附成像用屏風、可吸附十字矢形孔、可吸附遮板。例如使用十字交叉的透光矢形孔，在上面貼上半透明膠帶避免光源本身被成像，可利用來測焦距及放大率。

四、實驗步驟

以 Bessel 的共軛法求薄會聚透鏡 (凸透鏡) 的焦距

在尋找成像條件時,除了任意調整透鏡及屏風位置,直接代入透鏡公式求焦距之外,也可以利用 Bessel 的方法。步驟條列如下。

圖 8.3-14　Bessel 的共軛法實驗裝置,由左至右依序有白熾光源、貼上半透明膠帶的矢形孔、薄
　　　　　會聚透鏡、屏幕。同一個待測薄會聚透鏡分別放在 2 處不同的位置上,2 個位置之間
　　　　　的距離是 d。十字矢形孔與屏風間的距離是 L。

1. 如圖 8.3-14,將屏風固定在超過 $4f$ 處,讀取十字孔與屏風的座標,相減得 L。

2. 只移動薄會聚透鏡,找到 2 處不同的成像條件,確認在這 2 處屏風上分別出現大小不同但是皆清晰的十字孔成像。分別記錄透鏡在光學軌上的這 2 處座標,並將座標相減得 d。利用屏風上的刻度,分別讀出大小 2 種像的箭頭長度 h_{i1}、h_{i2} 以及記錄是像正立或倒立。如果來回移動透鏡始終看不到清楚成像，試著將十字孔與屏風的距離拉長，直到能得到 2 個共軛的成像條件爲止。

3. 改變屏風位置，重覆步驟 1~2。將數據分別代入公式，將所求得的焦點距離求取均值。

4. 讀取十字孔的箭頭長度 h_o。驗證放大率 $m_1 = -h_{i1}/h_o$，$m_2 = -h_{i2}/h_o$ 是否皆滿足 $m_1 = -(L+d)/(L-d)$ 以及 $m_2 = -(L-d)/(L+d)$。

表 8.3-1　Bessel 共軛法數據計算例　[長度單位 mm]

L	d	L^2-d^2	$f = (L^2-d^2)/(4L)$
775.9	58.9	598552	192.9
797.7	148.9	614154	192.4
⋮	⋮	⋮	⋮
981.7	456.9	754977	192.3

得焦點數據平均值爲 192.5 mm

以自準直法求薄會聚透鏡 (凸透鏡) 的焦距

圖 8.3-15　利用自直準法求薄會聚透鏡焦距時的儀器配置，由左至右依序有白熾光源、遮住半透明十字矢形孔一半的遮板、貼上半透明膠帶的矢形孔、薄會聚透鏡、平面鏡。圖中可見光亮處的半透明矢形孔成像在暗處，且像的大小與孔相同。

傳統上自準直法也可利用虛像視差的手法進行，但由於視差法對初學者一般來說測定難度較高，效率有限，因此以下的步驟改利用實像投影的手法進行。利用半透明的十字矢形孔本身當作屏風，利用如圖 8.3-15 的實驗配置。

1. 利用其他的遮板，將十字矢形孔由光源側遮住一半，十字矢形孔移至光亮的半邊。十字矢形孔板暗的半邊將當作屏風使用。

2. 薄會聚透鏡及平面鏡依序排在光學軌上。平面鏡與十字矢形孔的距離必需超過焦距 f，但不要太遠以免成像過暗。使透鏡聚焦的光線經由平面鏡反射回十字孔上。略微調整平面鏡的角度，使反射光照到十字矢形孔被遮住的半邊上。

3. 細心調整透鏡的位置，使十字矢形孔板上出現與十字矢形孔大小相同的清晰成像。此時凸透鏡與十字矢形孔間的距離即為焦距 f。將此結果與其他方法所得的結果作比較。如果來回移動透鏡始終無法調出清晰成像，試將平面鏡與十字孔間的距離拉長，重覆步驟 2~3。

*如果有特殊造形的孔代替十字矢形孔，會有各種不同的效果。例如圖 8.3-16 右方的情形，所成的像與扇形孔互補，形成完整的圓。若只要單純測定焦距，利用有小圓孔的板子，使穿過的光線在反射與折射後重新會聚成小圓光點即可，並可試著儘量將小圓光點與圓孔重合。

圖 8.3-16　利用貼上半透明膠帶的三葉扇形孔進行準直法實驗。左：孔 (實物) 與實像皆在焦平面上，但實像的中心點未對準孔的中心點的情形。右：實像的中心點與孔的中心點重合的情形。

利用虛物形成實像求薄發散透鏡 (凹透鏡) 的焦點距離

　　由於發散透鏡本身沒有會聚作用，可利用會聚透鏡在發散透鏡後方產生 1 個虛物，再利用發散透鏡將虛物折射成實像。一般來說，實像要比虛像容易掌握。

圖 8.3-17　利用虛物法求薄發散透鏡 (凹透鏡) 焦距時的儀器配置，由左至右依序有白熾光源、貼上半透明膠帶的十字矢形孔、薄會聚透鏡、薄發散透鏡、附刻度屏幕。

1. 參考圖 8.3-14 的上圖，先在光學軌上依序排列白熾光源、十字矢形孔、薄會聚透鏡、屏風，按照前述步驟一之中會聚透鏡聚焦實驗的要領找到實像的成像位置。建議將會聚透鏡放在離十字矢形孔略超過 $2f$ 處，形成縮小的實像 I_1，即為以下步驟 2. 中的虛物 O_2。讀取實像 I_1 在光學軌上的座標，並利用屏風上的刻度讀取實像 I_1 的大小 h_{i1}。

2. 將發散透鏡置於會聚透鏡與實像 I_1 位置之間，將實像 I_1 (即虛物 O_2) 放大成實像 I_2，如圖 8.3-12 及圖 8.3-17。適當調節發散透鏡的位置，使屏上能容納整個 I_2 成像。若如何調節皆無法容納完整成像，回到步驟 1. 使成像再縮小些。

3. 讀取發散透鏡與放大實像 I_2 的座標。利用屏風上的刻度讀取放大實像 I_2 的大小 h_{i2}。

4. 利用上述各座標計算 s_{i2}，s_{o2}，驗證是否 $h_{i2}/h_{i1} = s_{i2}/|s_{o2}|$。並利用(8.3-4)式算出凹透鏡的焦點距離 f_2。

5. 改變凸透鏡等的位置，即改變 s_{o1} 等的距離，重覆前述 1~4 的步驟。求所有 f_2 測定值的平均。

單位換算及物理常數

常用單位與 SI 的換算

$1 \text{ dyn} = 10^{-5} \text{ N}$	$1 \text{ Oe} = (10^3/4\pi) \text{ A}\cdot\text{m}^{-1}$	$1 \text{ d} = 86400 \text{ s}$
$1 \text{ erg} = 10^{-7} \text{ J}$	$1 \text{ G} = 10^{-4} \text{ T}$	$1'' = (\pi/648000) \text{ rad} = 4.848 \text{ μrad}$
$1 \text{ erg/s} = 10^{-7} \text{ W}$	$1 \text{ G}\cdot\text{cm}^2 = 10^{-8} \text{ Wb}$	$1' = (\pi/10800) \text{ rad} = 0.291 \text{ mrad}$
$1 \text{ bar} = 10^5 \text{ Pa}$	$1 \text{ P} = 0.1 \text{ N}\cdot\text{s}\cdot\text{m}^{-2}$	$1° = (\pi/180) \text{ rad} = 17.453 \text{ mrad}$
$1 \text{ atm} = 1.013\times10^5 \text{ Pa}$	$1 \text{ AU} = 149.597870 \text{ Gm}$	$1 \text{ Å} = 0.1 \text{ nm}$
$1 \text{ mmHg} = 1 \text{ torr} = 133.3 \text{ Pa}$	$1 \text{ ly} = 9.461 \text{ Pm}$	$1 \text{ t} = 10^3 \text{ kg}$
$1 \text{ lb/in}^2 = 6.895\times10^3 \text{ Pa}$	$1 \text{ pc} = 30.857 \text{ Pm}$	$1 \text{ u} = 1.66057\times10^{-27} \text{ kg}$
$1 \text{ esuC} = 10\,c^{-1} \text{ C}$	$1 \text{ min} = 60 \text{ s}$	
$1 \text{ esuV} = 10^{-8}\,c \text{ V}$	$1 \text{ h} = 3600 \text{ s}$	

能量的換算

$1 \text{ cal} = 4.1868 \text{ J}$	$1 \text{ cm}^{-1} \times hc = 1.98630\times10^{-23} \text{ J}$
$1 \text{ eV} = 1.60218\times10^{-19} \text{ J}$	$1 \text{ Hz} \times h = 6.62608\times10^{-23} \text{ J}$
$1 \text{ K} \times k_B = 1.38054\times10^{-23} \text{ J}$	$1 \text{ T} \times \mu_B = 9.2740154\times10^{-24} \text{ J}$

美英制單位換算 (foot-pound-second system)

$1 \text{ in} = 2.54 \text{ cm}$	$1 \text{ liq pt} = 473.18 \text{ cm}^3$；$1 \text{ dry pt} = 550.61 \text{ cm}^3$；$1 \text{ pt (英)} = 568.26 \text{ cm}^3$；
$1 \text{ mil} = 2.54 \text{ μm}$	$1 \text{ liq qt} = 0.946 \text{ dm}^3$；$1 \text{ dry qt} = 1.101 \text{ dm}^3$；$1 \text{ qt (英)} = 1.137 \text{ dm}^3$
$1 \text{ ft} = 30.48 \text{ cm}$	$1 \text{ gal} = 3.785 \text{ dm}^3$；(英) 4.546 dm^3
$1 \text{ yd} = 91.44 \text{ cm}$	$1 \text{ gr} = 64.799 \text{ mg}$
$1 \text{ mile} = 1.609 \text{ km}$	$1 \text{ oz} = 28.350 \text{ g}$；$1 \text{ oz ap} = 31.104 \text{ g}$
$1 \text{ acre} = 4.047 \text{ m}^2$	$1 \text{ lb} = 0.4536 \text{ kg}$；$1 \text{ lb ap} = 0.373 \text{ kg}$
$1 \text{ oz fl} = 29.57 \text{ cm}^3$；(英) 28.413 cm^3	

台日制單位換算

1 尺(shaku) ≡ (10/33) m = 30.3 cm

1 寸(sun) ≡ (1/33) m = 3.03 cm

1 丈(jō) ≡ (100/33) m = 3.03 m

1 間(ken) ≡ (20/11) m = 1.8182 m

長 1 町(chō) ≡ (1200/11) m = 109.09 m

1 里(ri) ≡ (43200/11) m = 3.927 km

面積 1 坪(tsubo) = 1 步(bu) ≡ (400/121) m^2 = 3.305785 m^2

1 合(gō) ≡ (40/121) m^2 = 0.330579 m^2

面積 1 勺(shaku) ≡ (4/121) m^2 = 0.033058 m^2

1 畝(se) ≡ (12000/121) m^2 = 99.174 m^2 = 0.99174 a (公畝, are)

1 反(段, tan) ≡ (120000/121) m^2 = 991.74 m^2 = 9.9174 a (公畝, are)

面積 1 町(chō) ≡ (1200000/121) m^2 = 9917.4 m^2 = 0.99174 ha (公頃, hectare)

1 升(shō) ≡ (2401/1331) dm^3 = 1.8039 L

體積 1 合(gō) ≡ (2401/13310) dm^3 = 0.18039 L

體積 1 勺(shaku) ≡ (2401/133100) dm^3 = 0.018039 L

1 斗(to) ≡ (24010/1331) dm^3 = 18.039 L

1 石(斛, koku) ≡ (240100/1331) dm^3 = 180.39 L

1 匁(momme) ≡ 3.750000000 g

1 両(兩, ryō) ≡ 37.500000000 g

1 斤(kin) ≡ 600.000000000 g

1 貫(kan) ≡ 3.750000000 kg

中國本土單位換算

1 尺 ≡ (1/3) m = 33.33 cm

1 寸 ≡ (1/30) m = 3.33 cm

1 里 ≡ (1/2) km = 500 m

長度 1 厘 ≡ (1/3) mm = 0.33 mm

1 畝(畝) ≡ (1/15) ha = 666.67 m^2

1 頃(頃) ≡ (20/3) ha = 66666.7 m^2 = 6.6667 ha (公頃, hectare)

面積 1 厘 ≡ (20/3) m^2 = 6.6667 m^2

1 平方丈 = 11.111 m^2

1 斤 ≡ (1/2) kg = 500 g

1 兩(兩) ≡ (1/20) kg = 50 g

接頭字根 (SI prefix)

名稱	Yoct	Zept	Atto	Femto	Pico	Nano	Micro	Milli	Centi	Deci
記號	y	z	a	f	p	n	μ	m	c	d
倍數	10^{-24}	10^{-21}	10^{-18}	10^{-15}	10^{-12}	10^{-9}	10^{-6}	10^{-3}	10^{-2}	10^{-1}

名稱	Deca	Hecto	Kilo	Mega	Giga	Tera	Peta	Exa	Zeta	Yota
記號	da	h	k	M	G	T	P	E	Z	Y
倍數	10	10^2	10^3	10^6	10^9	10^{12}	10^{15}	10^{18}	10^{21}	10^{24}

重要常數

光速　$c \equiv 2.997924800000000 \times 10^8$ m·s^{-1}　$\equiv 2.997924800000000 \times 10^{10}$ cm·s^{-1}

萬有引力常數　$G = 6.673 \times 10^{-11}$ N·m^2·kg^{-2} = 6.673×10^{-8} dyn·cm^2·g^{-2}

標準重力加度　$g = 9.80665$ m·s^{-2} = 980.665 cm·s^{-2}

標準氣壓　$A_0 = 1.01325 \times 10^5$ N·m^{-2} = 1.01325×10^6 dyn·cm^{-2}

Avogadro 常數　$N_0 = 6.02214 \times 10^{23}$ mol^{-1}

1 g.的氣體常數　$R_0 = 8.31451$ J·K^{-1}·mol^{-1} = 8.31451×10^7 erg·K^{-1}·mol^{-1}

Boltzmann 常數　$k_B = R/N = 1.380658 \times 10^{-23}$ J·K^{-1} = 1.380658×10^{-16} erg·K^{-1}

熱功當量　$J = 4.1868$ J/cal = 4.1868×10^7 erg/cal

Faraday 定數　$F = 9.64853 \times 10^4$ C·mol^{-1}

單位電荷　$q_e = 1.60218 \times 10^{-19}$ C = 4.80321×10^{-10} esu

電子荷質比　$q_e/m = 1.758820 \times 10^7$ C·kg^{-1} = 5.27281×10^{17} esu·g^{-1} = 1.758820×10^7 emu·g^{-1}

電子靜止質量　$m_e = 9.1094 \times 10^{-31}$ kg = 9.1094×10^{-28} g

氫原子質量　$m_H = 1.67353 \times 10^{-27}$ kg = 1.67353×10^{-24} g

Planck 常數　$h = 6.62608 \times 10^{-34}$ J·s = 6.62608×10^{-27} erg·s

Stefan-Boltzmann 常數　$\sigma = 5.6705 \times 10^{-8}$ W·m^{-2}·K^{-4}

眞空中的介電常數　$\varepsilon_0 = 10^7/4\pi c^2 = 8.854 \cdot 10^{-12}$ F·m^{-1}

眞空中的磁導係數　$\mu_0 = 4\pi \times 10^{-7}$ H·m^{-1}

乘方與根號

x	x^2	x^3	$x^{1/2}$	$(10x)^{1/2}$	$x^{1/3}$	$(10x)^{1/3}$	$(100x)^{1/3}$	$1/x$
1	1	1	1	3.16227766	1	2.15443469	4.641588834	1
1.2	1.44	1.728	1.095445115	3.464101615	1.062658569	2.289428485	4.932424149	0.833333333
1.4	1.96	2.744	1.183215957	3.741657387	1.118688942	2.410142264	5.192494102	0.714285714
1.6	2.56	4.096	1.264911064	4	1.169607095	2.5198421	5.428835233	0.625
1.8	3.24	5.832	1.341640786	4.242640687	1.216440399	2.620741394	5.646216173	0.555555556
2	4	8	1.414213562	4.472135955	1.25992105	2.714417617	5.848035476	0.5
2.2	4.84	10.648	1.483239697	4.69041576	1.300591447	2.802039331	6.036810737	0.454545455
2.4	5.76	13.824	1.549193338	4.898979486	1.3388659	2.884499141	6.214465012	0.416666667
2.6	6.76	17.576	1.61245155	5.099019514	1.375068867	2.962496068	6.382504299	0.384615385
2.8	7.84	21.952	1.673320053	5.291502622	1.409459746	3.036588972	6.54213262	0.357142857
3	9	27	1.732050808	5.477225575	1.44224957	3.107232506	6.694329501	0.333333333
3.2	10.24	32.768	1.788854382	5.656854249	1.473612599	3.174802104	6.839903787	0.3125
3.4	11.56	39.304	1.843908891	5.830951895	1.503694596	3.239611801	6.979532047	0.294117647
3.6	12.96	46.656	1.897366596	6	1.532618865	3.301927249	7.113786609	0.277777778
3.8	14.44	54.872	1.949358869	6.164414003	1.560490751	3.361975407	7.243156443	0.263157895
4	16	64	2	6.32455532	1.587401052	3.419951893	7.368062997	0.25
4.2	17.64	74.088	2.049390153	6.480740698	1.613428646	3.476026645	7.488872387	0.238095238
4.4	19.36	85.184	2.097617696	6.633249581	1.638642541	3.530348335	7.605904922	0.227272727
4.6	21.16	97.336	2.144761059	6.782329983	1.663103499	3.583047871	7.719442629	0.217391304
4.8	23.04	110.592	2.19089023	6.92820323	1.686865331	3.634241186	7.829735282	0.208333333
5	25	125	2.236067977	7.071067812	1.709975947	3.684031499	7.93700526	0.2
5.2	27.04	140.608	2.28035085	7.211102551	1.732478211	3.732511157	8.041451517	0.192307692
5.4	29.16	157.464	2.323790008	7.348469228	1.754410643	3.77976315	8.14325285	0.185185185
5.6	31.36	175.616	2.366431913	7.483314774	1.775808003	3.825862366	8.2425706	0.178571429
5.8	33.64	195.112	2.408318916	7.615773106	1.796701779	3.870876641	8.339550915	0.172413793
6	36	216	2.449489743	7.745966692	1.817120593	3.914867641	8.434326653	0.166666667
6.2	38.44	238.328	2.48997992	7.874007874	1.83709055	3.95789161	8.527018983	0.161290323
6.4	40.96	262.144	2.529822128	8	1.856635533	4	8.61773876	0.15625
6.6	43.56	287.496	2.569046516	8.124038405	1.875777455	4.041240021	8.706587691	0.151515152
6.8	46.24	314.432	2.607680962	8.246211251	1.894536474	4.081655102	8.793659344	0.147058824
7	49	343	2.645751311	8.366600265	1.912931183	4.1212853	8.879040017	0.142857143
7.2	51.84	373.248	2.683281573	8.485281374	1.930978769	4.160167646	8.962809493	0.138888889
7.4	54.76	405.224	2.720294102	8.602325267	1.94869516	4.198336454	9.045041697	0.135135135
7.6	57.76	438.976	2.75680975	8.717797887	1.966095145	4.235823584	9.125805271	0.131578947
7.8	60.84	474.552	2.792848009	8.831760866	1.983192483	4.272658682	9.205164083	0.128205128
8	64	512	2.828427125	8.94427191	2	4.30886938	9.283177667	0.125
8.2	67.24	551.368	2.863564213	9.055385138	2.016529675	4.344481486	9.359901623	0.12195122
8.4	70.56	592.704	2.898275349	9.16515139	2.032792714	4.37951914	9.435387961	0.119047619
8.6	73.96	636.056	2.93257566	9.273618495	2.048799615	4.414004962	9.509685413	0.11627907
8.8	77.44	681.472	2.966479395	9.38083152	2.064560231	4.447960181	9.582839714	0.113636364
9	81	729	3	9.486832981	2.080083823	4.481404747	9.654893846	0.111111111
9.2	84.64	778.688	3.033150178	9.591663047	2.095379106	4.514357435	9.725888262	0.108695652
9.4	88.36	830.584	3.065941943	9.695359715	2.110454294	4.546835944	9.795861087	0.106382979
9.6	92.16	884.736	3.098386677	9.797958971	2.125317138	4.57885697	9.864848297	0.104166667
9.8	96.04	941.192	3.130495168	9.899494937	2.139974961	4.610436292	9.932883884	0.102040816
10	100	1000	3.16227766	10	2.15443469	4.641588834	10	0.1

對數表

指數表

x	$\ln x/\ln10$	$\ln x$	x	$\ln x/\ln10$	$\ln x$	x	10^x	$\exp x$
1	0	0	5.5	0.740362689	1.704748092	0	1	1
1.1	0.041392685	0.09531018	5.6	0.748188027	1.722766598	0.02	1.047128548	1.02020134
1.2	0.079181246	0.182321557	5.7	0.755874856	1.740466175	0.04	1.096478196	1.040810774
1.3	0.113943352	0.262364264	5.8	0.763427994	1.757857918	0.06	1.148153621	1.061836547
1.4	0.146128036	0.336472237	5.9	0.770852012	1.774952351	0.08	1.202264435	1.083287068
1.5	0.176091259	0.405465108	6	0.77815125	1.791759469	0.1	1.258925412	1.105170918
1.6	0.204119983	0.470003629	6.1	0.785329835	1.808288771	0.12	1.318256739	1.127496852
1.7	0.230448921	0.530628251	6.2	0.792391689	1.824549292	0.14	1.380384265	1.150273799
1.8	0.255272505	0.587786665	6.3	0.799340549	1.840549633	0.16	1.445439771	1.173510871
1.9	0.278753601	0.641853886	6.4	0.806179974	1.85629799	0.18	1.513561248	1.197217363
2	0.301029996	0.693147181	6.5	0.812913357	1.871802177	0.2	1.584893192	1.221402758
2.1	0.322219295	0.741937345	6.6	0.819543936	1.887069649	0.22	1.659586907	1.246076731
2.2	0.342422681	0.78845736	6.7	0.826074803	1.902107526	0.24	1.737800829	1.27124915
2.3	0.361727836	0.832909123	6.8	0.832508913	1.916922612	0.26	1.819700859	1.296930087
2.4	0.380211242	0.875468737	6.9	0.838849091	1.931521412	0.28	1.905460718	1.323129812
2.5	0.397940009	0.916290732	7	0.84509804	1.945910149	0.3	1.995262315	1.349858808
2.6	0.414973348	0.955511445	7.1	0.851258349	1.960094784	0.32	2.089296131	1.377127764
2.7	0.431363764	0.993251773	7.2	0.857332496	1.974081026	0.34	2.187761624	1.404947591
2.8	0.447158031	1.029619417	7.3	0.86332286	1.987874348	0.36	2.290867653	1.433329415
2.9	0.462397998	1.064710737	7.4	0.86923172	2.00148	0.38	2.398832919	1.462284589
3	0.477121255	1.098612289	7.5	0.875061263	2.014903021	0.4	2.511886432	1.491824698
3.1	0.491361694	1.131402111	7.6	0.880813592	2.028148247	0.42	2.630267992	1.521961556
3.2	0.505149978	1.16315081	7.7	0.886490725	2.041220329	0.44	2.754228703	1.552707219
3.3	0.51851394	1.193922468	7.8	0.892094603	2.054123734	0.46	2.884031503	1.584073985
3.4	0.531478917	1.223775432	7.9	0.897627091	2.066862759	0.48	3.01995172	1.616074402
3.5	0.544068044	1.252762968	8	0.903089987	2.079441542	0.5	3.16227766	1.648721271
3.6	0.556302501	1.280933845	8.1	0.908485019	2.091864062	0.52	3.311311215	1.68202765
3.7	0.568201724	1.30833282	8.2	0.913813852	2.104134154	0.54	3.467368505	1.716006862
3.8	0.579783597	1.335001067	8.3	0.919078092	2.116255515	0.56	3.630780548	1.7506725
3.9	0.591064607	1.360976553	8.4	0.924279286	2.128231706	0.58	3.801893963	1.786038431
4	0.602059991	1.386294361	8.5	0.929418926	2.140066163	0.6	3.981071706	1.8221188
4.1	0.612783857	1.410986974	8.6	0.934498451	2.151762203	0.62	4.168693835	1.858928042
4.2	0.62324929	1.435084525	8.7	0.939519253	2.163323026	0.64	4.365158322	1.896480879
4.3	0.633468456	1.458615023	8.8	0.944482672	2.174751721	0.66	4.570881896	1.934792334
4.4	0.643452676	1.481604541	8.9	0.949390007	2.186051277	0.68	4.786300923	1.973877732
4.5	0.653212514	1.504077397	9	0.954242509	2.197224577	0.7	5.011872336	2.013752707
4.6	0.662757832	1.526056303	9.1	0.959041392	2.208274413	0.72	5.248074602	2.054433211
4.7	0.672097858	1.547562509	9.2	0.963787827	2.219203484	0.74	5.495408739	2.095935514
4.8	0.681241237	1.568615918	9.3	0.968482948	2.230014400	0.76	5.754399373	2.13827622
4.9	0.69019608	1.589235205	9.4	0.973127853	2.240709689	0.78	6.025595861	2.181472265
5	0.698970004	1.609437912	9.5	0.977723605	2.251291799	0.8	6.309573445	2.225540928
5.1	0.707570176	1.62924054	9.6	0.982271233	2.261763098	0.82	6.60693448	2.270499838
5.2	0.716003344	1.648658626	9.7	0.986771734	2.272125886	0.84	6.918309709	2.316366977
5.3	0.72427587	1.667706821	9.8	0.991226075	2.282382386	0.86	7.244359601	2.363160694
5.4	0.73239376	1.686398954	9.9	0.995635194	2.292534757	0.88	7.58577575	2.410899706
5.5	0.740362689	1.704748092	10	1	2.302585093	0.9	7.943282347	2.459603111

三角函數表

rad	deg	sin	cos	tan	cot	sec	csc	
0.00	0	0.00	1.00	0.00	infinity	1.0	infinity	90
0.02	1	0.02	1.00	0.02	57	1.0	57	89
0.03	2	0.03	1.00	0.03	29	1.0	29	88
0.05	3	0.05	1.00	0.05	19	1.0	19	87
0.07	4	0.07	1.00	0.07	14	1.0	14	86
0.09	5	0.09	1.00	0.09	11	1.0	11	85
0.10	6	0.10	0.99	0.11	9.5	1.0	9.6	84
0.12	7	0.12	0.99	0.12	8.1	1.0	8.2	83
0.14	8	0.14	0.99	0.14	7.1	1.0	7.2	82
0.16	9	0.16	0.99	0.16	6.3	1.0	6.4	81
0.17	10	0.17	0.98	0.18	5.7	1.0	5.8	80
0.19	11	0.19	0.98	0.19	5.1	1.0	5.2	79
0.21	12	0.21	0.98	0.21	4.7	1.0	4.8	78
0.23	13	0.22	0.97	0.23	4.3	1.0	4.4	77
0.24	14	0.24	0.97	0.25	4.0	1.0	4.1	76
0.26	15	0.26	0.97	0.27	3.7	1.0	3.9	75
0.28	16	0.28	0.96	0.29	3.5	1.0	3.6	74
0.30	17	0.29	0.96	0.31	3.3	1.0	3.4	73
0.31	18	0.31	0.95	0.32	3.1	1.1	3.2	72
0.33	19	0.33	0.95	0.34	2.9	1.1	3.1	71
0.35	20	0.34	0.94	0.36	2.7	1.1	2.9	70
0.37	21	0.36	0.93	0.38	2.6	1.1	2.8	69
0.38	22	0.37	0.93	0.40	2.5	1.1	2.7	68
0.40	23	0.39	0.92	0.42	2.4	1.1	2.6	67
0.42	24	0.41	0.91	0.45	2.2	1.1	2.5	66
0.44	25	0.42	0.91	0.47	2.1	1.1	2.4	65
0.45	26	0.44	0.90	0.49	2.1	1.1	2.3	64
0.47	27	0.45	0.89	0.51	2.0	1.1	2.2	63
0.49	28	0.47	0.88	0.53	1.9	1.1	2.1	62
0.51	29	0.48	0.87	0.55	1.8	1.1	2.1	61
0.52	30	0.50	0.87	0.58	1.7	1.2	2.0	60
0.54	31	0.52	0.86	0.60	1.7	1.2	1.9	59
0.56	32	0.53	0.85	0.62	1.6	1.2	1.9	58
0.58	33	0.54	0.84	0.65	1.5	1.2	1.8	57
0.59	34	0.56	0.83	0.67	1.5	1.2	1.8	56
0.61	35	0.57	0.82	0.70	1.4	1.2	1.7	55
0.63	36	0.59	0.81	0.73	1.4	1.2	1.7	54
0.65	37	0.60	0.80	0.75	1.3	1.3	1.7	53
0.66	38	0.62	0.79	0.78	1.3	1.3	1.6	52
0.68	39	0.63	0.78	0.81	1.2	1.3	1.6	51
0.70	40	0.64	0.77	0.84	1.2	1.3	1.6	50
0.72	41	0.66	0.75	0.87	1.2	1.3	1.5	49
0.73	42	0.67	0.74	0.90	1.1	1.3	1.5	48
0.75	43	0.68	0.73	0.93	1.1	1.4	1.5	47
0.77	44	0.69	0.72	0.97	1.0	1.4	1.4	46
0.79	45	0.71	0.71	1.00	1.0	1.4	1.4	45
		cos	sin	cot	tan	csc	sec	deg

三角函數表

反三角函數表 (deg)

x	arcsin x	arccos x	arctan x	arccot x	
0.00	0.00	90.00	0.00	90.00	infinity
0.02	1.15	88.85	1.15	88.85	50.0
0.04	2.29	87.71	2.29	87.71	25.0
0.06	3.44	86.56	3.43	86.57	16.7
0.08	4.59	85.41	4.57	85.43	12.5
0.10	5.74	84.26	5.71	84.29	10.0
0.12	6.89	83.11	6.84	83.16	8.33
0.14	8.05	81.95	7.97	82.03	7.14
0.16	9.21	80.79	9.09	80.91	6.25
0.18	10.37	79.63	10.20	79.80	5.56
0.20	11.54	78.46	11.31	78.69	5.00
0.22	12.71	77.29	12.41	77.59	4.55
0.24	13.89	76.11	13.50	76.50	4.17
0.26	15.07	74.93	14.57	75.43	3.85
0.28	16.26	73.74	15.64	74.36	3.57
0.30	17.46	72.54	16.70	73.30	3.33
0.32	18.66	71.34	17.74	72.26	3.13
0.34	19.88	70.12	18.78	71.22	2.94
0.36	21.10	68.90	19.80	70.20	2.78
0.38	22.33	67.67	20.81	69.19	2.63
0.40	23.58	66.42	21.80	68.20	2.50
0.42	24.83	65.17	22.78	67.22	2.38
0.44	26.10	63.90	23.75	66.25	2.27
0.46	27.39	62.61	24.70	65.30	2.17
0.48	28.69	61.31	25.64	64.36	2.08
0.50	30.00	60.00	26.57	63.43	2.00
0.52	31.33	58.67	27.47	62.53	1.92
0.54	32.68	57.32	28.37	61.63	1.85
0.56	34.06	55.94	29.25	60.75	1.79
0.58	35.45	54.55	30.11	59.89	1.72
0.60	36.87	53.13	30.96	59.04	1.67
0.62	38.32	51.68	31.80	58.20	1.61
0.64	39.79	50.21	32.62	57.38	1.56
0.66	41.30	48.70	33.42	56.58	1.52
0.68	42.84	47.16	34.22	55.78	1.47
0.70	44.43	45.57	34.99	55.01	1.43
0.72	46.05	43.95	35.75	54.25	1.39
0.74	47.73	42.27	36.50	53.50	1.35
0.76	49.46	40.54	37.23	52.77	1.32
0.78	51.26	38.74	37.95	52.05	1.28
0.80	53.13	36.87	38.66	51.34	1.25
0.82	55.08	34.92	39.35	50.65	1.22
0.84	57.14	32.86	40.03	49.97	1.19
0.86	59.32	30.68	40.70	49.30	1.16
0.88	61.64	28.36	41.35	48.65	1.14
0.90	64.16	25.84	41.99	48.01	1.11
0.92	66.93	23.07	42.61	47.39	1.09
0.94	70.05	19.95	43.23	46.77	1.06
0.96	73.74	16.26	43.83	46.17	1.04
0.98	78.52	11.48	44.42	45.58	1.02
1.00	90.00	0.00	45.00	45.00	1.00
	arccsc X	arcsec X	arccot X	arctan X	X

反三角函數表

國家圖書館出版品預行編目資料

普通物理實驗 / 林立弘編著. -- 五版. -- 新北
　市 : 全華圖書, 2020.02
　　面 ; 公分
　ISBN 978-986-503-337-8(平裝附光碟片)

1. 物理實驗

330.13　　　　　　　　　　　　109001217

普通物理實驗(附數據分析圖表及參考資料光碟)

作者 / 林立弘

發行人 / 陳本源

執行編輯 / 盧健豪

封面設計 / 簡邑儒

出版者 / 全華圖書股份有限公司

郵政帳號 / 0100836-1 號

印刷者 / 宏懋打字印刷股份有限公司

圖書編號 / 09036040-202002

五版一刷 / 2020 年 02 月

定價 / 新台幣 600 元

ISBN / 978-986-503-337-8 (平裝附光碟)

全華圖書 / www.chwa.com.tw

全華網路書店 Open Tech / www.opentech.com.tw

若您對書籍內容、排版印刷有任何問題，歡迎來信指導 book@chwa.com.tw

臺北總公司(北區營業處)
地址：23671 新北市土城區忠義路 21 號
電話：(02) 2262-5666
傳真：(02) 6637-3695、6637-3696

中區營業處
地址：40256 臺中市南區樹義一巷 26 號
電話：(04) 2261-8485
傳真：(04) 3600-9806

南區營業處
地址：80769 高雄市三民區應安街 12 號
電話：(07) 381-1377
傳真：(07) 862-5562